STARK

FOS · BOS 13 **2016**

Abitur-Prüfungsaufgaben mit Lösungen

Mathematik Nichttechnik

Bayern

2010–2015

STARK

17. ergänzte Auflage
www.stark-verlag.de

Inhalt

Abiturprüfung 2012 (Nichttechnische Ausbildungsrichtungen)

Abiturprüfung 2013 (Nichttechnische Ausbildungsrichtungen)

Jeweils im Herbst erscheinen die neuen Ausgaben
der Abiturprüfungsaufgaben mit Lösungen.

Sitzen die grundlegenden mathematischen Begriffe?
Unter www.stark-verlag.de/mathematik-glossar/ finden Sie ein kostenloses Glossar zum schnellen Nachschlagen aller wichtigen Definitionen mitsamt hilfreichen Abbildungen und Erläuterungen.

Lösungen der Aufgaben:

StD Dieter Pratsch

Vorwort

Liebe Schülerinnen und Schüler,

Sie haben zwei lehrreiche Jahre an der BOS oder an der FOS ein zusätzliches 13. Schuljahr absolviert und werden eine schriftliche Prüfung im Fach Mathematik ablegen.

Bei der Vorbereitung auf die Abiturprüfungen wird Ihnen dieses Buch eine gute Hilfe sein. Es enthält die **offiziellen schriftlichen Abiturprüfungsaufgaben**, die vom Land Bayern in den letzten Jahren gestellt wurden.

Zu jeder dieser Aufgaben folgen **vollständige, kommentierte Lösungsvorschläge** sowie zusätzlich **Lösungshinweise und Tipps**, die Ihnen das eigenständige Lösen der Aufgaben erleichtern. Sie gewinnen somit einerseits einen unmittelbaren Eindruck von Niveau, Inhalt und Umfang der Prüfungsaufgaben, andererseits ermöglichen Ihnen die Lösungen, die jeweils geeigneten Lösungsstrategien und Berechnungsschritte zu üben. Die angeführten Lösungen sind dabei als **möglicher, aber keineswegs einziger Weg** zum Erreichen des Ergebnisses zu sehen.

Zudem ist vor den Prüfungsaufgaben die Merkhilfe Mathematik/Nichttechnik abgedruckt, sodass Sie den Umgang mit der Merkhilfe beim Arbeiten mit diesem Buch noch leichter üben können.

Das Ziel der Arbeit mit dem Buch besteht darin, dass Sie die Problemstellungen weitgehend selbstständig bearbeiten können und die beschriebenen Lösungswege nur noch zur Kontrolle Ihrer eigenen Ergebnisse nutzen. Wenn Sie dieses Ziel erreicht haben, sind Sie gut auf die bevorstehende Prüfung vorbereitet.

Darüber hinaus halten Sie ein Hilfsmittel in Händen, mit welchem Sie Ihren Mathematikunterricht nacharbeiten und sich systematisch auf Schulaufgaben im Fach Mathematik vorbereiten können, da Ihr Fachlehrer oder Ihre Fachlehrerin bei der Konzeption jeder Schulaufgabe auch immer die Abiturprüfung im Blick haben wird.

Sollten nach Erscheinen dieses Bandes noch wichtige Änderungen in der Abiturprüfung 2016 (Nichttechnische Ausbildungsrichtungen) vom Bayerischen Staatsministerium für Bildung und Kultus, Wissenschaft und Kunst bekannt gegeben werden, finden Sie aktuelle Informationen dazu im Internet unter: www.stark-verlag.de/pruefung-aktuell

Ich wünsche Ihnen für Ihre Prüfungen viel Erfolg!

Dieter Pratsch

Stichwortverzeichnis

Zum Gebrauch des Stichwortverzeichnisses:
15 AI 1.2 bedeutet Jahrgang 2015, Aufgabe Analysis AI, Teilaufgabe 1.2

Analysis

Lineare Algebra und Analytische Geometrie

Hinweise und Tipps zum Abitur

Aufgabe der Beruflichen Oberschule

In der Beruflichen Oberschule sind die Fachoberschule (FOS) und die Berufsoberschule (BOS) zusammengefasst.

Ziel der Berufsoberschule (BOS) ist es, Schülerinnen und Schüler mit einem mittleren Schulabschluss und einer Berufsausbildung innerhalb von zwei Schuljahren (Jahrgangsstufen 12 und 13) in den Ausbildungsrichtungen Technik; Wirtschaft und Verwaltung; Sozialwesen; Agrarwirtschaft, Bio- und Umwelttechnologie; Gesundheit (Schulversuch) bzw. Internationale Wirtschaft (Schulversuch) zur fachgebundenen Hochschulreife (nur Englisch als Fremdsprache) oder auch zur allgemeinen Hochschulreife (mit einer zweiten Fremdsprache) zu führen. Die Schüler der Berufsoberschule können nach der 12. Jahrgangsstufe an der Fachabiturprüfung zum Erwerb der Fachhochschulreife teilnehmen und mit diesem Abschluss die Schule verlassen. Dies wurde durch eine weitgehende Abstimmung der Lehrpläne und Stundentafeln für die 12. Jahrgangsstufen der Fachoberschule und der Berufsoberschule ermöglicht.

Ziel der Fachoberschule (FOS) ist es, Schülerinnen und Schüler mit einem mittleren Schulabschluss innerhalb von zwei Schuljahren (Jahrgangsstufen 11 und 12) in den Ausbildungsrichtungen Technik; Agrarwirtschaft, Bio- und Umwelttechnologie; Wirtschaft und Verwaltung; Sozialwesen; Gestaltung; Gesundheit (Schulversuch) bzw. Internationale Wirtschaft (Schulversuch) zur Fachhochschulreife zu führen. Im Anschluss daran können Schülerinnen und Schüler, die im Zeugnis der Fachhochschulreife einen bestimmten Notendurchschnitt erreicht haben, die 13. Jahrgangsstufe der Fachoberschule besuchen. Stundentafeln, Lehrpläne, Abiturprüfungen und die möglichen Abschlüsse (fachgebundene bzw. allgemeine Hochschulreife) stimmen mit denen der Berufsoberschule überein.

Bei der Prüfung im Fach Mathematik werden für die Ausbildungsrichtung Technik und die nichttechnischen Ausbildungsrichtungen, in der Wirtschaft und Verwaltung; Sozialwesen; Agrarwirtschaft, Bio- und Umwelttechnologie sowie Gestaltung und in den Schulversuchen auch Gesundheit sowie Internationale Wirtschaft zusammengefasst sind, unterschiedliche Prüfungsaufgaben gestellt.

Die schriftliche Abiturprüfung in Mathematik

Aufbau und Auswahl der Prüfungsaufgaben

Die Aufgaben werden einheitlich vom Bayerischen Staatsministerium für Bildung und Kultus, Wissenschaft und Kunst gestellt. Die Auswahl je einer Aufgabe aus den Aufgabengruppen A (Analysis) und B (Lineare Algebra und Analytische Geometrie) trifft die Schule; der Schüler hat keine Wahlmöglichkeit. Die Arbeitszeit für die beiden Aufgaben beträgt 180 Minuten.

Bewertung der Prüfungsaufgaben

Bei jeder Teilaufgabe sind die erreichbaren Bewertungseinheiten (BE) angegeben.
Es sind maximal 100 BE zu erreichen; davon werden auf die Aufgabe A (Analysis) 60 BE, auf die Aufgabe B (Lineare Algebra und Analytische Geometrie) 40 BE verteilt.

Die erreichten Bewertungseinheiten werden nach dem folgenden verbindlichen Schlüssel den Punkten und Notenstufen zugeordnet:

Bewertungs-einheiten	100–96	95–91	90–86	85–81	80–76	75–71	70–66	65–61	60–56	55–51	50–46	45–41	40–34	33–27	26–20	19–0
Notenpunkte	15	14	13	12	11	10	9	8	7	6	5	4	3	2	1	0
Noten	1			2			3			4			5			6

Zugelassene Hilfsmittel

Zugelassen ist die Merkhilfe Mathematik/Nichttechnik für Berufliche Oberschulen, die in der Abiturprüfung und bei schriftlichen Leistungsnachweisen auch von der Schule zur Verfügung gestellt werden kann. Die Verwendung von elektronischen Taschenrechnern, die nicht programmierbar und nicht grafikfähig sind, ist gestattet. Die Taschenrechner dürfen über eine Wertetabellenfunktion verfügen. Da dies ein hilfreiches Ausstattungsmerkmal ist, sollte beim Neukauf eines Taschenrechners darauf geachtet werden, dass dieser über eine solche Funktion verfügt.
Die Merkhilfe Mathematik/Nichttechnik wurde von den Fachmitarbeitern der Dienststellen der Ministerialbeauftragten für die Beruflichen Oberschulen des Bayerischen Staatsministeriums für Bildung und Kultus, Wissenschaft und Kunst erarbeitet. Sie ist zu finden auf der Website des Staatsinstituts für Schulqualität und Bildungsforschung sowie im Anschluss an diesen Abschnitt.

Sämtliche Entwürfe und Aufzeichnungen dürfen nur auf Papier, das den Stempel der Schule trägt, angefertigt werden. In der Merkhilfe sind Markierungen, jedoch keinerlei zusätzliche Einträge gestattet.

Inhalte und Schwerpunktthemen

In der folgenden Übersicht sind die wesentlichen Schwerpunktthemen für die schriftliche Abiturprüfung stichpunktartig aufgeführt. Diese Auflistung soll Ihnen einen Überblick über den prüfungsrelevanten Lehrstoff vermitteln, sie ersetzt jedoch nicht den ausführlichen Lehrplan für das Fach Mathematik. Die Zusammenstellung kann Ihnen jedoch bei der Vorbereitung auf die Abiturprüfung als Leitfaden für die verbindlichen Inhalte und wichtigsten mathematischen Begriffe dienen.

In der Analysis werden die Lerninhalte der 12. Jahrgangsstufe als bekannt vorausgesetzt, sie sind daher im Folgenden noch einmal aufgeführt. Das Lerngebiet Stochastik wird nicht geprüft!

Die Aufgabenstellung in der 13. Jahrgangsstufe unterscheidet sich von der der 12. Jahrgangsstufe auch darin, dass die Aufgaben nicht mehr so kleinschrittig untergliedert sind. Bei vielen Teilaufgaben müssen Sie eine komplexere Lösungsstrategie selbst entwickeln.

Analysis – 12. Jahrgangsstufe

Grundbegriffe bei reellen Funktionen

Grundlagen

- Zahlenmengen $\mathbb{N}$, $\mathbb{Z}$, $\mathbb{Q}$, $\mathbb{R}$ und ihre Eigenschaften
- Reelle Funktionen: Funktionsterm, Funktionsgleichung, Definitions- und Wertemenge, Funktionsgraph
- Lineare Funktionen und lineare Ungleichungen
- Quadratische Funktionen und quadratische Ungleichungen
- Potenzfunktionen mit Exponenten $n \in \{3, 4, -1\}$

Ganzrationale Funktionen (Polynomfunktionen)

- Verknüpfung von Funktionen: Summe, Differenz, Produkt und Quotient
- Nullstellenbestimmung unter Verwendung von Polynomdivision und Substitution
- Faktorisierung des Funktionsterms und Vielfachheit der Nullstellen
- Symmetrie des Funktionsgraphen (Achsensymmetrie zur y-Achse und Punktsymmetrie zum Koordinatenursprung)

Mathematische Modellbildung

- Anwendungsbeispiele mit ganzrationalen Funktionen
- Abschnittsweise definierte Funktionen

Grenzwert und Stetigkeit

Grenzwert

- Grenzwert einer Funktion für $x \to \pm\infty$ bzw. $x \to x_0$
- Grenzwertsätze für Summe, Differenz, Produkt und Quotient von Funktionen

Stetigkeit

- Stetigkeit einer Funktion an einer Stelle
- Stetigkeit einer Funktion in einem Intervall
- Stetigkeitssätze: Zwischenwertsatz, Nullstellensatz, Extremwertsatz

Differenzialrechnung

- Differenzenquotient, Differenzialquotient, Differenzierbarkeit und Ableitungsfunktion
- Tangente
- Änderungsrate einer Größe
- Zusammenhang zwischen dem Graphen einer Funktion und ihren Ableitungsfunktionen
- Ableitung einer Funktion mit konstantem Faktor, Summenregel, Ableitung der Polynomfunktionen
- Stetigkeit als notwendige Voraussetzung für Differenzierbarkeit
- Monotoniedefinition, Monotoniekriterium, maximale Monotonieintervalle
- Links- und Rechtskrümmung, maximale Krümmungsintervalle
- Extrempunkte, Wendepunkte, Randextrema und absolute Extrema
- Kurvendiskussion von ganzrationalen Funktionen und einparametrigen Funktionenscharen
- Aufstellen des Funktionsterms bei vorgegebenen Eigenschaften
- Anwendungsaufgaben, Optimierungsprobleme

Integralrechnung

- Stammfunktion einer Funktion
- Unbestimmtes Integral
- Definition und Eigenschaften des bestimmten Integrals
- Deutung des bestimmten Integrals als Flächenbilanz
- Berechnung von bestimmten Integralen und Flächeninhalten ohne Parameter

Analysis – 13. Jahrgangsstufe

Eigenschaften gebrochen-rationaler Funktionen

- Echt und unecht gebrochen-rationale Funktionen
- Verhalten der Funktionswerte in der Umgebung einer Definitionslücke und für $x \to \pm\infty$
- Unendlichkeitsstelle und stetig behebbare Definitionslücke, stetige Fortsetzung
- Polynomdivision mit Rest
- Senkrechte, waagrechte und schiefe Asymptoten

Ableitungsregeln

- Produktregel, Quotientenregel, Kettenregel
- Ableitung von rationalen Funktionen
- Regeln von de l'Hospital

Exponential- und Logarithmusfunktionen

- Exponentialfunktionen mit Basis $a \in \mathbb{R}^+ \setminus \{1\}$
- Eigenschaften der Funktionsgraphen
- Exponentielles Wachstum und exponentielle Abnahme
- Logarithmusfunktionen als Umkehrfunktionen der Exponentialfunktionen
- Logarithmusgesetze, Basisumrechnung, Eigenschaften der Funktionsgraphen
- Exponentialfunktion und Logarithmusfunktion mit Basis e
- Ableitung der natürlichen Exponential- und der natürlichen Logarithmusfunktion

Integralrechnung

- Integrale der Form $\int (ax+b)^m \, dx$ mit $m \in \mathbb{Z} \setminus \{-1\}$
- Uneigentliche Integrale 1. Art
- Berechnung von Integralen unter Verwendung von $\int \frac{1}{ax+b} dx$
- Bestimmung von $\int e^{ax+b} dx$ durch Umkehrung der Kettenregel

Kurvendiskussion

- Kurvendiskussion von gebrochen-rationalen Funktionen
- Kurvendiskussion von Funktionen, die als Produkt, Quotient, Summe oder Verkettung von Exponential-, Logarithmus- und Polynomfunktionen sowie gebrochen-rationalen Funktionen entstehen
- Flächenberechnungen
- Anwendungsaufgaben und Modellbildung

Lineare Algebra und Analytische Geometrie

Vektoren im $\mathbb{R}^2$ und $\mathbb{R}^3$

- Geometrischer Vektor als Menge aller parallelgleichen Pfeile
- Repräsentant eines Vektors, Nullvektor, Gegenvektor
- Addition von Vektoren und S-Multiplikation und deren Rechengesetze
- Punkte und Ortsvektoren, Koordinatensysteme, Koordinaten
- Addition und S-Multiplikation in Koordinatenschreibweise

Matrizen

- Matrix als Zahlenschema, Addition von Matrizen
- Multiplikation einer Matrix mit einer reellen Zahl
- Multiplikation einer Matrix mit einem Vektor
- Rechengesetze, Einheitsmatrix

Lineare Unabhängigkeit von Vektoren im $\mathbb{R}^2$ und $\mathbb{R}^3$; lineare Gleichungssysteme

- Linearkombination von Vektoren
- Produkt aus einer Matrix und einem Vektor
- Gauß-Algorithmus und Lösbarkeit eines linearen Gleichungssystems
- Lineare Abhängigkeit und Unabhängigkeit von Vektoren
- Basis und Dimension eines reellen Vektorraums
- Koordinaten eines Vektors bezüglich einer beliebigen Basis
- Anwendungsaufgaben zu linearen Gleichungssystemen mit max. vier Unbekannten

Leontief-Modell

- Input-Output-Analyse, Leontief-Modell
- Produktionsvektor $\vec{x}$, Konsumvektor $\vec{y}$, Inputmatrix A, $(E - A) \cdot \vec{x} = \vec{y}$

Geometrische Anwendungen im $\mathbb{R}^3$

- Punktraum, Geradengleichung
- Parameterform, Koordinatenform und Achsenabschnittsform der Ebenengleichung
- Besondere Lagen von Geraden und Ebenen im Koordinatensystem
- Gegenseitige Lage von Punkten, Geraden und Ebenen
- Schnittmengen, insbesondere Schnitt mehrerer Ebenen

Methodische Hinweise und allgemeine Tipps zur schriftlichen Abiturprüfung

Vorbereitung

Folgende Vorgehensweise bei der Prüfungsvorbereitung hat sich als vorteilhaft erwiesen.

- Eine gründliche und kontinuierliche Vorbereitung ist die Voraussetzung, um das notwendige mathematische Wissen und Verständnis für eine erfolgreiche Abiturprüfung zu erwerben. Um Ihnen die Prüfungsvorbereitung zu erleichtern, bietet Ihnen dieses Buch eine umfangreiche Zusammenstellung der **vollständigen schriftlichen Abiturprüfungen** der letzten Jahre.
- Der Aufgabenstellung folgt jeweils ein **komplett ausgearbeiteter Lösungsvorschlag** mit umfangreichen Erläuterungen zu jedem einzelnen Lösungsschritt. Diese kommentierten Lösungsvorschläge stellen jedoch nur einen möglichen Weg dar, um das Ergebnis zu erreichen. Es ist möglich, dass Sie bei der selbstständigen Bearbeitung einer Teilaufgabe auf einem anderen Weg zum selben Ziel kommen.
- Um einen **optimalen Lernerfolg** zu erreichen, empfiehlt es sich, das Lern- und Übungspensum langfristig zu planen.
  Es ist zweckmäßig, alle eigenen schriftlichen Bearbeitungen der Aufgaben übersichtlich aufzubewahren. Dies erleichtert Ihnen spätere Wiederholungen und ermöglicht eine unmittelbare Übersicht über die von Ihnen bereits bearbeiteten Inhalte und Themenbereiche.
- Es empfiehlt sich, während der Prüfungsvorbereitung stets die **Hilfsmittel** zu verwenden, die auch in der Abiturprüfung zugelassen sind. Dies führt zur Vertrautheit mit der Merkhilfe und mit den verwendeten Funktionen des Taschenrechners.
- Teilen Sie die Vorbereitung zur Abiturprüfung in einzelne **Phasen** ein. Versuchen Sie, von der ersten Übungsphase bis zur letzten Übungsphase schrittweise das angestrebte Ziel zu erreichen, eine Prüfungsaufgabe in der dafür vorgegebenen Zeit selbstständig zu lösen. Simulieren Sie selbst eine Prüfungssituation unter Bedingungen wie im „Ernstfall“.

- Bei der **selbstständigen Bearbeitung** der Prüfungsaufgaben sollten Sie zunächst versuchen, allein mit der Aufgabenstellung zurechtzukommen. Finden Sie jedoch bei einer Teilaufgabe keinen eigenen Lösungsansatz oder geraten Sie ins Stocken, so nutzen Sie zuerst die **Tipps und Hinweise**, die zwischen den Angaben und den Lösungen eingefügt sind. Diese sollen Ihnen einen Denkanstoß geben, der Ihnen weiterhilft, ohne die Lösung vorwegzunehmen. Gehen Sie dabei schrittweise vor, indem Sie jeden einzelnen Tipp erst bei Bedarf lesen.
  Schlagen Sie im Lösungsteil erst nach, wenn Sie Ihre selbst erarbeitete Lösung mit der im Buch dargestellten vergleichen wollen. Die ausgearbeiteten Lösungsvorschläge dienen vor allem zur Kontrolle, ob Ihre Ergebnisse richtig und vollständig sind. An vielen Stellen zeigen Ihnen die von den Autoren entworfenen Lösungswege aber auch bewährte und übersichtliche mathematische Verfahren, die Ihnen hilfreich sein können.

Denken Sie daran: Wer sich gut vorbereitet hat, kann optimistisch und gelassen in die Abiturprüfung gehen.

Bearbeitung der Prüfungsaufgaben

Erinnern Sie sich in der Prüfungssituation an folgende Ratschläge und Tipps:

- Beginnen Sie nach einem kurzen **Überblick** mit der Bearbeitung des Themenbereichs (Analysis oder Lineare Algebra und Analytische Geometrie), den Sie am besten beherrschen. Als sehr vorteilhaft hat es sich erwiesen, sich mit der einzelnen Aufgabe intensiv zu beschäftigen und nicht immer wieder von einer Aufgabe zur anderen zu wechseln.
- Lesen Sie den Aufgabentext konzentriert und markieren Sie dabei die **Schlüsselwörter** wie beispielsweise *Nullstellen* oder *Inputmatrix*. Wichtig sind dabei vor allem genaue Unterscheidungen innerhalb der Aufgabenstellung wie z. B. *mindestens eine Nullstelle* oder *genau eine Nullstelle*.
- Die einzelnen Teilaufgaben sind oftmals inhaltlich eng miteinander verbunden. Daraus ergibt sich eine sinnvolle Bearbeitung in der vorgegebenen nummerierten **Reihenfolge der Teilaufgaben**.
  So kann beispielsweise eine durchgeführte Fallunterscheidung bei einem Parameter wertvolle Hinweise für die Lösung einer anderen Teilaufgabe mit einem speziellen Parameterwert geben.
- Sie dürfen die zugelassene **Merkhilfe** benutzen. Dabei ist es wichtig, dass Sie die Merkhilfe lediglich als eine Gedächtnisstütze verstehen, mit deren Umgang Sie sich bereits bei schriftlichen Leistungsnachweisen, bei Hausaufgaben und während der Prüfungsvorbereitung vertraut gemacht haben. Es hilft wenig, wenn Sie in der Merkhilfe beispielsweise unter dem Begriff *Symmetrie* eine Formel finden, deren Anwendung Sie bei der Vorbereitung auf die Abiturprüfung nicht geübt haben.
- Bemühen Sie sich um eine **ordentliche äußere Form** der Prüfungsarbeit. Schreiben und zeichnen Sie deutlich und übersichtlich, streichen Sie fehlerhafte Stellen mit einem Lineal durch und fügen Sie Ihre Korrektur ein. Nummerieren Sie die beschriebenen Seiten, um spätere Verweise und Korrekturen einfacher zuordnen zu können.
- Achten Sie bei der Aufgabenstellung auch auf die verwendeten **Operatoren** (Handlungsanweisungen). Diese geben Ihnen zusammen mit den zu erzielenden Bewertungseinheiten einen Überblick über den notwendigen Umfang der erwarteten Lösung. So verlangt beispielsweise die Aufgabenstellung *„Berechnen Sie den Produktionsvektor …“*, dass Sie anhand einer Formel per Hand rechnen oder einen Taschenrechner zu Hilfe nehmen und so lange wie möglich exakt rechnen. Die Aufgabenstellung *„Geben Sie die Koordinaten des Hochpunktes an …“* verlangt dagegen unter Umständen keine Rechnung, weil sich das Ergebnis eventuell aus der Lösung einer vorangehenden Teilaufgabe unmittelbar ergibt.

- Die Verteilung der zu erzielenden **Bewertungseinheiten** der Themengebiete Analysis und Lineare Algebra und Analytische Geometrie im Verhältnis 60 : 40 kann als Anhaltspunkt für die Aufteilung der zur Verfügung stehenden Arbeitszeit von 180 Minuten angesehen werden.

„Ohne Fleiß kein Preis!“
Nach diesem Motto wird Ihre Ausdauer bei der Bearbeitung der Aufgaben mit vielen Punkten bei der Abiturprüfung belohnt.

Lösungsplan

Aufgrund des Umfangs und der Komplexität von Aufgaben auf Abiturniveau empfiehlt es sich, beim Lösen systematisch zu arbeiten. Folgende Vorgehensweise hilft Ihnen dabei:

Schritt 1:
Nehmen Sie sich ausreichend Zeit zum **Analysieren** der Aufgabenstellung. Stellen Sie fest, zu welchem Themenbereich die Aufgabe gehört. Sammeln Sie alle Informationen, welche direkt gegeben sind, und achten Sie darauf, ob evtl. versteckte Informationen enthalten sind.

Schritt 2:
Markieren Sie die **Operatoren** in der Aufgabenstellung. Diese geben an, was in der Aufgabe von Ihnen verlangt wird. Vergegenwärtigen Sie sich die Bedeutung der verwendeten Fachbegriffe.

Schritt 3:
Versuchen Sie, den Sachverhalt zu veranschaulichen. Fertigen Sie gegebenenfalls mithilfe der Angaben und Zwischenergebnisse aus vorherigen Teilaufgaben eine **Skizze** an.

Schritt 4:
Erarbeiten Sie nun schrittweise den **Lösungsplan**, um aus den gegebenen Größen die gesuchte Größe zu erhalten. Notieren Sie sich, welche Einzel- und Zwischenschritte auf dem Lösungsweg notwendig sind. Prinzipiell haben Sie zwei Möglichkeiten, oft hilft auch eine Kombination beider Vorgehensweisen:

- Sie gehen vom Gegebenen aus und versuchen, das Gesuchte zu erschließen.
- Sie gehen von dem Gesuchten aus und überlegen „rückwärts“, wie Sie zur Ausgangssituation kommen.

Schritt 5:
Suchen Sie nach geeigneten Möglichkeiten, das Endergebnis zu **kontrollieren**. Oftmals sind bereits Überschlagsrechnungen, Punktproben oder Grobskizzen ausreichend. Überprüfen Sie noch einmal, ob Sie tatsächlich alle in der Aufgabe geforderten Ergebnisse ermittelt haben.

Anhand der folgenden **Beispielaufgabe** werden diese Schritte veranschaulicht:

Gegeben ist die Funktion f: $x \mapsto \frac{1}{e^x - 1}$ mit der maximalen Definitionsmenge D(f).

a) Bestimmen Sie die maximale Definitionsmenge D(f) sowie die Gleichungen aller Asymptoten des Funktionsgraphen G(f).
b) Ermitteln Sie die größtmöglichen Intervalle, in denen der Graph G(f) streng monoton steigt bzw. fällt. Folgern Sie hieraus eine Aussage über die Extremstellen von f.
c) Skizzieren Sie den Verlauf des Graphen G(f) mithilfe der bisherigen Ergebnisse in einem kartesischen Koordinatensystem.

Lösungsvorschlag für Teilaufgabe a

Schritt 1:

- Themenbereich: Kurvendiskussion einer gebrochen-rationalen Funktion verkettet mit einer Exponentialfunktion
- Definitionsbereich und Asymptoten sind zu bestimmen.

Schritt 2:

- Der Operator „Bestimmen Sie" bedeutet, dass die Lösungen durch Berechnungen und durch Überlegungen gefunden werden können.
- Asymptoten findet man über Grenzwertbetrachtungen.

Schritt 3:

Eine grafische Veranschaulichung ist hier noch nicht möglich, sie erfolgt in Teilaufgabe c.

Schritt 4:

- Im Nenner darf nie null stehen, zur Bestimmung der Definitionsmenge wird der Nenner aber gleich null gesetzt:
  $e^x - 1 = 0 \;\Rightarrow\; e^x = 1 \;\Rightarrow\; x = 0 \;\Rightarrow\; D(f) = \mathbb{R} \setminus \{0\}$
- Verhalten für $x \to +\infty$:
  $x \to +\infty \;\Rightarrow\; e^x - 1 \to +\infty \;\Rightarrow\; f(x) \to 0$; also waagrechte Asymptote $y = 0$
- Verhalten für $x \to -\infty$:
  $x \to -\infty \;\Rightarrow\; e^x \to 0 \;\Rightarrow\; e^x - 1 \to -1 \;\Rightarrow\; f(x) \to -1$; also waagrechte Asymptote $y = -1$
- Verhalten für $x \to 0$:
  $x \to 0 \;\Rightarrow\; e^x \to 1 \;\Rightarrow\; e^x - 1 \to 0 \;\Rightarrow\; |f(x)| \to \infty$; damit liegt bei $x = 0$ eine Unendlichkeitsstelle vor mit der senkrechten Asymptote $x = 0$.

Schritt 5:

Alle geforderten Ergebnisse sind ermittelt worden.

Lösungsvorschlag für Teilaufgabe b

Schritt 1:

Themenbereich: Monotonieverhalten und Extremstellen

Schritt 2:

- Der Operator „Ermitteln Sie" bedeutet, dass die Lösungen durch Berechnungen und durch Überlegungen gefunden werden können.
- Für Monotonie und Extremstellen benötigt man die 1. Ableitung der Funktion f.
- Es sind die maximalen Monotonieintervalle zu bestimmen.

Schritt 3:

Eine grafische Veranschaulichung ist erst nach dieser Teilaufgabe sinnvoll.

Schritt 4:

- Die erste Ableitung bildet man mithilfe der Quotientenregel (siehe Merkhilfe):
  $$f'(x) = \frac{-e^x}{(e^x - 1)^2}$$
- Der Term im Nenner ist für $x \in D(f)$ wegen des Quadrats immer positiv; da e^x ebenfalls immer positiv ist, ist $-e^x$ immer negativ und somit gilt: $f'(x) < 0$ für $x \in D(f)$. Damit ist f in den Intervallen $]-\infty; 0[$ und $]0; +\infty[$ jeweils streng monoton fallend.
- Da sich das Monotonieverhalten der Funktion f nie ändert, besitzt f keine Extremstellen.

Schritt 5:

Alle geforderten Ergebnisse sind ermittelt worden.

Lösungsvorschlag für Teilaufgabe c

Die vorliegenden Ergebnisse führen zu nebenstehendem Verlauf des Graphen G(f).

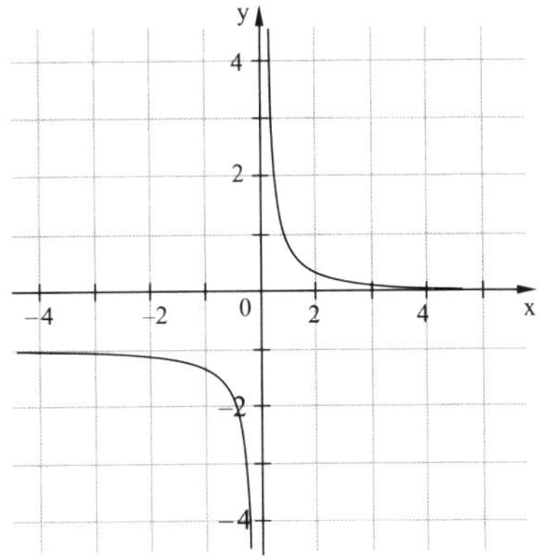

Merkhilfe für Berufliche Oberschulen
Mathematik / Nichttechnik

Teil I: Stoffgebiete der Mittelstufe

Binomische Formeln

$(a+b)^2 = a^2 + 2ab + b^2$	$(a+b)^3 = a^3 + 3a^2b + 3ab^2 + b^3$
$(a-b)^2 = a^2 - 2ab + b^2$	$(a-b)^3 = a^3 - 3a^2b + 3ab^2 - b^3$
$(a+b)\cdot(a-b) = a^2 - b^2$	$a^3 - b^3 = (a-b)\cdot(a^2 + ab + b^2)$

Absolutbetrag

$$|x| = \begin{cases} x & \text{für } x \geq 0 \\ -x & \text{für } x < 0 \end{cases}$$

Lösungsformel für die quadratische Gleichung $ax^2 + bx + c = 0$

$$x_{1/2} = \frac{-b \pm \sqrt{b^2 - 4ac}}{2a}$$

Potenzen und Wurzeln

$a^0 = 1$ $\quad$ $a^1 = a$

$a^{\frac{1}{n}} = \sqrt[n]{a}$ $\quad$ $a^{\frac{n}{m}} = \sqrt[m]{a^n}$ $\quad$ $a^{-x} = \frac{1}{a^x}$ $\quad$ $(a^x)^z = a^{x \cdot z}$

$a^x \cdot a^z = a^{x+z}$ $\quad$ $\frac{a^x}{a^z} = a^{x-z}$ $\quad$ $a^x \cdot b^x = (ab)^x$ $\quad$ $\frac{a^x}{b^x} = \left(\frac{a}{b}\right)^x$

$\sqrt{a} \cdot \sqrt{a} = a$ $\quad$ $\sqrt{a} \cdot \sqrt{b} = \sqrt{ab}$ $\quad$ $\frac{\sqrt{a}}{\sqrt{b}} = \sqrt{\frac{a}{b}}$

Geradengleichung

$y = m \cdot x + t$ (allgemeine Form)

$y = m \cdot (x - x_0) + y_0$ (Punkt-Steigungsform)

Parabelgleichung

$y = ax^2 + bx + c$ (allgemeine Form)

$y = a \cdot (x - x_S)^2 + y_S$ (Scheitelform)

$y = a \cdot (x - x_1) \cdot (x - x_2)$ (Linearfaktorform)

Logarithmen

$\log_b(a) = z \iff b^z = a$

$\log_b(uv) = \log_b(u) + \log_b(v)$ $\quad$ $\log_b\left(\frac{u}{v}\right) = \log_b(u) - \log_b(v)$

$\log_b(u^z) = z \cdot \log_b(u)$ $\quad$ $\log_c(a) = \frac{\log_b(a)}{\log_b(c)}$

Rechtwinkliges Dreieck

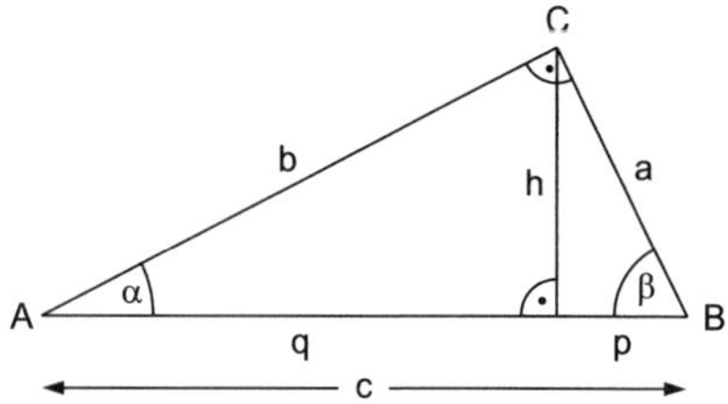

Pythagoras: $a^2 + b^2 = c^2$

Höhensatz: $h^2 = pq$

Kathetensatz: $a^2 = cp$; $b^2 = cq$

Sinus und Kosinus

- *nur im rechtwinkligen Dreieck (siehe oben):*

$\sin\alpha = \frac{a}{c}$ $\qquad$ $\cos\alpha = \frac{b}{c}$ $\qquad$ $\tan\alpha = \frac{\sin\alpha}{\cos\alpha} = \frac{a}{b}$

- *allgemein:*

$\sin(-\varphi) = -\sin\varphi$ $\qquad$ $\sin(90° - \varphi) = \cos\varphi$ $\qquad$ $(\sin\varphi)^2 + (\cos\varphi)^2 = 1$

$\cos(-\varphi) = \cos\varphi$ $\qquad$ $\cos(90° - \varphi) = \sin\varphi$

Flächengeometrie

A: Flächeninhalt $\qquad$ **U:** Umfang

Allgemeines Dreieck: $A = \frac{1}{2} g h$

Kreis: $U = 2r\pi$; $A = r^2\pi$

Gleichseitiges Dreieck: $A = \frac{a^2}{4}\sqrt{3}$; $h = \frac{a}{2}\sqrt{3}$

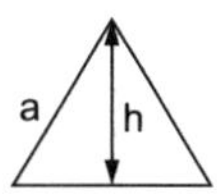

Trapez: $A = \frac{a + c}{2} h$

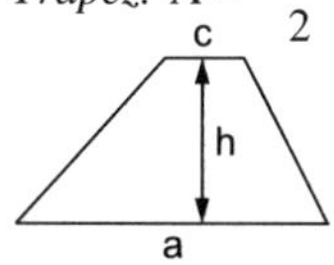

Raumgeometrie

V: Volumen $\qquad$ **M:** Mantelfläche

O: Oberfläche $\qquad$ **G:** Grundfläche

Prisma: $V = G h$

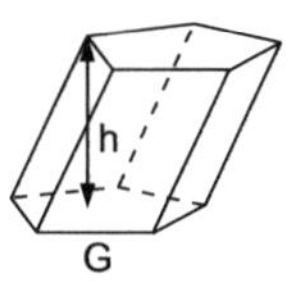

Pyramide: $V = \frac{1}{3} G h$

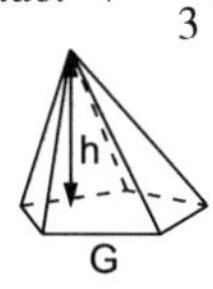

gerader Kreiszylinder: $V = r^2\pi h$; $M = 2r\pi h$

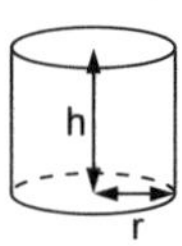

gerader Kreiskegel: $V = \frac{1}{3} r^2\pi h$; $M = r\pi m$

Kugel: $V = \frac{4}{3} r^3\pi$; $O = 4r^2\pi$

Symmetrie bezüglich des Koordinatensystems

$f(-x) = f(x)$ für alle $x \in D_f$ $\Leftrightarrow$ G_f ist achsensymmetrisch zur y-Achse (f heißt dann *gerade Funktion*)

$f(-x) = -f(x)$ für alle $x \in D_f$ $\Leftrightarrow$ G_f ist punktsymmetrisch zum Ursprung (f heißt dann *ungerade Funktion*)

Grenzwerte

$$\lim_{x \to +\infty} \frac{x^r}{e^x} = 0$$

$$\lim_{x \to +\infty} \frac{\ln x}{x^r} = 0; \quad \lim_{x \to 0} (x^r \cdot \ln x) = 0 \quad \textbf{(jeweils r > 0)}$$

Definition der Ableitung

Ableitung: $f'(x_0) = \lim\limits_{x \to x_0} \frac{f(x) - f(x_0)}{x - x_0}$, falls der Grenzwert existiert und endlich ist.

Schreibweisen: $f'(x) = y' = \frac{df(x)}{dx} = \frac{dy}{dx}$; $\frac{ds(t)}{dt} = \dot{s}(t)$

Ableitung der Grundfunktionen

$(x^r)' = r \cdot x^{r-1}$ $\qquad \left(\frac{1}{x^r}\right)' = -\frac{r}{x^{r+1}}$

$(e^x)' = e^x$ $\qquad (\ln x)' = \frac{1}{x}$

Ableitungsregeln

Summenregel: $f(x) = u(x) + v(x) \Rightarrow f'(x) = u'(x) + v'(x)$

Faktorregel: $f(x) = c \cdot u(x) \Rightarrow f'(x) = c \cdot u'(x)$

Produktregel: $f(x) = u(x) \cdot v(x) \Rightarrow f'(x) = u'(x) \cdot v(x) + u(x) \cdot v'(x)$

Quotientenregel: $f(x) = \frac{u(x)}{v(x)} \Rightarrow f'(x) = \frac{u'(x) \cdot v(x) - u(x) \cdot v'(x)}{[v(x)]^2}$

Kettenregel: $f(x) = u(v(x)) \Rightarrow f'(x) = u'(v(x)) \cdot v'(x)$

L'Hospitalsche Regeln

- Gilt $z(a) = n(a) = 0$ und existiert $\lim\limits_{x \to a} \frac{z'(x)}{n'(x)}$, so gilt $\lim\limits_{x \to a} \frac{z(x)}{n(x)} = \lim\limits_{x \to a} \frac{z'(x)}{n'(x)}$.
- Gilt $|z(x)| \to \infty$ und $|n(x)| \to \infty$ für $x \to a$ und existiert $\lim\limits_{x \to a} \frac{z'(x)}{n'(x)}$, so gilt $\lim\limits_{x \to a} \frac{z(x)}{n(x)} = \lim\limits_{x \to a} \frac{z'(x)}{n'(x)}$.
- Beide Regeln gelten in ähnlicher Weise auch für $|x| \to \infty$ (anstelle von $x \to a$).

Anwendungen der Differenzialrechnung

- Gleichung der Tangente im Punkt $P(x_0 | f(x_0))$: $y = f'(x_0) \cdot (x - x_0) + f(x_0)$
- Monotoniekriterium:
  $f'(x) < 0$ im Intervall I $\Rightarrow$ f fällt streng monoton in I.
  $f'(x) > 0$ im Intervall I $\Rightarrow$ f steigt streng monoton in I.
- Art von Extremwerten (mithilfe der zweiten Ableitung):
  $f'(x_0) = 0$ und $f''(x_0) > 0$ $\Rightarrow$ f hat an der Stelle x_0 ein relatives Minimum.
  $f'(x_0) = 0$ und $f''(x_0) < 0$ $\Rightarrow$ f hat an der Stelle x_0 ein relatives Maximum.
- Graphenkrümmung:
  $f''(x) < 0$ im Intervall I $\Rightarrow$ G_f ist in I rechtsgekrümmt.
  $f''(x) > 0$ im Intervall I $\Rightarrow$ G_f ist in I linksgekrümmt.
- Wendepunkt:
  Ist $f''(x_0) = 0$ und wechselt $f''(x)$ an der Stelle x_0 das Vorzeichen, so hat G_f an der Stelle x_0 einen Wendepunkt.
- Terrassenpunkt:
  Ist $f'(x_0) = 0$ und $f''(x_0) = 0$ und wechselt $f''(x)$ an der Stelle x_0 das Vorzeichen, so hat G_f an der Stelle x_0 einen Terrassenpunkt.

Berechnung bestimmter Integrale

$$\int_a^b f(x)\,dx = F(b) - F(a) = \left[F(x)\right]_a^b,$$ wobei F eine Stammfunktion von f ist.

Wichtige unbestimmte Integrale

$$\int x^r\,dx = \frac{x^{r+1}}{r+1} + C \quad (r \neq -1) \qquad \int \frac{1}{x}\,dx = \ln|x| + C$$

$$\int e^x\,dx = e^x + C \qquad \int \ln x\,dx = -x + x\ln x + C$$

$$\int \frac{f'(x)}{f(x)}\,dx = \ln|f(x)| + C \qquad \int f'(x) \cdot e^{f(x)}\,dx = e^{f(x)} + C$$

$$\int f(ax+b)\,dx = \frac{1}{a}F(ax+b) + C,$$ wobei F Stammfunktion von f ist.

Uneigentliche Integrale

$$\int_a^\infty f(x)\,dx := \lim_{b \to \infty} \int_a^b f(x)\,dx$$

Gesetze der Mengenalgebra: $\overline{A} = \Omega \setminus A$; $A \cup \overline{A} = \Omega$; $A \cap \overline{A} = \{\,\}$; $\overline{\overline{A}} = A$; $A \setminus B = A \cap \overline{B}$

Gesetze von De Morgan: $\overline{A \cap B} = \overline{A} \cup \overline{B}$; $\overline{A \cup B} = \overline{A} \cap \overline{B}$

Unvereinbarkeit: $A \cap B = \{\,\}$

Ereigniswahrscheinlichkeiten: $P(\{\,\}) = 0$; $P(\Omega) = 1$; $P(\overline{A}) = 1 - P(A)$

Satz von Sylvester: $P(A \cup B) = P(A) + P(B) - P(A \cap B)$

Unabhängigkeit von zwei Ereignissen: $P(A \cap B) = P(A) \cdot P(B)$

Fakultät: $n! = n \cdot (n-1) \cdot (n-2) \cdot \ldots \cdot 2 \cdot 1$
Anzahl der Möglichkeiten, n unterscheidbare Elemente in einer Reihe anzuordnen.

Binomialkoeffizient: $\binom{n}{k} = \frac{n!}{k! \cdot (n-k)!} = \frac{n \cdot (n-1) \cdot \ldots \cdot (n-k+1)}{k!}$
Anzahl der Möglichkeiten, aus einer Menge mit n Elementen Teilmengen mit k Elementen zu bilden.

Laplace-Experiment: Alle Elementarereignisse des zugehörigen Ergebnisraumes sind gleich wahrscheinlich.
Es gilt dann: $P(A) = \frac{|A|}{|\Omega|}$

Zufallsgrößen – Erwartungswert, Varianz, Standardabweichung
Die Zufallsgröße X nehme die Werte $x_1, x_2, \ldots, x_n$ jeweils mit den Wahrscheinlichkeiten $p_1, p_2, \ldots, p_n$ an. Dann gilt:

- **Erwartungswert:** $\mu = E(X) = \sum_{i=1}^{n} x_i \cdot p_i = x_1 \cdot p_1 + x_2 \cdot p_2 + \ldots + x_n \cdot p_n$
- **Varianz:** $Var(X) = \sum_{i=1}^{n} (x_i - \mu)^2 \cdot p_i = (x_1 - \mu)^2 \cdot p_1 + (x_2 - \mu)^2 \cdot p_2 + \ldots + (x_n - \mu)^2 \cdot p_n$

  Verschiebungsregel: $Var(X) = E(X^2) - \mu^2$
- **Standardabweichung:** $\sigma = \sqrt{Var(X)}$

Binomialverteilung
Die Zufallsgröße X beschreibe die Anzahl der Treffer in einer Bernoullikette der Länge n mit Trefferwahrscheinlichkeit p.
Dann heißt die zugehörige Wahrscheinlichkeitsverteilung *Binomialverteilung.*
X heißt binomialverteilt, genauer B(n; p)-verteilt.

Ist die Zufallsgröße X binomialverteilt nach B(n; p), so gilt:

$P(X=k)=B(n;p;k)=\binom{n}{k}\cdot p^k\cdot(1-p)^{n-k}$ für $k=0, 1, \ldots, n$

mit Erwartungswert $E(X)=n\cdot p$ und Varianz $Var(X)=n\cdot p\cdot(1-p)$

Hypothesentest

Beim Testen der Nullhypothese H_0 im Signifikanztest können zwei Fehler auftreten:

Fehler 1. Art: H_0 wird abgelehnt, obwohl sie wahr ist.

Fehler 2. Art: H_0 wird angenommen, obwohl sie falsch ist.

Als *Signifikanzniveau* α des Tests bezeichnet man die größtmögliche noch akzeptierte Wahrscheinlichkeit des Fehlers 1. Art.

Teil IV: Lineare Algebra und Analytische Geometrie

Multiplikation einer Matrix mit einem Vektor

$$\begin{pmatrix} a_{11} & a_{12} & a_{13} \\ a_{21} & a_{22} & a_{23} \\ a_{31} & a_{32} & a_{33} \end{pmatrix}\cdot\begin{pmatrix} v_1 \\ v_2 \\ v_3 \end{pmatrix}=\begin{pmatrix} a_{11}\cdot v_1+a_{12}\cdot v_2+a_{13}\cdot v_3 \\ a_{21}\cdot v_1+a_{22}\cdot v_2+a_{23}\cdot v_3 \\ a_{31}\cdot v_1+a_{32}\cdot v_2+a_{33}\cdot v_3 \end{pmatrix}$$

Leontief-Modell

$(E-A)\cdot\vec{x}=\vec{y}$

Lineare Unabhängigkeit

Drei Vektoren $\vec{a}$, $\vec{b}$ und $\vec{c}\in\mathbb{R}^3$ sind genau dann linear unabhängig, wenn die Gleichung $\lambda\vec{a}+\mu\vec{b}+\nu\vec{c}=\vec{0}$ nur mit $\lambda=\mu=\nu=0$ lösbar ist.

Gerade im $\mathbb{R}^2$ und im $\mathbb{R}^3$

- Punkt-Richtungsform: g: $\vec{x}=\vec{a}+\lambda\cdot\vec{u}$
- Zwei-Punkte-Form: g: $\vec{x}=\vec{a}+\lambda\cdot(\vec{b}-\vec{a})$

Ebene im $\mathbb{R}^3$

Parameterformen

- Punkt-Richtungsform: E: $\vec{x}=\vec{a}+\lambda\cdot\vec{u}+\mu\cdot\vec{v}$
- Drei-Punkte-Form: E: $\vec{x}=\vec{a}+\lambda\cdot(\vec{b}-\vec{a})+\mu\cdot(\vec{c}-\vec{a})$

Parameterfreie Formen

- Koordinatenform: E: $ax_1+bx_2+cx_3+d=0$
- Achsenabschnittsform: E: $\frac{x_1}{s}+\frac{x_2}{t}+\frac{x_3}{u}=1$

  Festlegung durch die Achsenschnittpunkte $S(s|0|0)$, $T(0|t|0)$ und $U(0|0|u)$

Abiturprüfungen

Bayern – FOS · BOS 13 – Abiturprüfung 2010
Mathematik (Nichttechnische Ausbildungsrichtungen) – Aufgabengruppe A 1

1.0 Gegeben ist die Funktion $f: x \mapsto \frac{x^2 - x}{2x^2 - 5x + 3}$ in der maximalen Definitionsmenge $D_f \subset \mathbb{R}$.

1.1 Bestimmen Sie D_f und die Nullstelle von f und geben Sie die Art der Definitionslücken von f an. (8 BE)

1.2 Zeigen Sie, dass die Funktion $\tilde{f}: x \mapsto \frac{x}{2x-3}$ mit $D_{\tilde{f}} = \mathbb{R} \setminus \{1{,}5\}$ die stetige Fortsetzung von f ist, und ermitteln Sie die Intervalle, für die gilt: $\tilde{f}(x) > 0$ bzw. $\tilde{f}(x) < 0$. (4 BE)

1.3 Geben Sie die Gleichungen aller Asymptoten des Graphen von $\tilde{f}$ an, zeichnen Sie die Asymptoten in ein Koordinatensystem und skizzieren Sie mithilfe der bisherigen Ergebnisse den Graphen $G_{\tilde{f}}$ von $\tilde{f}$ in das Koordinatensystem. (5 BE)

1.4 Zeigen Sie, dass sich der Term von $\tilde{f}$ in der Form $\tilde{f}(x) = \frac{1}{2} + \frac{1{,}5}{2x-3}$ darstellen lässt, und berechnen Sie die Maßzahl des Flächeninhalts der Fläche, die von der y-Achse, den Geraden $y = \frac{1}{2}$ und $x = 1$ und $G_{\tilde{f}}$ begrenzt wird. (5 BE)

2.0 Nun ist die Funktion $g: x \mapsto \ln\left(\frac{x}{2x-3}\right)$ in der maximalen Definitionsmenge $D_g \subset \mathbb{R}$ gegeben. Ihr Graph ist G_g.

2.1 Begründen Sie gegebenenfalls unter Verwendung von Aufgabe 1.2, dass gilt: $D_g = \mathbb{R} \setminus [0; 1{,}5]$ (2 BE)

2.2 Untersuchen Sie das Verhalten von g an den Rändern von D_g. (4 BE)

2.3 Geben Sie die Gleichungen aller Asymptoten von G_g an und berechnen Sie die Nullstelle von g. (4 BE)

2.4 Bestimmen Sie die maximalen Monotonieintervalle von G_g. (7 BE)
(Zur Kontrolle: $g'(x) = \frac{-3}{x(2x-3)}$)

3.0 Für die Erprobung eines neuen Medikaments wird im Labor die Entwicklung einer Pilzkultur in einer Nährlösung unter dem Einfluss des Medikaments beobachtet. Man stellt fest, dass sich die Anzahl N der Pilze in Abhängigkeit von der Zeit t in **Stunden** (h) durch folgende mathematische Funktion näherungsweise beschreiben lässt:

$N: t \mapsto N_0 \cdot e^{(3t - t^2)}$ mit $t \geq 0$.

Dabei bedeutet N_0 die anfänglich vorhandene Anzahl an Pilzen.
Für die Rechnungen kann auf die Verwendung von Benennungen verzichtet werden.

3.1 Die erste Zählung ergibt nach 30 Minuten 1 745 Pilze. Bestimmen Sie damit die Anfangszahl N_0. (2 BE)
(Ergebnis: $N_0 = 500$)

3.2 Berechnen Sie den Zeitpunkt, an dem die maximale Anzahl von Pilzen vorhanden ist und bestimmen Sie diese maximale Anzahl. (5 BE)

(Zur Kontrolle: $\dot{N}(t) = 500 \cdot (3 - 2t) \cdot e^{(3t - t^2)}$)

3.3 Berechnen Sie den Zeitpunkt t_1, an dem die Kultur am stärksten wächst und den Zeitpunkt t_2, an dem die Kultur am stärksten abnimmt und geben Sie die Bedeutung dieser beiden Zeitpunkte für den Graphen der Funktion N an. (6 BE)

3.4 Bestimmen Sie den Zeitpunkt, ab dem die Pilzkultur völlig abgestorben ist, das heißt weniger als ein Pilz vorhanden ist. (4 BE)

3.5 Skizzieren Sie den Graphen von N unter Berücksichtigung der bisherigen Ergebnisse in ein Koordinatensystem.
(Maßstab: 1 cm $\hat{=}$ 0,5 h; 1 cm $\hat{=}$ 1 000 Pilze) (4 BE)

(60 BE)

Tipps zur Lösung von Aufgabe A 1

Teilaufgabe 1.1
Setzen Sie zuerst Zähler und Nenner jeweils gleich null.

Teilaufgabe 1.2
Faktorisieren Sie Zähler und Nenner des Funktionsterms f(x).

Teilaufgabe 1.3
Die senkrechte Asymptote ergibt sich aus Teilaufgabe 1.1, die weitere Asymptote kann am Funktionsterm $\tilde{f}(x)$ abgelesen werden.

Teilaufgabe 1.4
Fassen Sie die beiden Brüche des gegebenen Terms zu einem Bruch zusammen.

Teilaufgabe 2.1
Das Argument der Logarithmusfunktion muss positiv sein.

Teilaufgabe 2.2
Betrachten Sie zuerst immer das Verhalten des Arguments $\tilde{f}(x)$.

Teilaufgabe 2.3
Die Asymptoten ergeben sich direkt aus Teilaufgabe 2.2.
Zur Bestimmung der Nullstelle muss $\tilde{f}(x) = 1$ gesetzt werden.

Teilaufgabe 2.4
Bestimmen Sie zuerst die 1. Ableitungsfunktion g'(x).

Teilaufgabe 3.1
Setzen Sie die gegebenen Werte in den Funktionsterm N(t) ein.

Teilaufgabe 3.2
Gesucht ist das Maximum der Funktion N(t).

Teilaufgabe 3.3
Gesucht sind nun Maximum und Minimum der Änderungsrate $\dot{N}(t)$.

Teilaufgabe 3.4
Lösen Sie die Ungleichung $N(t) < 1$.

Teilaufgabe 3.5
Zur Sicherheit kann eine Wertetabelle für N(t) erstellt werden.

Lösung

1.0 $f: x \mapsto \dfrac{x^2 - x}{2x^2 - 5x + 3};\ D_f \subset \mathbb{R}$

1.1 **Definitionsmenge D_f**

Nenner: $2x^2 - 5x + 3 = 0$

$$x_{1,2} = \frac{5 \pm \sqrt{25-24}}{4} = \frac{5 \pm 1}{4}$$

$$x_1 = 1{,}5;\ x_2 = 1 \ \Rightarrow\ \underline{\underline{D_f = \mathbb{R} \setminus \{1; 1{,}5\}}}$$

Nullstelle

Zähler: $x^2 - x = 0;\ x \cdot (x-1) = 0;\ x_3 = 0;\ x_4 = 1 \notin D_f \ \Rightarrow\ \underline{\underline{\text{Nullstelle: } x_3 = 0}}$

Art der Definitionslücken

Wenn bei einer gebrochen-rationalen Funktion Zählerterm und Nennerterm dieselbe einfache Nullstelle besitzen, so handelt es sich um eine stetig behebbare Definitionslücke.

Stetig behebbare Definitionslücke bei $x_2 = 1$
Unendlichkeitsstelle oder Polstelle 1. Ordnung bei $x_1 = 1{,}5$

1.2 **Stetige Fortsetzung**

Mithilfe der Ergebnisse von Teilaufgabe 1.1 ergibt sich als vollständig faktorisierte Darstellung des Funktionsterms:

$$f(x) = \frac{x \cdot (x-1)}{2(x-1)(x-1{,}5)}$$

Den Funktionsterm der stetigen Fortsetzung $\tilde{f}$ erhält man durch Kürzen des Linearfaktors $(x-1)$:

$$\tilde{f}(x) = \frac{x}{2(x-1{,}5)} = \frac{x}{2x-3} \quad \text{mit } D_{\tilde{f}} = \mathbb{R} \setminus \{1{,}5\}$$

Die stetige Fortsetzung $\tilde{f}$ der Funktion f schließt die stetig behebbare Definitionslücke.

Vorzeichenintervalle

Vorzeichentabelle

x	$x<0$	0	$0<x<1{,}5$	1,5	$1{,}5<x$
Zähler: x	–	0	+	+	+
Nenner: $2x-3$	–	–	–	0	+
$\tilde{f}(x)$	+	0	–	nicht def.	+

Also gilt: $\tilde{f}(x) > 0$ für $x \in\ ]-\infty; 0[\ \cup\ ]1{,}5; +\infty[$ und $\tilde{f}(x) < 0$ für $x \in\ ]0; 1{,}5[$.

1.3 **Asymptoten**

Polasymptote: $x = 1{,}5$

waagrechte Asymptote: $y = \frac{1}{2}$ (direkt ablesbar oder Polynomdivision, s. Teilaufgabe 1.4)

Wenn bei einer gebrochen-rationalen Funktion Zählerterm und Nennerterm den gleichen Grad besitzen, besitzt der Graph eine waagrechte Asymptote mit der Gleichung $y = \frac{a}{b}$. Dabei sind a und b die Koeffizienten der höchsten Potenz von x im Zähler bzw. Nenner.

Zur Sicherheit können einige Funktionswerte mit dem Taschenrechner berechnet werden.

Graph $G_{\tilde{f}}$

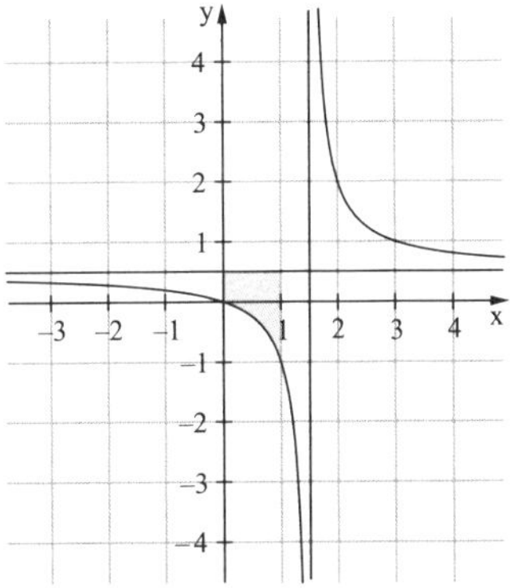

1.4 **Termumformung**

1. Weg: Brüche zusammenfassen

$$\frac{1}{2} + \frac{1{,}5}{2x-3} = \frac{1 \cdot (2x-3) + 1{,}5 \cdot 2}{2(2x-3)} = \frac{2x}{2(2x-3)} = \frac{x}{2x-3}$$

2. Weg: Polynomdivision

$$\begin{array}{l} x : (2x-3) = \frac{1}{2} + \frac{1{,}5}{2x-3} \\ \underline{-(x-1{,}5)} \\ \quad\quad 1{,}5 \end{array}$$

Flächenberechnung

Die Fläche liegt zwischen der waagrechten Asymptote $y = \frac{1}{2}$ und dem Graphen $G_{\tilde{f}}$ im Bereich von $x = 0$ bis $x = 1$ (siehe Schraffur in Teilaufgabe 1.3). Für das Integral wird die soeben nachgewiesene Darstellung von $\tilde{f}(x)$ verwendet:

$$A = \int_0^1 \left(\frac{1}{2} - \tilde{f}(x)\right) dx = \int_0^1 \frac{1}{2} - \left(\frac{1}{2} + \frac{1{,}5}{2x-3}\right) dx = -\int_0^1 \frac{1{,}5}{2x-3}\, dx = -1{,}5 \cdot \int_0^1 \frac{1}{2x-3}\, dx$$

Jetzt kann die Stammfunktion mithilfe der Logarithmusfunktion gebildet werden.

$$A = -1{,}5 \cdot \left[\frac{1}{2} \cdot \ln|2x-3|\right]_0^1 = -1{,}5\left(\frac{1}{2} \cdot \ln|-1| - \frac{1}{2} \cdot \ln|-3|\right) = 0{,}75 \cdot \ln 3 \approx 0{,}82$$

2.0 $g\colon x \mapsto \ln\left(\frac{x}{2x-3}\right);\ D_g \subset \mathbb{R}$

2.1 **Definitionsmenge D_g**

Es gilt: $g(x) = \ln(\tilde{f}(x))$ und $\tilde{f}(x)$ muss positiv sein. Mit den Ergebnissen von Teilaufgabe 1.2 folgt:

$\tilde{f}(x) > 0$ für $x \in\ ]-\infty; 0[\ \cup\ ]1{,}5; +\infty[\ \Rightarrow\ \underline{\underline{D_g = \mathbb{R} \setminus [0; 1{,}5]}}$

2.2 **Verhalten von g(x) an den Rändern von D_g**

$x \to \pm\infty$: $\frac{x}{2x-3} \to \frac{1}{2}$ (vgl. Teilaufgabe 1.3); $g(x) \to \ln\frac{1}{2}$ oder $g(x) \to -\ln 2$

$x \overset{<}{\to} 0$: $\frac{\overbrace{x}^{\to 0^-}}{\underbrace{2x-3}_{\to -3}} \to 0^+$; $g(x) \to -\infty$

$x \overset{>}{\to} 1{,}5$: $\frac{\overbrace{x}^{\to 1{,}5}}{\underbrace{2x-3}_{\to 0^+}} \to +\infty$; $g(x) \to +\infty$

Das Verhalten des Arguments $\tilde{f}(x)$ bei Annäherung an die Ränder von D_g kann auch am Graphen $G_{\tilde{f}}$ aus Teilaufgabe 1.3 abgelesen werden.

2.3 **Asymptoten**

Aus Teilaufgabe 2.2 folgt:
Waagrechte Asymptote: $y = -\ln 2$
Senkrechte Asymptoten: $x = 0$ und $x = 1{,}5$

Nullstelle

Die Logarithmusfunktion wird null, wenn ihr Argument den Wert 1 annimmt.

$\tilde{f}(x) = 1;\ \frac{x}{2x-3} = 1;\ x = 2x-3;\ x = 3\ \Rightarrow$ $\underline{\underline{\text{Nullstelle } N(3; 0)}}$

2.4 **Berechnung der 1. Ableitung**

$$g'(x) = \frac{2x-3}{x} \cdot \frac{(2x-3)\cdot 1 - 2x}{(2x-3)^2}$$ (Ketten- und Quotientenregel)

$$g'(x) = \frac{1}{x} \cdot \frac{-3}{(2x-3)}$$ (Zusammenfassen und Kürzen)

$$g'(x) = \frac{-3}{x(2x-3)} \quad \text{oder} \quad g'(x) = \frac{-3}{2x^2 - 3x}$$

Maximale Monotonieintervalle

Der Zähler der 1. Ableitungsfunktion g'(x) ist immer negativ, das Vorzeichen wird daher vom Nenner bestimmt.

Das Vorzeichenverhalten des Produkts $x \cdot (2x-3)$ entspricht dem des Quotienten $\frac{x}{2x-3}$, das in Teilaufgabe 1.2 untersucht worden ist.

Im Definitionsbereich $D_g = \mathbb{R} \setminus [0; 1{,}5]$ gilt nach Teilaufgabe 1.2 $\tilde{f}(x) > 0$, also $g'(x) < 0$.
Daher ist g streng monoton abnehmend in den Intervallen $]-\infty; 0[$ und $]1{,}5; +\infty[$.

3.0 Entwicklung einer Pilzkultur: $N(t) = N_0 \cdot e^{(3t-t^2)};\ t \geq 0$

3.1 **Berechnung der Anfangszahl N_0**

30 Minuten entsprechen 0,5 Stunden $\Rightarrow$ N(0,5) = 1 745

$$1\,745 = N_0 \cdot e^{(3 \cdot 0{,}5 - 0{,}5^2)}$$

$$1\,745 = N_0 \cdot e^{1{,}25}$$

$$N_0 = \frac{1\,745}{e^{1{,}25}}$$

$$\underline{\underline{N_0 \approx 500}}$$

3.2 **Berechnung der maximalen Anzahl von Pilzen**

Es ist das Maximum der Funktion N(t) zu bestimmen.

$$\dot{N}(t) = 500 \cdot (3-2t) \cdot e^{(3t-t^2)};\quad \dot{N}(t) = 0 \quad \Rightarrow \quad 3-2t = 0; t = 1{,}5$$

Da die Faktoren 500 und $e^{(3t-t^2)}$ positiv sind, wird das Vorzeichen von $\dot{N}(t)$ allein durch den Linearfaktor $(3-2t)$ bestimmt. Damit gilt: $\dot{N}(t) > 0$ für $t < 1{,}5$ und $\dot{N}(t) < 0$ für $t > 1{,}5$, also liegt bei $t = 1{,}5$ ein Maximum vor.

$$N(1{,}5) = 500 \cdot e^{(3 \cdot 1{,}5 - 1{,}5^2)} = 500 \cdot e^{2{,}25} \approx 4\,744$$

Nach 1,5 Stunden nimmt die Anzahl der Pilze den Maximalwert von 4 744 an.

3.3 **Berechnung der Zeitpunkte mit stärkster Zunahme bzw. Abnahme von N(t)**

$\dot{N}(t)$ beschreibt die Änderungsgeschwindigkeit von N(t). Zum Zeitpunkt t_1 ist $\dot{N}(t)$ maximal, zum Zeitpunkt t_2 minimal. Gesucht sind also Hochpunkt und Tiefpunkt von $\dot{N}(t)$.

$$\ddot{N}(t) = 500 \cdot (-2) \cdot e^{(3t-t^2)} + 500 \cdot (3-2t)^2 \cdot e^{(3t-t^2)} \qquad \text{(Produkt- und Kettenregel)}$$

$$\ddot{N}(t) = 500 \cdot [(3-2t)^2 - 2] \cdot e^{(3t-t^2)}$$

$$\ddot{N}(t) = \underbrace{500}_{>0} \cdot (4t^2 - 12t + 7) \cdot \underbrace{e^{(3t-t^2)}}_{>0}$$

$$\ddot{N}(t) = 0;\quad 4t^2 - 12t + 7 = 0;\quad t_{1,2} = \frac{12 \pm \sqrt{144-112}}{8} = \frac{3 \pm \sqrt{2}}{2};\quad t_1 \approx 0{,}8;\quad t_2 \approx 2{,}2$$

Der Term $4t^2 - 12t + 7$ bestimmt das Vorzeichen von $\ddot{N}(t)$ und beschreibt eine nach oben geöffnete Parabel. Damit ist $\ddot{N}(t) > 0$ für $t < 0{,}8$ und für $t > 2{,}2$ und $\ddot{N}(t) < 0$ für $0{,}8 < t < 2{,}2$. Also hat $\dot{N}(t)$ bei $t_1 = 0{,}8$ den Maximalwert und bei $t_2 = 2{,}2$ den Minimalwert.

Damit wächst die Pilzkultur zum Zeitpunkt $t_1 = 0{,}8$ am stärksten und nimmt zum Zeitpunkt $t_2 = 2{,}2$ am stärksten ab.

Bedeutung für den Graphen der Funktion N

Die Extremalpunkte des Graphen der 1. Ableitung sind die Wendepunkte des Graphen der Funktion.

Die Zeitpunkte t_1 und t_2 sind die Abszissen der Wendepunkte des Graphen von N.

3.4 **Bestimmung des Zeitpunktes, ab dem gilt N(t) < 1**

$$N(t) < 1 \Rightarrow 500 \cdot e^{(3t - t^2)} < 1 \Rightarrow e^{(3t - t^2)} < 0{,}002 \Rightarrow 3t - t^2 < \ln 0{,}002$$
$$\Rightarrow -t^2 + 3t + 6{,}2 < 0$$

$$-t^2 + 3t + 6{,}2 = 0; \quad t_{3,4} = \frac{-3 \pm \sqrt{9 + 24{,}8}}{-2}; \quad t_3 \approx 4{,}4; \quad t_4 \approx -1{,}4 \notin D_N$$

Der Term $-t^2 + 3t + 6{,}2$ beschreibt eine nach unten geöffnete Parabel mit den Nullstellen t_3 und t_4. Damit gilt $N(t) < 1$ für $t > 4{,}4$, d. h., die Pilzkultur ist nach 4,4 Stunden völlig abgestorben.

3.5 **Skizze des Graphen von N**

Bisherige Ergebnisse: $N(0) = 500$
Hochpunkt $N(1{,}5) \approx 4\,744$
Wendepunkte bei $t_1 = 0{,}8$ und $t_2 \approx 2{,}2$
$N(4{,}4) \approx 1$

Graph G_N

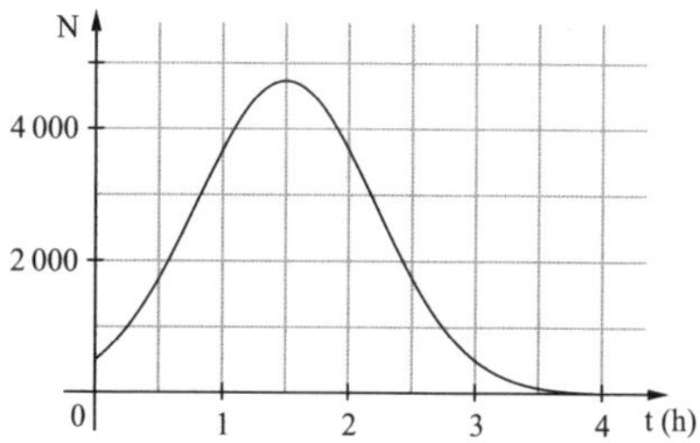

1.0 Gegeben ist die Funktion f: $x \mapsto (x^2 - 2x + 1) \cdot e^{2x}$, $D_f = \mathbb{R}$. Ihr Graph ist G_f.

1.1 Untersuchen Sie das Symmetrieverhalten und berechnen Sie die Koordinaten der Achsenschnittpunkte von G_f. Bestimmen Sie das Verhalten von f(x) für $|x| \to \infty$ und geben Sie die Gleichung der horizontalen Asymptote von G_f an. (8 BE)

1.2 Ermitteln Sie die maximalen Intervalle, in denen die Funktion f echt monoton zunehmend bzw. echt monoton abnehmend ist, und bestimmen Sie die Art und die Koordinaten der Extrempunkte von G_f. (8 BE)
(Zur Kontrolle: $f'(x) = 2(x^2 - x) \cdot e^{2x}$)

1.3 Zeichnen Sie G_f unter Verwendung der bisherigen Ergebnisse und der Berechnung weiterer geeigneter Funktionswerte für $x \in [-1{,}3;\ 1{,}3]$ in ein kartesisches Koordinatensystem. (5 BE)
(Maßstab auf beiden Achsen: 1 LE = 5 cm)

1.4 Gegeben ist die Funktion F: $x \mapsto \frac{1}{2}(x^2 + bx + c) \cdot e^{2x}$, $b, c \in \mathbb{R}$, $D_F = D_f$.

Bestimmen Sie b und c so, dass F eine Stammfunktion von f ist. Kennzeichnen Sie die Fläche, die G_f mit den Koordinatenachsen im ersten Quadranten einschließt und berechnen Sie die exakte Maßzahl des Flächeninhalts. (9 BE)
(Teilergebnis: $b = -3$; $c = 2{,}5$)

2.0 Die nebenstehende Abbildung zeigt den Graphen einer gebrochen-rationalen Funktion g mit seiner Asymptote. Der Graph besitzt bei $(1|-3)$ ein „Loch" und keine weiteren Definitionslücken. Alle Schnittstellen mit den Koordinatenachsen sind ganzzahlig.

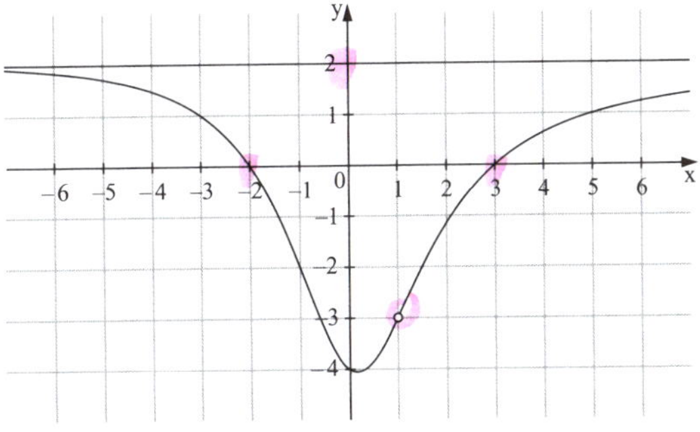

2.1 Begründen Sie genau, zu welchem der nachfolgenden Funktionsterme der abgebildete Graph gehört.

$$g_1(x) = \frac{2(x+2)(x-3)(x-1)}{(x-1)} \qquad g_2(x) = \frac{2(x-2)(x+3)(x-1)}{(x+1)(x^2-1)}$$

$$g_3(x) = \frac{(x+2)(x-3)(x-1)}{0{,}5(x-1)^2(x+1)} \qquad g_4(x) = \frac{2(x+2)(x-3)(x-1)}{(x^2+3)(x-1)}$$

$$g_5(x) = \frac{2(x+2)(x-3)(x-1)}{(x^2+2)(x-1)}$$ (5 BE)

2.2 Gegeben ist nun die Funktion $h: x \mapsto \ln(g(x))$ in der maximalen Definitionsmenge $D_h \subset \mathbb{R}$, wobei der zu g gehörige Graph in 2.0 dargestellt ist. Geben Sie D_h, die Nullstellen von h und das Verhalten von h(x) im Unendlichen an. (5 BE)

3.0 Die Herstellungskosten k(x) (in Euro) pro Gerät eines bestimmten Plasma-Fernsehgerätes in Abhängigkeit von der Stückzahl x können durch die reelle Näherungsfunktion mit dem Funktionsterm

$k(x) = \frac{1100x + 120\,000}{2x + 3}$ für $x \in \mathbb{R} \wedge x \geq 50$ beschrieben werden.

3.1 Berechnen Sie die Herstellungskosten pro Fernsehgerät bei 100 bzw. 1 000 produzierten Fernsehgeräten, und die Stückzahl, ab der die Herstellungskosten pro Gerät unter 600 € liegen. (5 BE)

3.2 Zeigen Sie, dass sich die Herstellungskosten eines Gerätes mit wachsender Stückzahl immer mehr verringern. (4 BE)

(Zur Kontrolle: $k'(x) = \frac{-236\,700}{(2x+3)^2}$)

3.3 Ermitteln Sie k'(100) und k'(1 000) und interpretieren Sie die Ergebnisse im Sachzusammenhang. (4 BE)

3.4 Bestimmen Sie $\lim\limits_{x \to \infty} k(x)$ und interpretieren Sie das Ergebnis im Sinne der vorliegenden Thematik. (2 BE)

3.5 Zeichnen Sie den Graphen G_k von k und seine Asymptote für $x \in [50; 1\,200]$ unter Verwendung der bisherigen Ergebnisse in ein Koordinatensystem. (5 BE)

(60 BE)

Tipps zur Lösung von Aufgabe A 2

Teilaufgabe 1.1

- Zur Symmetrieuntersuchung bilden Sie f(−x).

Teilaufgabe 1.2

- Bilden Sie die 1. Ableitung mit Produkt- und Kettenregel.

Teilaufgabe 1.3

- Zur Sicherheit kann eine Wertetabelle erstellt werden.

Teilaufgabe 1.4

- Bilden Sie zur gegebenen Funktion F die 1. Ableitung.

Teilaufgabe 2.1

- Aus den Nullstellen und der stetig behebbaren Definitionslücke des gezeichneten Graphen kann auf entsprechende Linearfaktoren in Zähler und Nenner des zugehörigen Funktionsterms geschlossen werden.

Teilaufgabe 2.2

- Aus dem bei 2.0 abgebildeten Graphen kann das Vorzeichenverhalten der Funktion g abgelesen werden.

Teilaufgabe 3.1

- Setzen Sie die gegebenen Werte in den Funktionsterm k(x) ein.

Teilaufgabe 3.2

- Die Änderungsrate der Herstellungskosten wird durch die 1. Ableitungsfunktion beschrieben.

Teilaufgabe 3.3

- Nun soll die Änderungsrate für zwei bestimmte Stückzahlen berechnet und interpretiert werden.

Teilaufgabe 3.4

- Der Grenzwert kann am Funktionsterm einfach erkannt werden.

Teilaufgabe 3.5

- Zu den bereits berechneten Funktionswerten sollten mit dem Taschenrechner einige weitere ermittelt werden.
- Überlegen Sie sich zuerst einen geeigneten Maßstab.

Lösung

1.0 $f\colon\ x \mapsto (x^2-2x+1)\cdot e^{2x};\ D_f=\mathbb{R}$

1.1 **Symmetrieverhalten**

$f(-x)=(x^2+2x+1)\cdot e^{-2x} \neq \pm f(x) \Rightarrow$ Der Graph G_f besitzt keine Symmetrie bezüglich des Koordinatensystems.

Achsenschnittpunkte

y-Achse: $x=0;\ f(0)=1 \Rightarrow \underline{\underline{S_y(0;1)}}$

x-Achse: $y=0;\ (x^2-2x+1)\cdot e^{2x}=0;\ (x-1)^2\cdot \underbrace{e^{2x}}_{>0}=0;\ x_{1,2}=1$

$\Rightarrow$ doppelte Nullstelle $\underline{\underline{N_{1,2}(1;0)}}$

Eine doppelte Nullstelle ist ein Berührpunkt mit der x-Achse und daher immer ein Extrempunkt des Graphen (siehe Teilaufgabe 1.2).

Verhalten von f(x) für $|x|\to\infty$

$|x|\to\infty$ ist eine Kurzbezeichnung für $x\to\pm\infty$.

$x\to+\infty$: $\underbrace{(x^2-2x+1)}_{\to+\infty}\cdot\underbrace{e^{2x}}_{\to+\infty} \to +\infty$

$$x\to-\infty:\ \lim_{x\to-\infty}\left(\underbrace{(x^2-2x+1)}_{\to+\infty}\cdot\underbrace{e^{2x}}_{\to 0}\right)=\lim_{x\to-\infty}\frac{\overbrace{x^2-2x+1}^{\to+\infty}}{\underbrace{e^{-2x}}_{\to+\infty}}\overset{\text{l'Hospital}}{=}\lim_{x\to-\infty}\frac{\overbrace{2x-2}^{\to-\infty}}{\underbrace{-2e^{-2x}}_{\to-\infty}}$$

$$\overset{\text{l'Hospital}}{=}\lim_{x\to-\infty}\frac{2}{\underbrace{4e^{-2x}}_{\to+\infty}}=0$$

$\Rightarrow$ waagrechte Asymptote: $\underline{\underline{y=0}}$

1.2 **Berechnung der 1. Ableitung**

$f'(x)=(2x-2)\cdot e^{2x}+(x^2-2x+1)\cdot e^{2x}\cdot 2$ (Produkt- und Kettenregel)

$f'(x)=(2x-2+2x^2-4x+2)\cdot e^{2x}$ (e^{2x} ausklammern)

$f'(x)=(2x^2-2x)\cdot e^{2x}$ (Zusammenfassen)

$f'(x)=2(x^2-x)\cdot e^{2x}$ (zur Kontrolle gegeben)

Ermittlung der Stellen mit waagrechter Tangente

$f'(x)=0 \Rightarrow x^2-x=0 \quad (e^{2x}>0)$

$x\cdot(x-1)=0$

$\underline{\underline{x_1=0;\ x_2=1}}$

Bestimmung der Monotonieintervalle

$$f'(x) = \underbrace{2}_{>0} \cdot (x^2 - x) \cdot \underbrace{e^{2x}}_{>0}$$

$\Rightarrow$ Das Vorzeichen der 1. Ableitung wird bestimmt durch den Term $x^2 - x$. Dieser beschreibt eine nach oben geöffnete Parabel mit den Nullstellen $x_1 = 0$ und $x_2 = 1$.

Vorzeichentabelle

x	$x < 0$	0	$0 < x < 1$	1	$1 < x$
f'(x)	+	0	–	0	+
f(x)	↗	HOP	↘	TIP	↗

Also ist f streng monoton zunehmend im Intervall $]-\infty; 0]$ und im Intervall $[1; +\infty[$ und streng monoton abnehmend im Intervall $[0; 1]$.

Koordinaten der Extrempunkte
Die x-Koordinaten und die Art der beiden Extrempunkte ergeben sich aus der Vorzeichentabelle, die y-Koordinaten wurden bereits in Teilaufgabe 1.1 berechnet:
HOP(0; 1), TIP(1; 0)

1.3 **Zeichnung des Graphen G_f für $x \in [-1,3; 1,3]$**
Bisherige Ergebnisse: HOP(0; 1), TIP(1; 0)

Bei den weiteren Funktionswerten sind insbesondere die Randwerte exakt zu bestimmen.

Weitere Funktionswerte:

x	−1,3	−1	−0,5	0,5	1,3
f(x)	0,39	0,54	0,83	0,68	1,2

Graph G_f

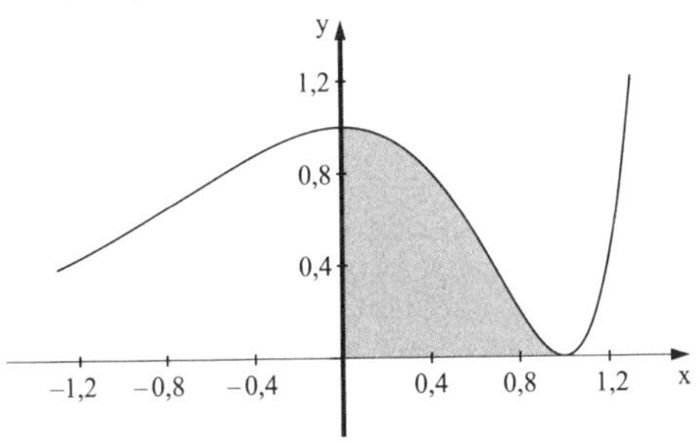

1.4 **Bestimmung der Parameter b und c**
Wenn F Stammfunktion von f sein soll, muss gelten $F'(x) = f(x)$.

$$F'(x) = \frac{1}{2}(2x + b) \cdot e^{2x} + \frac{1}{2}(x^2 + bx + c) \cdot e^{2x} \cdot 2$$ (Produkt- und Kettenregel)

$$F'(x) = \left(x + \frac{1}{2}b + x^2 + bx + c \right) \cdot e^{2x}$$ (e^{2x} ausklammern)

$$F'(x) = \left(x^2 + (b+1)x + \left(\frac{1}{2}b + c\right)\right) \cdot e^{2x}$$

$$f(x) = (x^2 \quad -2x + \quad 1) \cdot e^{2x} \qquad \text{(zum Vergleich)}$$

$F'(x) = f(x)$ ist genau dann erfüllt, wenn alle Koeffizienten der quadratischen Terme übereinstimmen (Koeffizientenvergleich).

Also muss gelten: I $\quad b+1=-2 \quad \Rightarrow \quad \underline{\underline{b=-3}}$ in II

II $\quad \frac{1}{2}b+c=1 \quad \Rightarrow \quad -\frac{3}{2}+c=1; \quad \underline{\underline{c=\frac{5}{2}}}$

$\Rightarrow \quad F(x) = \frac{1}{2}\left(x^2 - 3x + \frac{5}{2}\right) \cdot e^{2x}$ ist Stammfunktion von f.

Berechnung der Maßzahl des Flächeninhalts

Die beschriebene Fläche ist im Schaubild von Teilaufgabe 1.3 gekennzeichnet. Für die Maßzahl des Flächeninhalts gilt:

$$A = \int_0^1 f(x)\,dx = [\,F(x)\,]_0^1 = \left[\frac{1}{2}\left(x^2 - 3x + \frac{5}{2}\right) \cdot e^{2x}\right]_0^1 =$$

$$= \frac{1}{2}\left(1 - 3 + \frac{5}{2}\right) \cdot e^2 - \frac{1}{2} \cdot \frac{5}{2} \cdot 1 = \frac{1}{4}e^2 - \frac{5}{4}$$

2.1 **Ermittlung des zum gegebenen Graphen gehörenden Funktionsterms**

1. Weg: Aufbau des Funktionsterms aus ablesbaren Eigenschaften

Wegen der Nullstellen bei $x_1=-2$ und $x_2=3$ und der stetig behebbaren Definitionslücke bei $x_3=1$ muss der Zählerterm des gesuchten Funktionsterms g(x) die Form $Z(x)=a \cdot (x+2)(x-3)(x-1)$ besitzen. Wegen der Asymptote $y=2$ muss auch der Nennerterm Grad 3 haben, wegen der einzigen Definitionslücke bei $x=1$ muss er die Form $N(x)=(x^2+b) \cdot (x-1)$ mit $b>0$ haben. Damit kommen nur noch die Terme $g_4(x)$ und $g_5(x)$ in Frage. Daher muss gelten $a=2$. Mit $g(0)=-4$ erhält man nun $b=3$, also ist $g_4(x)$ der richtige Funktionsterm.

2. Weg: Ausschluss von Termen, die nicht möglich sind

- Nullstellen bei $x_1=-2$; $x_2=3 \quad \Rightarrow \quad (x+2)(x-3)$ im Zähler $\quad \Rightarrow \quad g_2$ falsch
- stetig behebbare Definitionslücke bei $x=1 \quad \Rightarrow \quad (x-1)$ im Zähler und Nenner in gleicher Potenz $\Rightarrow \quad g_3$ falsch
- waagrechte Asymptote $y=2 \quad \Rightarrow$ Zählergrad = Nennergrad $\quad \Rightarrow \quad g_1$ falsch

Also kommen nur noch die Terme $g_4(x)$ und $g_5(x)$ in Frage.
Wegen $g_4(0)=-4$ und $g_5(0)=-6$ ist $g_4(x)$ der richtige Term.

3. Weg: Überprüfung des Schnittpunkts mit der y-Achse

Es gilt:

$g_1(0)=-12; \quad g_2(0)=-12; \quad g_3(0)=12; \quad g_4(0)=-4; \quad g_5(0)=-6$

Also liefert allein $g_4(x)$ den korrekten Schnittpunkt mit der y-Achse und somit ist $g_4(x)$ der richtige Funktionsterm.

2.2 **Definitionsmenge D_h**

Wegen $h(x) = \ln(g(x))$ muss gelten: $g(x) > 0$.

Aus dem bei 2.0 abgebildeten Graphen der Funktion g erkennt man sofort:

$g(x) > 0$ für $x < -2$ oder $x > 3$

$\Rightarrow \quad D_h =]-\infty; -2[\cup]3; +\infty[$ oder $\underline{\underline{D_h = \mathbb{R} \setminus [-2; 3]}}$

Nullstellen

$h(x) = 0 \quad \Leftrightarrow \quad g(x) = 1$

Aus der Zeichnung sieht man: $\underline{\underline{x_1 = -3; \; x_2 = 5}}$

Verhalten im Unendlichen

$x \to \pm\infty$: $g(x) \to 2$; $h(x) \to \ln 2$

3.0 Kostenfunktion $k(x) = \dfrac{1100x + 120\,000}{2x + 3}$; $x \in \mathbb{R} \wedge x \geq 50$

3.1 **Berechnung der Herstellungskosten**

$k(100) = \dfrac{1\,100 \cdot 100 + 120\,000}{2 \cdot 100 + 3} \approx 1\,133\,[€]$; $k(1\,000) \approx 609\,[€]$

Wann liegen die Herstellungskosten unter 600 € pro Gerät?

$$k(x) < 600$$

$$\frac{1\,100x + 120\,000}{2x + 3} < 600$$

$$1\,100x + 120\,000 < 600 \cdot (2x + 3) \qquad \text{(da hier gilt: } 2x + 3 > 0\text{)}$$

$$1\,100x + 120\,000 < 1\,200x + 1\,800$$

$$118\,200 < 100x$$

$$1\,182 < x$$

Ab 1 183 Geräten sind die Herstellungskosten pro Gerät geringer als 600 €.

3.2 **Untersuchung der Änderungsrate der Herstellungskosten**

Die 1. Ableitungsfunktion beschreibt die Änderungsrate einer Größe, d. h. die Zunahme oder Abnahme der Größe.

$$k'(x) = \frac{1\,100 \cdot (2x + 3) - (1\,100x + 120\,000) \cdot 2}{(2x + 3)^2} \qquad \text{(Quotientenregel)}$$

$$k'(x) = \frac{2\,200x + 3\,300 - 2\,200x - 240\,000}{(2x + 3)^2} \qquad \text{(ausmultiplizieren)}$$

$$k'(x) = \frac{-236\,700}{(2x + 3)^2} \qquad \text{(zur Kontrolle gegeben)}$$

Damit gilt $k'(x) < 0$ und $k(x)$ ist streng monoton abnehmend. Also verringern sich die Herstellungskosten eines Gerätes mit wachsender Stückzahl immer mehr.

3.3 **Berechnung und Interpretation von k'(100) und k'(1 000)**

$$k'(100) = \frac{-236\,700}{203^2} \approx -5{,}74; \quad k'(1\,000) \approx -0{,}06$$

Interpretation: Bei der Herstellung von einem Gerät mehr vermindern sich die Herstellungskosten je Gerät bei 100 Geräten um 5,74 € bzw. bei 1 000 Geräten um 0,06 € je hergestelltem Gerät.

3.4 **Berechnung und Interpretation von $\lim\limits_{x \to +\infty} k(x)$**

Der Grenzwert einer gebrochen-rationalen Funktion mit gleichem Grad von Zählerterm und Nennerterm ist der Quotient der beiden Koeffizienten bei der höchsten Potenz von x in Zähler und Nenner.

$$\lim_{x \to +\infty} k(x) = \lim_{x \to +\infty} \frac{1100x + 120\,000}{2x + 3} = \frac{1100}{2} = 550\,[€]$$

Interpretation: Die Herstellungskosten für ein Fernsehgerät nähern sich für sehr große Stückzahlen dem Wert 550 €.

3.5 **Zeichnung des Graphen G_k**

Bisherige Ergebnisse:

$k(100) \approx 1133$

$k(1\,000) \approx 609$

$k(1\,182) = 600$

$\lim\limits_{x \to +\infty} k(x) = 550$

Vorgegebener Zeichenbereich:
$50 \leq x \leq 1\,200$

Weitere Funktionswerte:

$k(50) \approx 1\,699$

$k(1\,200) \approx 599$

$k(200) \approx 844$

$k(500) \approx 668$

Geeigneter Maßstab:
x-Achse: 1 cm = 100 Stück
k-Achse: 1 cm = 200 €

Graph G_k

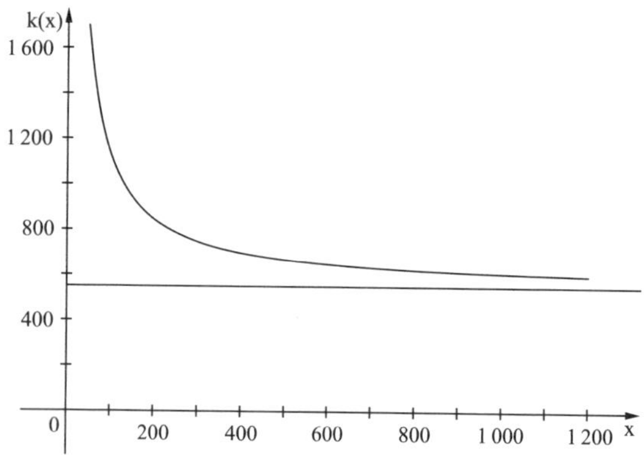

1.0 Die drei Zweigwerke Bamberg (B), München (M) und Weiden (W) eines Unternehmens sind miteinander und mit dem Markt nach dem Leontief-Modell verflochten. Die Verflechtungen sind der nebenstehenden Tabelle zu entnehmen. Die Zahlenangaben erfolgen in Mengeneinheiten (ME).

	B	M	W	Markt	x
B	16	15	4	5	40
M	4	5	6	35	50
W	8	5	4	3	20

1.1 Bestimmen Sie die Inputmatrix A. (3 BE)

1.2 Nun sollen von Werk Bamberg 30 ME und von Werk Weiden 50 ME produziert werden. Berechnen Sie, in welchem Bereich die Produktion von Werk München dann liegen muss. (6 BE)

1.3 Die Produkte des Werkes München können am Markt nicht mehr abgesetzt werden. Deshalb sollen nur die Werke Bamberg und Weiden an den Markt liefern, wohingegen das Werk München nur als Zulieferer für die Werke des Unternehmens tätig sein soll. Werk Bamberg soll 22 ME an den Markt liefern. Werk München soll nur halb so viele Mengeneinheiten produzieren wie Werk Weiden.
Berechnen Sie hierfür den Produktionsvektor und den Marktvektor. (7 BE)

2.0 Im $\mathbb{R}^3$ sind die Punkte $A(1|-4|7)$, $B(-3|4|-1)$, die Ebene $E: x_1 - 2x_2 + 2x_3 - 5 = 0$ sowie die Geradenschar

$$g_a: \vec{x} = \overrightarrow{OB} + k \cdot \begin{pmatrix} a \\ 1 \\ 0 \end{pmatrix} = \begin{pmatrix} -3 \\ 4 \\ -1 \end{pmatrix} + k \cdot \begin{pmatrix} a \\ 1 \\ 0 \end{pmatrix} \text{ mit } a, k \in \mathbb{R} \text{ gegeben.}$$

2.1 Die Gerade $h = AB$ schneidet die Ebene E im Punkt S. Berechnen Sie die Koordinaten von S und zeigen Sie, dass der Punkt B der Spiegelpunkt des Punktes A bezüglich S ist. (6 BE)
(Teilergebnis: $S(-1|0|3)$)

2.2 Beschreiben Sie die besondere Lage der Geraden g_a im Koordinatensystem in Abhängigkeit von a. (2 BE)

2.3 Bestimmen Sie a so, dass die zugehörige Gerade g_a echt parallel zur Ebene E verläuft. (4 BE)
(Ergebnis: $a = 2$)

2.4.0 Die Ebene F enthält die Geraden h aus 2.1 und g_2.

2.4.1 Ermitteln Sie je eine Gleichung von F in Parameter- und Koordinatenform. (5 BE)
(Mögliches Ergebnis: $F: -2x_1 + 4x_2 + 5x_3 - 17 = 0$)

2.4.2 Die Gerade s ist die Schnittgerade der Ebenen E und F. Tragen Sie die Ebene F, die Geraden g_2, h und s sowie die Punkte A, B und S in eine Skizze ein und ermitteln Sie eine Gleichung der Schnittgeraden s. (7 BE)
(40 BE)

Tipps zur Lösung von Aufgabe B 1

Teilaufgabe 1.1
Berechnen Sie zuerst den Produktionsvektor.

Teilaufgabe 1.2
Berechnen Sie den zum neuen Produktionsvektor gehörigen Marktvektor.

Teilaufgabe 1.3
Es sind erneut ein neuer Produktionsvektor und ein neuer Marktvektor mit teilweise variablen Koordinaten aufzustellen.

Teilaufgabe 2.1
Stellen Sie eine Gleichung der Geraden h auf und setzen Sie die Koordinaten in die Gleichung der Ebene E ein.

Teilaufgabe 2.2
Betrachten Sie zuerst den Sonderfall $a = 0$.

Teilaufgabe 2.3
Die Gerade g_a darf E nicht schneiden!

Teilaufgabe 2.4.1
Stellen Sie zuerst die Parameterform der Ebene F auf.

Teilaufgabe 2.4.2
Zur Bestimmung einer Gleichung der Schnittgeraden s setzt man am besten die Parameterform der Ebene F in die Koordinatenform der Ebene E ein.

Lösung

1.0 Leontief-Modell für die Zweigwerke B, M, W mit Input-Output-Tabelle

	B	M	W	Markt
B	16	15	4	5
M	4	5	6	35
W	8	5	4	3

1.1 **Berechnung des Produktionsvektors $\vec{x}$**

Die Koordinaten des Produktionsvektors ergeben sich als Zeilensummen der Zahlenwerte in der Input-Output-Tabelle.

Produktionsvektor $\vec{x} = \begin{pmatrix} 16+15+4+5 \\ 4+5+6+35 \\ 8+5+4+3 \end{pmatrix} = \begin{pmatrix} 40 \\ 50 \\ 20 \end{pmatrix}$

Bestimmung der Inputmatrix A

Dazu müssen die Zahlenwerte der Input-Output-Tabelle durch die entsprechende Koordinate des Produktionsvektors dividiert werden, z. B. $a_{11} = \frac{16}{40} = 0,4$ oder $a_{32} = \frac{5}{50} = 0,1$:

$$A = \begin{pmatrix} 0,4 & 0,3 & 0,2 \\ 0,1 & 0,1 & 0,3 \\ 0,2 & 0,1 & 0,2 \end{pmatrix}$$

1.2 **Berechnung des neuen Marktvektors**

Neuer Produktionsvektor $\vec{x}_{neu} = \begin{pmatrix} 30 \\ x_2 \\ 50 \end{pmatrix}$.

Damit ergibt sich für den neuen Marktvektor $\vec{y}_{neu}$ aus $\vec{y}_{neu} = (E - A) \cdot \vec{x}_{neu}$:

$$\vec{y}_{neu} = \begin{pmatrix} 0,6 & -0,3 & -0,2 \\ -0,1 & 0,9 & -0,3 \\ -0,2 & -0,1 & 0,8 \end{pmatrix} \cdot \begin{pmatrix} 30 \\ x_2 \\ 50 \end{pmatrix} = \begin{pmatrix} 18 - 0,3x_2 - 10 \\ -3 + 0,9x_2 - 15 \\ -6 - 0,1x_2 + 40 \end{pmatrix} = \begin{pmatrix} 8 - 0,3x_2 \\ -18 + 0,9x_2 \\ 34 - 0,1x_2 \end{pmatrix}$$

Einschränkung der Lösung durch Nebenbedingungen

Da die Koordinaten des neuen Marktvektors nicht negativ sein können, gilt:

I $\quad 8 - 0,3x_2 \geq 0 \Rightarrow 8 \geq 0,3x_2 \Rightarrow x_2 \leq \frac{80}{3}$

II $\quad -18 + 0,9x_2 \geq 0 \Rightarrow 0,9x_2 \geq 18 \Rightarrow x_2 \geq 20$

III $\quad 34 - 0,1x_2 \geq 0 \Rightarrow 34 \geq 0,1x_2 \Rightarrow x_2 \leq 340$

Da die erste Bedingung eine stärkere Einschränkung bedeutet als die dritte, gilt insgesamt: $20 \leq x_2 \leq \frac{80}{3}$.

1.3 **Bestimmung des neuen Marktvektors $\vec{y}^*$ und des neuen Produktionsvektors $\vec{x}^*$**

Aus dem Aufgabentext ergibt sich $\vec{y}^* = \begin{pmatrix} 22 \\ 0 \\ y_3 \end{pmatrix}$ und $\vec{x}^* = \begin{pmatrix} x_1 \\ 0,5x_3 \\ x_3 \end{pmatrix}$.

Durch Einsetzen in die Grundgleichung des Leontief-Modells erhält man:

$$\vec{y}^* = (E - A) \cdot \vec{x}^*$$

$$\begin{pmatrix} 22 \\ 0 \\ y_3 \end{pmatrix} = \begin{pmatrix} 0{,}6 & -0{,}3 & -0{,}2 \\ -0{,}1 & 0{,}9 & -0{,}3 \\ -0{,}2 & -0{,}1 & 0{,}8 \end{pmatrix} \cdot \begin{pmatrix} x_1 \\ 0{,}5x_3 \\ x_3 \end{pmatrix}$$

Daraus ergibt sich ein lineares Gleichungssystem für die drei Unbekannten x_1, x_3, y_3:

$$\begin{array}{ll} \text{I} & 22 = 0{,}6x_1 - 0{,}15x_3 - 0{,}2x_3 \\ \text{II} & 0 = -0{,}1x_1 + 0{,}45x_3 - 0{,}3x_3 \\ \text{III} & y_3 = -0{,}2x_1 - 0{,}05x_3 + 0{,}8x_3 \end{array}$$

Durch Zusammenfassen ergibt sich:

$$\begin{array}{ll} \text{I} & 0{,}6x_1 - 0{,}35x_3 = 22 \\ \text{II} & -0{,}1x_1 + 0{,}15x_3 = 0 \\ \text{III} & -0{,}2x_1 + 0{,}75x_3 - y_3 = 0 \end{array}$$

Gauß-Algorithmus:

$$\left(\begin{array}{ccc|c} 0{,}6 & -0{,}35 & 0 & 22 \\ -0{,}1 & 0{,}15 & 0 & 0 \\ -0{,}2 & 0{,}75 & -1 & 0 \end{array}\right) \xrightarrow[\text{I}+3\cdot\text{III}]{\text{I}+6\cdot\text{II}} \left(\begin{array}{ccc|c} 0{,}6 & -0{,}35 & 0 & 22 \\ 0 & 0{,}55 & 0 & 22 \\ 0 & 1{,}9 & -3 & 22 \end{array}\right)$$

Da die zweite Zeile dieser Matrix nur noch eine Unbekannte enthält und die anderen beiden Zeilen jeweils nur noch zwei Unbekannte enthalten, kann das lineare Gleichungssystem bereits gelöst werden:

Aus II: $0{,}55x_3 = 22 \Rightarrow x_3 = 40$

Aus III: $1{,}9 \cdot 40 - 3y_3 = 22 \Rightarrow -3y_3 = -54 \Rightarrow y_3 = 18$

Aus I: $0{,}6x_1 - 0{,}35 \cdot 40 = 22 \Rightarrow 0{,}6x_1 = 36 \Rightarrow x_1 = 60$

Damit ergibt sich als neuer Markvektor $\vec{y}^* = \begin{pmatrix} 22 \\ 0 \\ 18 \end{pmatrix}$ und als neuer Produktionsvektor $\vec{x}^* = \begin{pmatrix} 60 \\ 20 \\ 40 \end{pmatrix}$.

2.0 Punkte $A(1|-4|7)$ und $B(-3|4|-1)$; Ebene E: $x_1 - 2x_2 + 2x_3 - 5 = 0$

Geradenschar g_a: $\vec{x} = \overrightarrow{OB} + k \cdot \begin{pmatrix} a \\ 1 \\ 0 \end{pmatrix} = \begin{pmatrix} -3 \\ 4 \\ -1 \end{pmatrix} + k \cdot \begin{pmatrix} a \\ 1 \\ 0 \end{pmatrix}$; $a, k \in \mathbb{R}$

2.1 **Gleichung der Geraden h**

h: $\vec{x} = \overrightarrow{OA} + t \cdot \overrightarrow{AB}$; $\vec{x} = \begin{pmatrix} 1 \\ -4 \\ 7 \end{pmatrix} + t \cdot \begin{pmatrix} -3-1 \\ 4+4 \\ -1-7 \end{pmatrix}$; $\vec{x} = \begin{pmatrix} 1 \\ -4 \\ 7 \end{pmatrix} + t \cdot \begin{pmatrix} -4 \\ 8 \\ -8 \end{pmatrix}$; $t \in \mathbb{R}$

Als Richtungsvektor einer Geraden darf auch ein beliebiger, kollinearer Vektor verwendet werden.

oder: h: $\vec{x} = \begin{pmatrix} 1 \\ -4 \\ 7 \end{pmatrix} + r \cdot \begin{pmatrix} 1 \\ -2 \\ 2 \end{pmatrix}$; $r \in \mathbb{R}$

Berechnung des Schnittpunktes S von h und E

Da die Gleichung der Ebene E nur in Koordinatenform vorliegt, besteht hier der einzig sinnvolle Lösungsweg darin, h in E einzusetzen.

$$\text{Aus h: } \begin{cases} x_1 = 1 + r \\ x_2 = -4 - 2r \\ x_3 = 7 + 2r \end{cases} \text{ in E: } x_1 - 2x_2 + 2x_3 - 5 = 0$$

$$\Rightarrow \quad (1+r) - 2(-4-2r) + 2(7+2r) - 5 = 0$$

$$1 + r + 8 + 4r + 14 + 4r - 5 = 0$$

$$9r + 18 = 0$$

$$r = -2 \quad \text{in h}$$

$$\Rightarrow \quad x_S = 1 - 2 = -1; \; y_S = -4 + 4 = 0; \; z_S = 7 - 4 = 3$$

$\Rightarrow$ Schnittpunkt $S(-1; 0; 3)$ (zur Kontrolle gegeben)

Nachweis, dass B Spiegelpunkt von A bezüglich S ist

Es ist zu zeigen, dass der Punkt S genau in der Mitte zwischen A und B liegt, d. h. dass S Mittelpunkt der Strecke [AB] ist (siehe Skizze).

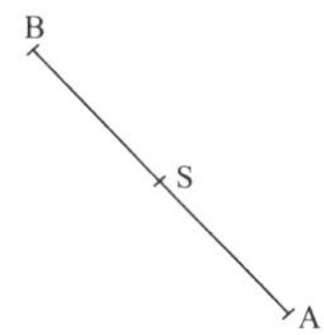

Wegen $\overrightarrow{AS} = \begin{pmatrix} -1-1 \\ 0+4 \\ 3-7 \end{pmatrix} = \begin{pmatrix} -2 \\ 4 \\ -4 \end{pmatrix}$ und $\overrightarrow{AB} = \begin{pmatrix} -4 \\ 8 \\ -8 \end{pmatrix}$ gilt $\overrightarrow{AS} = \frac{1}{2}\overrightarrow{AB}$ und daraus folgt die Behauptung.

2.2 **Lage der Geraden g_a im Koordinatensystem**

Eine Gerade besitzt immer dann eine besondere Lage im Koordinatensystem, wenn eine oder mehrere Koordinaten des Richtungsvektors null sind.

Da für $a=0$ zwei Koordinaten des Richtungsvektors null sind, liegt hier ein Sonderfall vor:

$$a=0: \quad g_0: \; \vec{x} = \begin{pmatrix} -3 \\ 4 \\ -1 \end{pmatrix} + k \cdot \begin{pmatrix} 0 \\ 1 \\ 0 \end{pmatrix}; \; k \in \mathbb{R}$$

Da die erste und die dritte Koordinate des Richtungsvektors null sind, ist g_0 echt parallel zur x_2-Achse.

Wenn zusätzlich auch die erste und die dritte Koordinate des Ortsvektors null wären, würde die Gerade die x_2-Achse beschreiben.

$a \neq 0$: Da nur die dritte Koordinate des Richtungsvektors null ist, ist g_a echt parallel zur x_1-x_2-Ebene.

Wenn zusätzlich auch die dritte Koordinate des Ortsvektors null wäre, läge die Gerade in der x_1-x_2-Ebene.

2.3 **Berechnung von a so, dass g_a parallel zu E verläuft**

g_a verläuft echt parallel zur Ebene E, wenn es keinen gemeinsamen Punkt gibt. Der Ansatz zur Berechnung des Schnittpunkts von g_a und E darf also keine Lösung haben.

$$\text{Aus } g_a: \begin{cases} x_1 = -3 + k \cdot a \\ x_2 = \ \ 4 + k \\ x_3 = -1 \end{cases} \quad \text{in E: } x_1 - 2x_2 + 2x_3 - 5 = 0$$

$$\Rightarrow \quad -3 + k \cdot a - 2 \cdot (4 + k) + 2 \cdot (-1) - 5 = 0$$
$$k \cdot a - 2k - 18 = 0$$
$$k \cdot (a - 2) = 18$$
$$k = \frac{18}{a-2}$$

Für $a = 2$ kann der Wert für k nicht bestimmt werden, die Gleichung ist nicht lösbar.

$\Rightarrow$ Für $a = 2$ verläuft die zugehörige Gerade g_2 echt parallel zur Ebene E.

2.4.1 **Parameterform der Ebenengleichung von F**

Als Richtungsvektoren dienen die der Geraden h und g_2, als Aufpunkt kann der Punkt A oder B verwendet werden. Mit B als Aufpunkt erhält man:

$$\text{F: } \vec{x} = \begin{pmatrix} -3 \\ 4 \\ -1 \end{pmatrix} + \lambda \cdot \begin{pmatrix} 1 \\ -2 \\ 2 \end{pmatrix} + \mu \cdot \begin{pmatrix} 2 \\ 1 \\ 0 \end{pmatrix}; \ \lambda, \mu \in \mathbb{R}$$

Umwandlung in Koordinatenform

1. Weg: Mithilfe des Gauß-Algorithmus

$$\text{F: } \begin{aligned} x_1 &= -3 + \ \ \lambda + 2\mu \\ x_2 &= \ \ 4 - 2\lambda + \ \ \mu \\ x_3 &= -1 + 2\lambda \end{aligned} \quad \Rightarrow \quad \begin{aligned} \lambda + 2\mu &= x_1 + 3 \\ -2\lambda + \ \ \mu &= x_2 - 4 \\ 2\lambda \quad\ \ &= x_3 + 1 \end{aligned}$$

Gauß-Algorithmus

$$\left(\begin{array}{cc|c} 1 & 2 & x_1 + 3 \\ -2 & 1 & x_2 - 4 \\ 2 & 0 & x_3 + 1 \end{array}\right) \xrightarrow[2 \cdot \text{I} - \text{III}]{2 \cdot \text{I} + \text{II}} \left(\begin{array}{cc|c} 1 & 2 & x_1 + 3 \\ 0 & 5 & 2x_1 + x_2 + 2 \\ 0 & 4 & 2x_1 - x_3 + 5 \end{array}\right)$$

$$\xrightarrow{4 \cdot \text{II} - 5 \cdot \text{III}} \left(\begin{array}{cc|c} 1 & 2 & x_1 + 3 \\ 0 & 5 & 2x_1 + x_2 + 2 \\ 0 & 0 & -2x_1 + 4x_2 + 5x_3 - 17 \end{array}\right)$$

$\Rightarrow$ $\underline{\underline{\text{F: } -2x_1 + 4x_2 + 5x_3 - 17 = 0}}$ (zur Kontrolle gegeben)

2. Weg: Durch Eliminieren der Parameter

$$\begin{aligned} &\text{I} \quad x_1 = -3 + \ \ \lambda + 2\mu \\ &\text{II} \quad x_2 = \ \ 4 - 2\lambda + \ \ \mu \\ &\text{III} \quad x_3 = -1 + 2\lambda \end{aligned} \qquad \text{aus III: } \lambda = \frac{1}{2}x_3 + \frac{1}{2} \quad \text{in I und II}$$

$$\text{I'} \quad x_1 = -3 + \frac{1}{2}x_3 + \frac{1}{2} + 2\mu$$

$$\text{II'} \quad x_2 = \ \ 4 - 2\left(\frac{1}{2}x_3 + \frac{1}{2}\right) + \ \ \mu$$

$$\begin{array}{lll} \text{I'} & x_1 = -2{,}5 + 0{,}5x_3 + 2\mu & \\ \text{II'} & x_2 = \quad 3 - \quad x_3 + \ \mu & \text{aus II': } \mu = x_2 + x_3 - 3 \quad \text{in I'} \end{array}$$

$$\Rightarrow \quad x_1 = -2{,}5 + 0{,}5x_3 + 2 \cdot (x_2 + x_3 - 3)$$

$$x_1 = -2{,}5 + 2{,}5x_3 + 2x_2 - 6$$

$$0 = -x_1 + 2x_2 + 2{,}5x_3 - 8{,}5 \qquad | \cdot 2$$

$$0 = -2x_1 + 4x_2 + 5x_3 - 17 \qquad \Rightarrow \quad \text{F: } -2x_1 + 4x_2 + 5x_3 - 17 = 0$$

2.4.2 Skizze der Ebene F, der Geraden g_2, h, s und der Punkte A, B und S

Die Skizze wird mithilfe der vorliegenden Ergebnisse schrittweise aufgebaut:

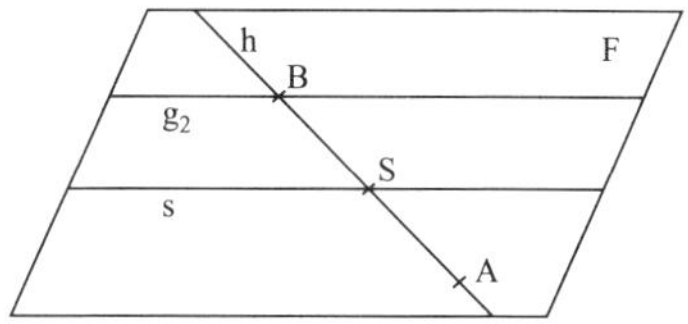

- Die Skizze bei Teilaufgabe 2.1 enthält bereits die Punkte A, B und S und damit die Gerade h = AB.
- B ist der gemeinsame Aufpunkt der Geraden h und g_2 und damit deren Schnittpunkt.
- Die Geraden h und g_2 liegen in der Ebene F (siehe 2.4.0).
- Da die Gerade g_2 echt parallel zur Ebene E verläuft (Teilaufgabe 2.3), verläuft die gesuchte Schnittgerade s parallel zu g_2 in der Ebene F und besitzt damit den gleichen Richtungsvektor wie g_2.
- Da der Punkt S in der Ebene E liegt (Teilaufgabe 2.1) und auf der Geraden h (Teilaufgabe 2.1), also auch in der Ebene F, muss er auch auf der Schnittgeraden s liegen und kann als Aufpunkt verwendet werden.

$$\Rightarrow \quad s\colon \vec{x} = \begin{pmatrix} -1 \\ 0 \\ 3 \end{pmatrix} + t \cdot \begin{pmatrix} 2 \\ 1 \\ 0 \end{pmatrix}; \quad t \in \mathbb{R}$$

Alternativ dazu kann eine Gleichung der Schnittgerade s auch rechnerisch ermittelt werden. Dazu setzt man am besten die Koordinaten aus der Parameterform von F (aus Teilaufgabe 2.4.1) in die Koordinatenform von E ein:

$$\text{Aus F: } \begin{cases} x_1 = -3 + \ \lambda + 2\mu \\ x_2 = \ 4 - 2\lambda + \ \mu \\ x_3 = -1 + 2\lambda \end{cases} \text{ in E: } x_1 - 2x_2 + 2x_3 - 5 = 0$$

$$\Rightarrow \quad (-3 + \lambda + 2\mu) - 2(4 - 2\lambda + \mu) + 2(-1 + 2\lambda) - 5 = 0$$

$$-3 + \lambda + 2\mu - 8 + 4\lambda - 2\mu - 2 + 4\lambda - 5 = 0$$

$$9\lambda - 18 = 0$$

$$\lambda = 2$$

Da sich hier für λ ein konkreter Wert ergibt, muss dieser nur noch in die Parameterform von F eingesetzt werden:

$$s\colon \vec{x} = \begin{pmatrix} -3+2 \\ 4-4 \\ -1+4 \end{pmatrix} + \mu \cdot \begin{pmatrix} 2 \\ 1 \\ 0 \end{pmatrix}; \quad s\colon \vec{x} = \begin{pmatrix} -1 \\ 0 \\ 3 \end{pmatrix} + \mu \cdot \begin{pmatrix} 2 \\ 1 \\ 0 \end{pmatrix}; \quad \mu \in \mathbb{R}$$

Bayern – FOS · BOS 13 – Abiturprüfung 2010
Mathematik (Nichttechnische Ausbildungsrichtungen) – Aufgabengruppe B 2

1.0 Im $\mathbb{R}^3$ sind die Gerade $g: \vec{x} = \begin{pmatrix} -2 \\ 6 \\ 3 \end{pmatrix} + r \cdot \begin{pmatrix} 6 \\ -2 \\ -5 \end{pmatrix}$ mit $r \in \mathbb{R}$, der Punkt $P(1\,|\,4\,|\,1)$ und die Ebene $F: \frac{x_1}{2} + \frac{x_2}{4} + \frac{x_3}{6} = 1$ gegeben.

1.1 Weisen Sie nach, dass durch die Gerade g und den Punkt P genau eine Ebene E bestimmt wird, und bestimmen Sie eine Gleichung von E in Koordinatenform. (mögliches Ergebnis: $E: 2x_1 + x_2 + 2x_3 - 8 = 0$) (7 BE)

1.2 Bringen Sie die Ebene E in Achsenabschnittsform, geben Sie die Schnittpunkte mit den Koordinatenachsen an und zeichnen Sie die Ebene E in ein Koordinatensystem. (4 BE)

1.3 Bestimmen Sie eine Gleichung der Schnittgerade s von E und F. (3 BE)

1.4 Zeichnen Sie F und s in das Koordinatensystem von 1.2. (2 BE)

2.0 Im $\mathbb{R}^3$ sind die Vektoren $\vec{a} = \begin{pmatrix} 1 \\ -3 \\ 2 \end{pmatrix}$, $\vec{b} = \begin{pmatrix} -2 \\ 1 \\ 1 \end{pmatrix}$ und $\vec{c} = \begin{pmatrix} 0 \\ -4 \\ m \end{pmatrix}$ mit $m \in \mathbb{R}$ gegeben.

2.1 Berechnen Sie, für welche Werte von m die Vektoren $\vec{a}$, $\vec{b}$ und $\vec{c}$ eine Basis des $\mathbb{R}^3$ bilden. (5 BE)

2.2 Stellen Sie für $m = 5$ den Vektor $\vec{d} = \begin{pmatrix} -4 \\ 1 \\ 2 \end{pmatrix}$ als Linearkombination von $\vec{a}$, $\vec{b}$ und $\vec{c}$ dar. (3 BE)

3.0 Die drei Zweigwerke U, V und W eines Unternehmens sind nach dem Leontief-Modell untereinander und mit dem Markt verflochten. Die Inputmatrix ist gegeben durch $A = \begin{pmatrix} 0 & 0{,}15 & 0{,}02 \\ 0{,}125 & 0 & 0{,}08 \\ 0{,}20 & 0{,}05 & 0 \end{pmatrix}$. Die derzeitige Produktion beträgt im Werk U 400 Mengeneinheiten (ME), im Werk V 600 ME, im Werk W 500 ME.

3.1 Erläutern Sie die Bedeutung der Werte 0 in der Inputmatrix und erstellen Sie die Input-Output-Tabelle für das Unternehmen. (5 BE)

3.2 In der Urlaubszeit fährt das Werk W seine Produktion von 500 ME auf 220 ME herunter. Das Werk V soll weiterhin das 1,5-fache des Werkes U produzieren. Berechnen Sie die für das Werk U unter diesen Bedingungen möglichen Produktionsmengen. (5 BE)

3.3 Nach der Urlaubszeit soll die Produktion in Werk U wieder 80 % der Produktion des Werkes W betragen. Zeigen Sie, dass unter dieser Voraussetzung, unabhängig von der Produktion in Werk V, die Summe der Marktabgaben 80 % der Gesamtproduktion aller drei Werke beträgt. (6 BE)

(40 BE)

Tipps zur Lösung von Aufgabe B 2

Teilaufgabe 1.1

Zeigen Sie zuerst, dass der Punkt P nicht auf der Geraden g liegt.

Teilaufgabe 1.2

Die Gleichung der Ebene F hat bereits die Achsenabschnittsform, die Gleichung der Ebene E ist nun entsprechend umzuformen.

Teilaufgabe 1.3

Setzen Sie die Parameterform von E aus Teilaufgabe 1.1 in die gegebene Gleichung der Ebene F ein.

Teilaufgabe 1.4

Aus der Ebenengleichung von F können die Achsenschnittpunkte abgelesen werden.

Teilaufgabe 2.1

Damit sie eine Basis des $\mathbb{R}^3$ bilden, müssen die Vektoren $\vec{a}$, $\vec{b}$ und $\vec{c}$ linear unabhängig sein.

Teilaufgabe 2.2

Lösen Sie das Gleichungssystem, das sich aus $\vec{d} = r \cdot \vec{a} + s \cdot \vec{b} + t \cdot \vec{c}$ für $m = 5$ ergibt.

Teilaufgabe 3.1

Um die Werte der Input-Output-Tabelle zu erhalten, müssen die Koeffizienten der Inputmatrix mit den Koordinaten des Produktionsvektors geeignet multipliziert werden.

Teilaufgabe 3.2

Stellen Sie zuerst einen neuen Produktionsvektor mit variabler x_1-Koordinate auf.

Teilaufgabe 3.3

Stellen Sie zuerst den wiederum neuen Produktionsvektor mit den Variablen x_2 und x_3 auf.

Lösung

1.0 Gerade $g: \vec{x} = \begin{pmatrix} -2 \\ 6 \\ 3 \end{pmatrix} + r \cdot \begin{pmatrix} 6 \\ -2 \\ -5 \end{pmatrix}$; $r \in \mathbb{R}$; Punkt $P(1\,|\,4\,|\,1)$; Ebene F: $\frac{x_1}{2} + \frac{x_2}{4} + \frac{x_3}{6} = 1$

1.1 **Nachweis, dass P und g eine Ebene E bestimmen**

Ein Punkt und eine Gerade bestimmen genau dann eine Ebene, wenn der Punkt nicht auf der Geraden liegt.

$$\text{P in g eingesetzt: } \left.\begin{array}{llcl} \text{I} & 1 = -2 + 6r & \Rightarrow & r = \frac{1}{2} \\ \text{II} & 4 = 6 - 2r & \Rightarrow & r = 1 \\ \text{III} & 1 = 3 - 5r & \Rightarrow & r = 0{,}4 \end{array}\right\} \Rightarrow P \notin g$$

Also ist die Ebene E durch P und g eindeutig bestimmt.

Gleichung der Ebene E in Parameterform

Aus der Skizze ergibt sich als Gleichung der Ebene E in Parameterform:

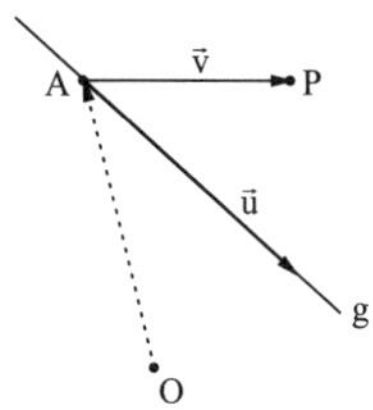

E: $\vec{x} = \overrightarrow{OA} + r \cdot \vec{u} + s \cdot \vec{v}$

$$E: \vec{x} = \begin{pmatrix} -2 \\ 6 \\ 3 \end{pmatrix} + r \cdot \begin{pmatrix} 6 \\ -2 \\ -5 \end{pmatrix} + s \cdot \begin{pmatrix} 1+2 \\ 4-6 \\ 1-3 \end{pmatrix}$$

$$E: \vec{x} = \begin{pmatrix} -2 \\ 6 \\ 3 \end{pmatrix} + r \cdot \begin{pmatrix} 6 \\ -2 \\ -5 \end{pmatrix} + s \cdot \begin{pmatrix} 3 \\ -2 \\ -2 \end{pmatrix};\ r, s \in \mathbb{R}$$

Umwandlung in Koordinatenform

1. Weg: Mithilfe des Gauß-Algorithmus

$$E: \begin{array}{lcl} x_1 = -2 + 6r + 3s & \Rightarrow & 6r + 3s = x_1 + 2 \\ x_2 = 6 - 2r - 2s & \Rightarrow & -2r - 2s = x_2 - 6 \\ x_3 = 3 - 5r - 2s & \Rightarrow & -5r - 2s = x_3 - 3 \end{array}$$

Gauß-Algorithmus

$$\left(\begin{array}{cc|c} 6 & 3 & x_1+2 \\ -2 & -2 & x_2-6 \\ -5 & -2 & x_3-3 \end{array}\right) \xrightarrow[5\cdot \text{I} + 6 \cdot \text{III}]{\text{I} + 3 \cdot \text{II}} \left(\begin{array}{cc|c} 6 & 3 & x_1+2 \\ 0 & -3 & x_1+3x_2-16 \\ 0 & 3 & 5x_1+6x_3-8 \end{array}\right)$$

$$\xrightarrow{\text{II} + \text{III}} \left(\begin{array}{cc|c} 6 & 3 & x_1+2 \\ 0 & -3 & x_1+3x_2-16 \\ 0 & 0 & 6x_1+3x_2+6x_3-24 \end{array}\right)$$

$\Rightarrow$ E: $6x_1 + 3x_2 + 6x_3 - 24 = 0$ oder $\underline{\underline{E: 2x_1 + x_2 + 2x_3 - 8 = 0}}$ (zur Kontrolle gegeben)

Die Koordinatengleichung einer Ebene darf mit einer beliebigen reellen Zahl ungleich null multipliziert bzw. dividiert werden.

2. Weg: Durch Eliminieren der Parameter

I $\quad x_1 = -2 + 6r + 3s$

II $\quad x_2 = 6 - 2r - 2s \qquad$ aus II: $\quad 2s = 6 - 2r - x_2$

III $\quad x_3 = 3 - 5r - 2s \qquad\qquad s = 3 - r - \frac{1}{2}x_2 \quad$ in I und III

I' $\quad x_1 = -2 + 6r + 3\left(3 - r - \frac{1}{2}x_2\right)$

III' $\quad x_3 = 3 - 5r - (6 - 2r - x_2)$

I' $\quad x_1 = 7 + 3r - \frac{3}{2}x_2$

III' $\quad x_3 = -3 - 3r + x_2$

Bei Addition dieser beiden Gleichungen fällt der Parameter r raus.

I' + III' $\quad x_1 + x_3 = 4 - \frac{1}{2}x_2$

$\Rightarrow$ E: $x_1 + \frac{1}{2}x_2 + x_3 - 4 = 0$ oder $\underline{\underline{\text{E: } 2x_1 + x_2 + 2x_3 - 8 = 0}}$

1.2 **Gleichung der Ebene E in Achsenabschnittsform**

Die Gleichung einer Ebene in Achsenabschnittsform lautet allgemein

E: $\frac{x_1}{a} + \frac{x_2}{b} + \frac{x_3}{c} = 1.$

Sie wird aus der Koordinatenform durch geeignete Umformung gewonnen. Die Koeffizienten a, b und c geben die Schnittpunkte der Ebene mit den drei Koordinatenachsen an.

E: $\quad 2x_1 + x_2 + 2x_3 - 8 = 0 \quad | +8$

E: $\quad 2x_1 + x_2 + 2x_3 = 8 \quad | :8$

E: $\quad \frac{1}{4}x_1 + \frac{1}{8}x_2 + \frac{1}{4}x_3 = 1$

E: $\quad \underline{\underline{\frac{x_1}{4} + \frac{x_2}{8} + \frac{x_3}{4} = 1}} \qquad$ Achsenabschnittsform

Schnittpunkte mit den Koordinatenachsen

Direkt ablesbar sind nun die Schnittpunkte mit der x_1-Achse $S_1(4; 0; 0)$, mit der x_2-Achse $S_2(0; 8; 0)$ und mit der x_3-Achse $S_3(0; 0; 4)$.

Zeichnung der Ebene E in ein Koordinatensystem
Mithilfe der Achsenabschnittspunkte lässt sich sehr leicht eine Schrägbildskizze der Ebene E anfertigen:

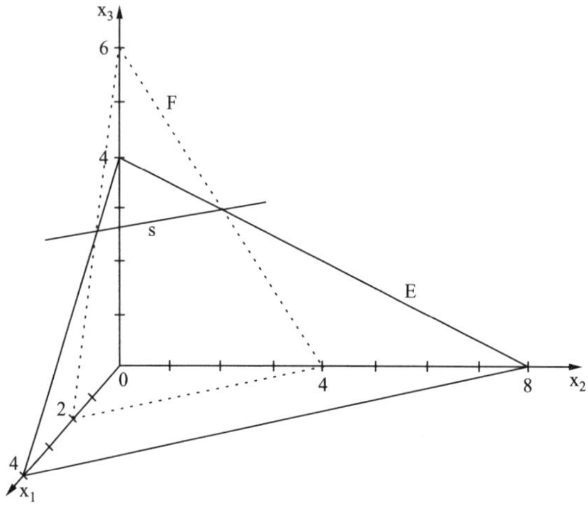

1.3 **Gleichung der Schnittgerade s der Ebenen E und F**
Da die Brüche für die weitere Rechnung ungünstig sind, wird die Gleichung der Ebene F zuerst umgeformt:

$$\text{F:}\quad \frac{x_1}{2}+\frac{x_2}{4}+\frac{x_3}{6}=1 \quad |\cdot 12$$

$$\text{F:}\quad 6x_1+3x_2+2x_3=12 \qquad \text{oder} \quad \text{F:}\quad 6x_1+3x_2+2x_3-12=0$$

1. Weg: Parameterform von E (aus Teilaufgabe 1.1) in F einsetzen

$$\text{E:}\quad \left.\begin{aligned} x_1 &= -2+6r+3s \\ x_2 &= 6-2r-2s \\ x_3 &= 3-5r-2s \end{aligned}\right\} \text{ in F: } 6x_1+3x_2+2x_3-12=0$$

$$\Rightarrow \quad 6(-2+6r+3s)+3(6-2r-2s)+2(3-5r-2s)-12=0$$
$$-12+36r+18s+18-6r-6s+6-10r-4s-12=0$$
$$20r+8s=0$$
$$r=-0{,}4s$$

In E eingesetzt ergibt die Gleichung der Schnittgerade s:

$$\text{s:}\quad \vec{x}=\begin{pmatrix}-2\\6\\3\end{pmatrix}-0{,}4s\cdot\begin{pmatrix}6\\-2\\-5\end{pmatrix}+s\cdot\begin{pmatrix}3\\-2\\-2\end{pmatrix}$$

$$\text{s:}\quad \vec{x}=\begin{pmatrix}-2\\6\\3\end{pmatrix}+s\cdot\begin{pmatrix}-0{,}4\cdot 6 \quad +3\\-0{,}4\cdot(-2)-2\\-0{,}4\cdot(-5)-2\end{pmatrix}$$

$$\text{s:}\quad \vec{x}=\begin{pmatrix}-2\\6\\3\end{pmatrix}+s\cdot\begin{pmatrix}0{,}6\\-1{,}2\\0\end{pmatrix};\quad s\in\mathbb{R}$$

Da der Richtungsvektor beliebig verlängert oder verkürzt werden darf, gilt auch:

$$s:\ \vec{x} = \begin{pmatrix} -2 \\ 6 \\ 3 \end{pmatrix} + \mu \cdot \begin{pmatrix} 1 \\ -2 \\ 0 \end{pmatrix};\ \mu \in \mathbb{R}$$

2. Weg: Ermittlung der Gleichung der Schnittgerade s aus den Koordinatengleichungen von E und F

$$\left.\begin{aligned} E:&\ 2x_1 + x_2 + 2x_3 - 8 = 0 \\ F:&\ 6x_1 + 3x_2 + 2x_3 - 12 = 0 \end{aligned}\right\} \Rightarrow \left(\begin{array}{ccc|c} 2 & 1 & 2 & 8 \\ 6 & 3 & 2 & 12 \end{array}\right)$$

Gauß-Algorithmus

$$\left(\begin{array}{ccc|c} 2 & 1 & 2 & 8 \\ 6 & 3 & 2 & 12 \end{array}\right) \xrightarrow{3 \cdot \mathrm{I} - \mathrm{II}} \left(\begin{array}{ccc|c} 2 & 1 & 2 & 8 \\ 0 & 0 & 4 & 12 \end{array}\right) \Rightarrow 4x_3 = 12;\ x_3 = 3$$

Eine Koordinate darf nun frei gewählt werden. Da $x_3 = 3$ fest ist, wählt man z. B. $x_2 = \lambda$. Aus der 1. Gleichung folgt dann:

$$\begin{aligned} 2x_1 + \lambda + 2 \cdot 3 &= 8 \\ 2x_1 &= 2 - \lambda \\ x_1 &= 1 - \frac{1}{2}\lambda \end{aligned}$$

Damit gilt:

$$\left.\begin{aligned} x_1 &= 1 - \frac{1}{2}\lambda \\ x_2 &= \lambda \\ x_3 &= 3 \end{aligned}\right\} \Rightarrow s:\ \vec{x} = \begin{pmatrix} 1 \\ 0 \\ 3 \end{pmatrix} + \lambda \cdot \begin{pmatrix} -\frac{1}{2} \\ 1 \\ 0 \end{pmatrix};\ \lambda \in \mathbb{R} \text{ oder}$$

$$s:\ \vec{x} = \begin{pmatrix} 1 \\ 0 \\ 3 \end{pmatrix} + \mu \cdot \begin{pmatrix} -1 \\ 2 \\ 0 \end{pmatrix};\ \mu \in \mathbb{R}$$

Diese Lösung ist gleichwertig zu der angegeben Lösung. Es sind nur unterschiedliche Aufpunkte verwendet und die Richtungsvektoren sind kollinear.

1.4 **Zeichnung der Ebene F und der Geraden s**

Die ursprünglich gegebene Gleichung der Ebene F (siehe 1.0) ist die Achsenabschnittsform. Die Achsenschnittpunkte von F sind also $S_1(2;0;0)$, $S_2(0;4;0)$ und $S_3(0;0;6)$. Damit kann sehr leicht ein Schrägbild von F in die Skizze von Teilaufgabe 1.2 eingezeichnet werden (siehe vorangehende Seite).

Die Schrägbildskizze enthält nun die Spurgeraden der Ebenen E und F in den Koordinatenebenen. Die Spurgeraden in der x_1-x_3-Ebene und in der x_2-x_3-Ebene schneiden sich jeweils. Diese Schnittpunkte sind gemeinsame Punkte der Ebenen E und F, ihre Verbindungslinie stellt daher die Schnittgerade s dar.

2.0 Vektoren $\vec{a}=\begin{pmatrix}1\\-3\\2\end{pmatrix}, \vec{b}=\begin{pmatrix}-2\\1\\1\end{pmatrix}$ und $\vec{c}=\begin{pmatrix}0\\-4\\m\end{pmatrix}$; $m\in\mathbb{R}$

2.1 **Berechnung von m so, dass $\{\vec{a},\vec{b},\vec{c}\}$ Basis des $\mathbb{R}^3$ sind**

Drei Vektoren $\vec{a},\vec{b},\vec{c}$ sind genau dann eine Basis des $\mathbb{R}^3$, wenn sie linear unabhängig sind.

1. Weg: Das Gleichungssystem $r\cdot\vec{a}+s\cdot\vec{b}+t\cdot\vec{c}=\vec{0}$ darf nur die Lösung $r=s=t=0$ besitzen:

$$r\cdot\begin{pmatrix}1\\-3\\2\end{pmatrix}+s\cdot\begin{pmatrix}-2\\1\\1\end{pmatrix}+t\cdot\begin{pmatrix}0\\-4\\m\end{pmatrix}=\vec{0}$$

Gauß-Algorithmus

$$\left(\begin{array}{ccc|c}1&-2&0&0\\-3&1&-4&0\\2&1&m&0\end{array}\right)\xrightarrow[2\cdot I-III]{3\cdot I+II}\left(\begin{array}{ccc|c}1&-2&0&0\\0&-5&-4&0\\0&-5&-m&0\end{array}\right)\xrightarrow{II-III}\left(\begin{array}{ccc|c}1&-2&0&0\\0&-5&-4&0\\0&0&-4+m&0\end{array}\right)$$

Für $m=4$ besitzt dieses Gleichungssystem unendlich viele Lösungen und die Vektoren $\vec{a},\vec{b},\vec{c}$ sind keine Basis. Damit bilden die Vektoren $\vec{a},\vec{b},\vec{c}$ eine Basis des $\mathbb{R}^3$ für $m\in\mathbb{R}\setminus\{4\}$.

2. Weg: Keiner der Vektoren $\vec{a},\vec{b},\vec{c}$ darf als Linearkombination der anderen beiden darstellbar sein, d. h. das Gleichungssystem $\vec{c}=\lambda\cdot\vec{a}+\mu\cdot\vec{b}$ darf keine Lösung besitzen:

$$\lambda\cdot\begin{pmatrix}1\\-3\\2\end{pmatrix}+\mu\cdot\begin{pmatrix}-2\\1\\1\end{pmatrix}=\begin{pmatrix}0\\-4\\m\end{pmatrix}$$

Gauß-Algorithmus

$$\left(\begin{array}{cc|c}1&-2&0\\-3&1&-4\\2&1&m\end{array}\right)\xrightarrow[2\cdot I-III]{3\cdot I+II}\left(\begin{array}{cc|c}1&-2&0\\0&-5&-4\\0&-5&-m\end{array}\right)\xrightarrow{II-III}\left(\begin{array}{cc|c}1&-2&0\\0&-5&-4\\0&0&-4+m\end{array}\right)$$

Die letzte Zeile führt genau dann auf einen Widerspruch, wenn $m\neq4$ ist. Damit bilden die Vektoren $\vec{a},\vec{b},\vec{c}$ eine Basis für $m\in\mathbb{R}\setminus\{4\}$.

2.2 **$\vec{d}$ als Linearkombination von $\vec{a},\vec{b}$ und $\vec{c}$**

$\vec{d}=r\cdot\vec{a}+s\cdot\vec{b}+t\cdot\vec{c}$ für $m=5$

$$\begin{pmatrix}-4\\1\\2\end{pmatrix}=r\cdot\begin{pmatrix}1\\-3\\2\end{pmatrix}+s\cdot\begin{pmatrix}-2\\1\\1\end{pmatrix}+t\cdot\begin{pmatrix}0\\-4\\5\end{pmatrix}$$

Gauß-Algorithmus

$$\left(\begin{array}{ccc|c}1&-2&0&-4\\-3&1&-4&1\\2&1&5&2\end{array}\right)\xrightarrow[2\cdot I-III]{3\cdot I+II}\left(\begin{array}{ccc|c}1&-2&0&-4\\0&-5&-4&-11\\0&-5&-5&-10\end{array}\right)\xrightarrow{II-III}\left(\begin{array}{ccc|c}1&-2&0&-4\\0&-5&-4&-11\\0&0&1&-1\end{array}\right)$$

Aus III: $t = -1$ in II: $-5s - 4 \cdot (-1) = -11$

$$-5s = -15$$

$$s = 3 \quad \text{in I} \Rightarrow r - 2 \cdot 3 = -4$$

$$r = 2$$

Damit gilt: $\underline{\underline{\vec{d} = 2 \cdot \vec{a} + 3 \cdot \vec{b} - \vec{c}}}$

3.0 Leontief-Modell für die Zweigwerke U, V, W mit

Inputmatrix $A = \begin{pmatrix} 0 & 0{,}15 & 0{,}02 \\ 0{,}125 & 0 & 0{,}08 \\ 0{,}20 & 0{,}05 & 0 \end{pmatrix}$ und Produktionsvektor $\vec{x} = \begin{pmatrix} 400 \\ 600 \\ 500 \end{pmatrix}$

3.1 **Interpretation der Koeffizienten a_{11}, a_{22} und a_{33}**

$a_{11} = a_{22} = a_{33} = 0$ bedeutet, dass die Zweigwerke U, V und W nichts für sich selbst produzieren.

Ermittlung der Input-Output-Tabelle

Dazu müssen die Koeffizienten der Inputmatrix mit den Koordinaten des gegebenen Produktionsvektors multipliziert werden:

	U	V	W	Markt	Prod.
U	0	90	10	300	400
V	50	0	40	510	600
W	80	30	0	390	500

3.2 **Neuer Produktionsvektor**

Aus dem Aufgabentext ergibt sich als neuer Produktionsvektor $\vec{x}_{neu} = \begin{pmatrix} x_1 \\ 1{,}5x_1 \\ 220 \end{pmatrix}$.

Bestimmung der Bedingungen für x_1

Für den neuen Marktvektor $\vec{y}_{neu}$ erhält man aus der Grundgleichung des Leontief-Modells $\vec{y}_{neu} = (E - A) \cdot \vec{x}_{neu}$:

$$\vec{y}_{neu} = \begin{pmatrix} 1 & -0{,}15 & -0{,}02 \\ -0{,}125 & 1 & -0{,}08 \\ -0{,}20 & -0{,}05 & 1 \end{pmatrix} \cdot \begin{pmatrix} x_1 \\ 1{,}5x_1 \\ 220 \end{pmatrix} = \begin{pmatrix} x_1 - 0{,}225x_1 - 4{,}4 \\ -0{,}125x_1 + 1{,}5x_1 - 17{,}6 \\ -0{,}2x_1 - 0{,}075x_1 + 220 \end{pmatrix}$$

$$\vec{y}_{neu} = \begin{pmatrix} 0{,}775x_1 - 4{,}4 \\ 1{,}375x_1 - 17{,}6 \\ -0{,}275x_1 + 220 \end{pmatrix}$$

Da die Koordinaten des neuen Marktvektors nicht negativ sein können, gilt:

I $\quad 0{,}775x_1 - 4{,}4 \geq 0 \Rightarrow 0{,}775x_1 \geq 4{,}4 \Rightarrow x_1 \geq 5{,}7$

II $\quad 1{,}375x_1 - 17{,}6 \geq 0 \Rightarrow 1{,}375x_1 \geq 17{,}6 \Rightarrow x_1 \geq 12{,}8$

III $\quad -0{,}275x_1 + 220 \geq 0 \Rightarrow 220 \geq 0{,}275x_1 \Rightarrow x_1 \leq 800$

Da die zweite Bedingung eine stärkere Einschränkung bedeutet als die erste, gilt insgesamt: $\underline{\underline{12{,}8 \leq x_1 \leq 800}}$

3.3 **Berechnung der Summe der Marktabgaben**

Wiederum neuer Produktionsvektor $\vec{x}^* = \begin{pmatrix} 0{,}8x_3 \\ x_2 \\ x_3 \end{pmatrix}$

Mit der Grundgleichung des Leontief-Modells ergibt sich als neuer Marktvektor:

$$\vec{y}^* = (E - A) \cdot \vec{x}^* = \begin{pmatrix} 1 & -0{,}15 & -0{,}02 \\ -0{,}125 & 1 & -0{,}08 \\ -0{,}2 & -0{,}05 & 1 \end{pmatrix} \cdot \begin{pmatrix} 0{,}8x_3 \\ x_2 \\ x_3 \end{pmatrix} = \begin{pmatrix} 0{,}78x_3 - 0{,}15x_2 \\ -0{,}18x_3 + x_2 \\ 0{,}84x_3 - 0{,}05x_2 \end{pmatrix}$$

Um die Summe s der Marktabgaben zu bestimmen, sind die drei Koordinaten des neuen Marktvektors $\vec{y}^*$ zu addieren:

$s = 0{,}78x_3 - 0{,}18x_3 + 0{,}84x_3 - 0{,}15x_2 + x_2 - 0{,}05x_2$; $\underline{\underline{s = 1{,}44x_3 + 0{,}8x_2}}$

Vergleich mit der Gesamtproduktion

Analog erhält man die Gesamtproduktion p als Summe der Koordinaten des Produktionsvektors $\vec{x}^*$:

$\underline{\underline{p = 1{,}8x_3 + x_2}}$

Wegen $0{,}8p = 0{,}8(1{,}8x_3 + x_2) = 1{,}44x_3 + 0{,}8x_2 = s$ gilt also, dass die Summe der Marktabgaben 80 % der Gesamtproduktion beträgt.

Bayern – FOS · BOS 13 – Abiturprüfung 2011
Mathematik (Nichttechnische Ausbildungsrichtungen) – Aufgabengruppe A 1

1.0 Gegeben ist die Funktion $f: x \mapsto \frac{(x-2)^2}{x-1}$ in ihrer maximalen Definitionsmenge $D_f \subset \mathbb{R}$. Ihr Graph ist G_f.

1.1 Bestimmen Sie D_f, die Gleichungen aller Asymptoten von G_f und geben Sie die Nullstelle von f an. (5 BE)

1.2 Ermitteln Sie die Art und die Koordinaten der Extrempunkte von G_f.
(Teilergebnis: $f'(x) = \frac{x^2-2x}{(x-1)^2}$) (7 BE)

1.3 Zeichnen Sie die Asymptoten und G_f mithilfe der bisherigen Ergebnisse und der Berechnung weiterer Funktionswerte für $-2 \le x \le 7$ in ein Koordinatensystem. (1 LE = 1 cm) (5 BE)

1.4 Der Graph G_f schließt mit der x-Achse, seiner schiefen Asymptote und der Geraden $x = 6$ ein Flächenstück ein. Kennzeichnen Sie das Flächenstück in der Zeichnung von 1.3 und berechnen Sie die Maßzahl des Flächeninhalts. (5 BE)

1.5.0 Im Weiteren wird die Funktion $g: x \mapsto \ln(f(x)) = \ln\left(\frac{(x-2)^2}{x-1}\right)$ in ihrer maximalen Definitionsmenge $D_g \subset \mathbb{R}$ betrachtet. Ihr Graph ist G_g. Zur Lösung der Aufgaben können die Ergebnisse der bisherigen Teilaufgaben verwendet werden.

1.5.1 Bestimmen Sie D_g, untersuchen Sie das Verhalten von g(x) an den Rändern von D_g und geben Sie die Gleichungen aller Asymptoten von G_g an. (6 BE)

1.5.2 Bestimmen Sie die Nullstellen von g und skizzieren Sie den Graphen G_g mit anderer Farbe in das Koordinatensystem der Aufgabe 1.3. (6 BE)

2 Eine Funktion h sei auf ganz $\mathbb{R}$ differenzierbar. In der Abbildung ist der Graph der Ableitung h' dargestellt. Entscheiden Sie, ob folgende Aussagen zur Funktion h richtig, falsch oder nicht entscheidbar sind. Falls Sie sich für richtig oder falsch entscheiden, begründen Sie Ihre Antwort jeweils kurz.

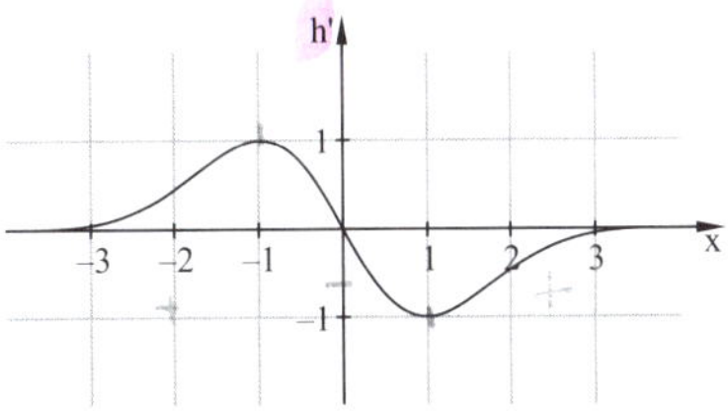

(1) $h(x) \le 0$ für $0 \le x \le 3$
(2) An der Stelle $x = 0$ besitzt der Graph von h einen Hochpunkt.
(3) Der Graph von h besitzt bei $x = 1$ eine Tangente, die parallel zur Geraden $y = 1$ ist. (5 BE)

3.0 Durch starke Überfischung war der Fischbestand des Gelbflossenthuns im Südostatlantik stark gefährdet, worauf Verhandlungen über Schutzmaßnahmen aufgenommen wurden. Auf der Basis von Messungen der Fischpopulation wurde das folgende mathematische Modell entwickelt. Für den Bestand B (in Millionen Fischen) zum Zeitpunkt t (in Jahren) gilt:
$B(t) = (at + b)e^{-0,15t} + 70$ mit $t \geq 0$ und $a, b \in \mathbb{R}$.
Die Zeit t wurde auf den 1. 1. 1995 bezogen.
Auf Einheiten wird bei der Rechnung verzichtet. Ergebnisse sind gegebenenfalls auf zwei Nachkommastellen zu runden.

3.1 Berechnen Sie die Werte für a und b, wenn am 1. 1. 2002 der Bestand den minimalen Wert von 35 Millionen Fischen erreicht hat.
(Ergebnis: $a = -15$, $b = 5$) (7 BE)

3.2 Berechnen Sie den Bestand des Gelbflossenthuns am 1. 1. 1995, bestimmen Sie den Grenzwert der Funktion B für $t \to \infty$ und interpretieren Sie das Ergebnis im Sinne der vorliegenden Thematik. (4 BE)

3.3 Berechnen Sie den Bestand am 1. 7. 2011 und die momentane jährliche Zunahme, die das Modell zu diesem Zeitpunkt liefert.
(Teilergebnis: $\dot{B}(t) = 2,25(t-7)e^{-0,15t}$) (5 BE)

3.4 Zeigen Sie, dass es nach diesem Modell einen Zeitpunkt größter Bestandszunahme gab, und berechnen Sie, in welchem Jahr dies der Fall war. (5 BE)

(60 BE)

Tipps zur Lösung von Aufgabe A 1

Teilaufgabe 1.1
Die Gleichung der schiefen Asymptote finden Sie durch Polynomdivision.

Teilaufgabe 1.2
Bestimmen Sie die 1. Ableitungsfunktion $f'(x)$ und setzen Sie diese gleich Null.

Teilaufgabe 1.3
Zur Sicherheit kann eine Wertetabelle erstellt werden.

Teilaufgabe 1.4
Verwenden Sie für die Integration der Funktion f die Darstellung des Funktionsterms, die sich aus der Polynomdivision von Teilaufgabe 1.1 ergeben hat.

Teilaufgabe 1.5.1
Das Argument der ln-Funktion muss positiv sein, also $f(x) > 0$.

Teilaufgabe 1.5.2
Die ln-Funktion wird null, wenn ihr Argument den Wert 1 annimmt.

Teilaufgabe 2
Aus dem Graphen von h' kann das Vorzeichen von $h'(x)$ abgelesen werden und daraus auf das Monotonieverhalten von h geschlossen werden.

Teilaufgabe 3.1
Da das Minimum des Fischbestands gegeben ist, benötigen Sie auch die 1. Ableitungsfunktion $\dot{B}(t)$.

Teilaufgabe 3.2
Verwenden Sie für die Bestimmung des Grenzwerts die Regeln von l'Hospital.

Teilaufgabe 3.3
Die momentane jährliche Zunahme wird durch die Ableitungsfunktion $\dot{B}(t)$ beschrieben.

Teilaufgabe 3.4
Die größte Bestandszunahme liegt vor, wenn $\dot{B}(t)$ maximal ist.

Lösung

1.0 $f\colon x \mapsto \frac{(x-2)^2}{x-1};\ D_f \subset \mathbb{R}$

1.1 **Definitionsmenge D_f**

Nenner: $x-1=0;\ x_1=1 \Rightarrow \underline{\underline{D_f = \mathbb{R}\setminus\{1\}}}$

Gleichungen aller Asymptoten

Unendlichkeitsstelle oder Polstelle 1. Ordnung bei $x_1=1 \Rightarrow$ senkrechte Asymptote: $\underline{\underline{x=1}}$

Zur Bestimmung der Gleichung der schiefen Asymptote wird eine Polynomdivision durchgeführt. Der Zählerterm muss dafür zuerst ausmultipliziert werden.

$(x-2)^2 = x^2-4x+4$

Polynomdivision: $(x^2-4x+4):(x-1) = x-3+\frac{1}{x-1}$

$$\begin{array}{l} \underline{-(x^2-\ \ x)} \\ \quad -3x+4 \\ \quad \underline{-(-3x+3)} \\ \qquad\qquad 1 \end{array}$$

schiefe Asymptote: $\underline{\underline{y=x-3}}$

Nullstelle

Zähler: $(x-2)^2=0;\ x_{2,3}=2$ (doppelte Nullstelle)

Bei einer doppelten Nullstelle berührt der Funktionsgraph die x- Achse, der Punkt N(2; 0) muss also ein Extrempunkt sein (siehe Teilaufgabe 1.2).

1.2 **Berechnung der 1. Ableitung**

$$f'(x) = \frac{2\cdot(x-2)\cdot(x-1)-(x-2)^2\cdot 1}{(x-1)^2}$$ (Quotienten- und Kettenregel)

$$f'(x) = \frac{(2x^2-6x+4)-(x^2-4x+4)}{(x-1)^2}$$ (Ausmultiplizieren)

$$f'(x) = \frac{x^2-2x}{(x-1)^2}$$ (Zusammenfassen, zur Kontrolle gegeben)

Ermittlung der Stellen mit waagrechter Tangente

$$f'(x)=0 \Rightarrow \quad x^2-2x=0$$
$$x\cdot(x-2)=0$$
$$\underline{\underline{x_1=0;\ x_2=2}}$$

Art der Stellen mit waagrechter Tangente

Da die 2. Ableitung der Funktion f im weiteren Verlauf der Aufgabe nicht benötigt wird, ist es sinnvoll, hier eine Vorzeichenuntersuchung für f' durchzuführen.

1. Weg: Mithilfe einer VZU für f'(x)

Da der Nenner von f'(x) wegen des Quadrats immer positiv ist, wird das Vorzeichen von f'(x) allein durch die quadratische Zählerfunktion $z(x) = x^2 - 2x$ bestimmt. Der Graph von z(x) ist eine nach oben geöffnete Parabel mit den Nullstellen $x_1 = 0$ und $x_2 = 2$.

Vorzeichentabelle

x	$x < 0$	0	$0 < x < 1$	1	$1 < x < 2$	2	$2 < x$
f'(x)	+	0	–	nicht def.	–	0	+
f(x)	↗	HOP	↘	nicht def.	↘	TIP	↗

Zur Ermittlung der y-Koordinaten werden $x_1 = 0$ und $x_2 = 2$ in f(x) eingesetzt:

$f(0) = -4 \quad \Rightarrow \quad \underline{\underline{HOP(0; -4)}}$

$f(2) = 0 \quad \Rightarrow \quad \underline{\underline{TIP(2; 0)}}$ (bekannt aus Teilaufgabe 1.1)

2. Weg: Mithilfe der 2. Ableitung

$$f''(x) = \frac{(2x-2) \cdot (x-1)^2 - (x^2 - 2x) \cdot 2(x-1)}{(x-1)^4}$$ (Quotienten- und Kettenregel)

$$f''(x) = \frac{(x-1) \cdot [(2x-2) \cdot (x-1) - (x^2 - 2x) \cdot 2]}{(x-1)^4}$$ ((x – 1) ausklammern)

$$f''(x) = \frac{(2x^2 - 4x + 2) - (2x^2 - 4x)}{(x-1)^3}$$ (Kürzen und Zähler ausmultiplizieren)

$$f''(x) = \frac{2}{(x-1)^3}$$ (Zähler zusammenfassen)

$f''(0) = -2 < 0 \quad \Rightarrow \quad \underline{\underline{HOP(0; -4)}}$

$f''(2) = 2 > 0 \quad \Rightarrow \quad \underline{\underline{TIP(2; 0)}}$ (Berechnung der y-Koordinaten s. o.)

1.3 **Zeichnung des Graphen G_f und seiner Asymptoten**

Bisherige Ergebnisse: HOP(0; –4), TIP(2; 0) (auch Nullstelle), Asymptoten $x = 1$ und $y = x - 3$

Weitere Funktionswerte:

x	–2	–1	0,5	1,5	3	5	7
f(x)	–5,3	–4,5	– 4,5	0,5	0,5	2,25	4,17

Es ist vorteilhaft, zuerst die Asymptoten in das Koordinatensystem einzuzeichnen und dann G_f zu zeichnen.

Graph G_f

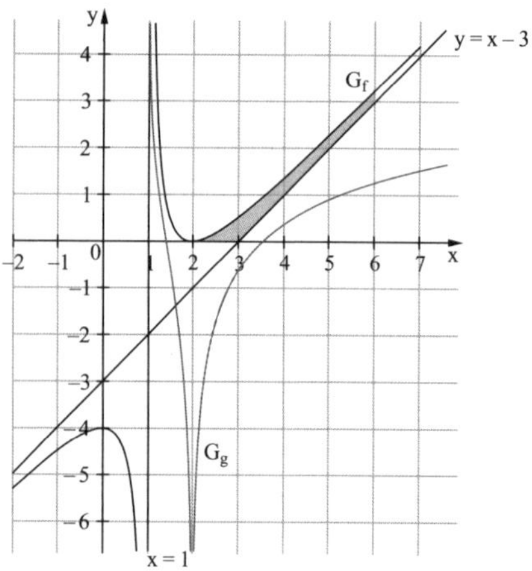

1.4 **Berechnung der Maßzahl des Flächeninhalts**
Das beschriebene Flächenstück ist im Schaubild von Teilaufgabe 1.3 gekennzeichnet, es erstreckt sich von $x = 2$ bis $x = 6$.
Zur Berechnung der Maßzahl des Flächeninhalts ist von der Fläche A_1 zwischen Graph G_f und der x-Achse die Dreiecksfläche A_2 abzuziehen, die von der schiefen Asymptote, der x-Achse und der Geraden mit der Gleichung $x = 6$ begrenzt wird.

Eine Stammfunktion zur Funktion f findet man nur mit dem Funktionsterm, der sich aus der Polynomdivision von Teilaufgabe 1.1 ergeben hat.

$$A_1 = \int_2^6 f(x)\,dx = \int_2^6 \left(x - 3 + \frac{1}{x-1}\right) dx = \left[\frac{1}{2}x^2 - 3x + \ln(|x-1|)\right]_2^6$$

Der Betrag darf weggelassen werden, da der Term $x - 1$ im Integrationsbereich ein positives Vorzeichen besitzt.

$$A_1 = \left[\frac{1}{2}x^2 - 3x + \ln(x-1)\right]_2^6 = (18 - 18 + \ln(5)) - (2 - 6 + \ln(1)) = \ln(5) + 4$$

$$A_2 = \frac{1}{2} \cdot (6-3) \cdot (6-3) = \frac{1}{2} \cdot 3 \cdot 3 = 4{,}5$$

Damit gilt für die Maßzahl des Flächeninhalts:
$A = A_1 - A_2 = \ln(5) + 4 - 4{,}5 = \ln(5) - 0{,}5 \approx 1{,}1$

1.5.0 $g\colon\ x \mapsto \ln(f(x)) = \ln\left(\dfrac{(x-2)^2}{x-1}\right);\quad D_g \subset \mathbb{R}$

1.5.1 **Definitionsmenge D_g**
Es muss gelten: $f(x) > 0$
Aus der Darstellung von G_f in Teilaufgabe 1.3 ergibt sich:
$D_g =]1; +\infty[\setminus \{2\}$ oder $\underline{\underline{D_g =]1; 2[\cup]2; +\infty[}}$

Verhalten von g(x) an den Rändern von D_g

Das jeweilige Verhalten von f(x) wird ebenfalls der grafischen Darstellung in Teilaufgabe 1.3 entnommen.

$$x \overset{>}{\rightarrow} 1: \quad f(x) \rightarrow +\infty \quad \Rightarrow \quad g(x) \rightarrow +\infty$$
$$x \rightarrow 2: \quad f(x) \rightarrow 0^+ \quad \Rightarrow \quad g(x) \rightarrow -\infty$$
$$x \rightarrow +\infty: \quad f(x) \rightarrow +\infty \quad \Rightarrow \quad g(x) \rightarrow +\infty$$

Gleichungen aller Asymptoten

Aus dem Grenzverhalten der Funktion g ergeben sich für die senkrechten Asymptoten die Gleichungen $x=1$ und $x=2$.

1.5.2 **Nullstellen von g**

$$g(x)=0 \Leftrightarrow f(x)=1: \quad \frac{(x-2)^2}{x-1}=1 \qquad \big| \cdot (x-1); \quad x \neq 1$$
$$(x-2)^2 = x-1$$
$$x^2-4x+4 = x-1$$
$$x^2-5x+5=0$$
$$x_{1,2} = \frac{5 \pm \sqrt{25-20}}{2} = \frac{5 \pm \sqrt{5}}{2}$$

$$x_1 = \frac{5+\sqrt{5}}{2} \approx 3{,}62; \quad x_2 = \frac{5-\sqrt{5}}{2} \approx 1{,}38$$

Skizze des Graphen G_g

Der Graph soll mithilfe der Asymptoten, des Grenzverhaltens und der Nullstellen skizziert werden. Zur Sicherheit können zusätzlich einige Funktionswerte mit dem Taschenrechner berechnet werden.

Graph G_g siehe Schaubild in Teilaufgabe 1.3.

2 Gegeben ist der Graph der Ableitungsfunktion h' einer Funktion h.
Für drei Aussagen über Eigenschaften der Funktion h soll entschieden werden, ob sie richtig, falsch oder nicht entscheidbar sind.

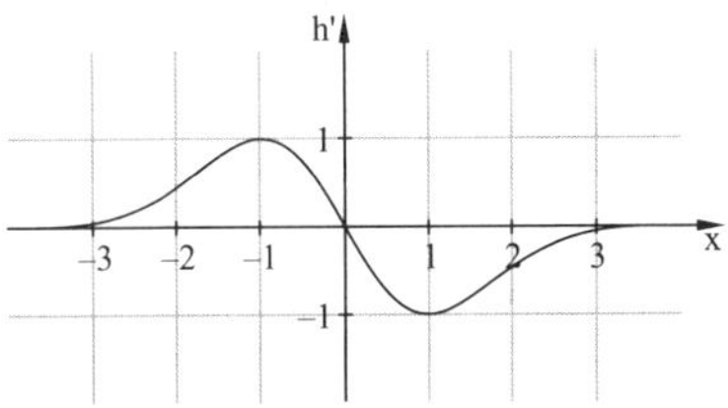

(1) $h(x) \leq 0$ für $0 \leq x \leq 3$

Aus dem Graphen von h' kann zwar das Vorzeichen von h'(x) abgelesen werden, daraus kann aber nicht auf das Vorzeichen von h geschlossen werden.

Damit ist diese Aussage nicht entscheidbar.

(2) An der Stelle $x=0$ besitzt der Graph von h einen Hochpunkt.

Wegen $h'(x)>0$ für $x<0$ und $h'(x)<0$ für $x>0$ hat h'(x) an der Stelle $x=0$ einen Vorzeichenwechsel von + nach –. Mit $h'(0)=0$ liegt an der Stelle $x=0$ also ein Hochpunkt vor.

Damit ist diese Aussage richtig.

(3) Der Graph von h besitzt bei $x = 1$ eine Tangente, die parallel zur Geraden $y = 1$ ist.
Die Gerade mit der Gleichung $y = 1$ beschreibt eine Parallele zur x-Achse, deren Steigung null ist. Der grafischen Darstellung entnimmt man jedoch $h'(1) = -1$. Die Steigungen sind also verschieden; die Tangente an den Graph von h an der Stelle $x = 1$ ist also nicht parallel zur Geraden $y = 1$.
Damit ist diese Aussage falsch.

3.0 Entwicklung eines Fischbestands: $B(t) = (at + b) \cdot e^{-0,15t} + 70; \quad t \geq 0$

3.1 **Berechnung der Konstanten a und b**

Da die Zeit t in Jahren gemessen wird und für den 1. 1. 1995 $t = 0$ gilt, ergibt sich für den 1. 1. 2002 $t = 7$.

Durch Einsetzen in B(t) erhält man:
(I) $B(7) = 35; \quad (7a + b) \cdot e^{-0,15 \cdot 7} + 70 = 35; \quad (7a + b) \cdot e^{-1,05} = -35$

Da der Bestand für $t = 7$ ein relatives Minimum erreicht hat, muss gelten: $\dot{B}(7) = 0$.

Mit $\dot{B}(t) = a \cdot e^{-0,15t} + (at + b) \cdot e^{-0,15t} \cdot (-0,15) = (a - 0,15at - 0,15b) \cdot e^{-0,15t}$ erhält man:

(II) $\dot{B}(7) = 0; \quad (a - 0,15 \cdot 7a - 0,15b) \cdot e^{-0,15 \cdot 7} = 0$

$$(-0,05a - 0,15b) \cdot e^{-1,05} = 0$$

Aus (II) ergibt sich wegen $e^{-1,05} > 0$:

$$-0,05a - 0,15b = 0$$
$$-0,05a = 0,15b$$
$$a = -3b$$

Durch Einsetzen von $a = -3b$ in (I) erhält man:

$$(-21b + b) \cdot e^{-1,05} = -35$$
$$-20b = -35 \cdot e^{1,05}$$
$$b = \frac{35}{20} \cdot e^{1,05}$$
$$\underline{\underline{b \approx 5,00}}$$

Den Wert für a erhält man durch Einsetzen von $b \approx 5,00$ in $a = -3b$: $\underline{\underline{a \approx -15}}$

3.2 **Bestand am 1. 1. 1995**

$B(0) = (-15 \cdot 0 + 5) \cdot e^{-0,15 \cdot 0} + 70 = 5 + 70 = 75$

Am 1. 1. 1995 betrug der Bestand 75 Millionen Fische.

Grenzwert der Funktion B für $t \to \infty$

$t \to \infty$: $\lim\limits_{t \to +\infty} \underbrace{(-15 \cdot t + 5)}_{\to -\infty} \underbrace{e^{-0,15t}}_{\to 0} + 70$

$$= \lim_{t \to +\infty} \frac{\overbrace{(-15 \cdot t + 5)}^{\to -\infty}}{\underbrace{e^{0,15t}}_{\to +\infty}} + 70 \overset{\text{l'Hospital}}{=} \lim_{t \to +\infty} \frac{-15}{\underbrace{0,15 \cdot e^{0,15t}}_{\to +\infty}} + 70 = 70$$

Interpretation: Auf lange Sicht stellt sich ein Bestand von 70 Millionen Fischen ein.

3.3 **Bestand am 1. 7. 2011**

Für den 1. 7. 2011 gilt $t = 16{,}5$.

$B(16{,}5) = (-15 \cdot 16{,}5 + 5) \cdot e^{-0{,}15 \cdot 16{,}5} + 70 \approx 49{,}59$

Am 1. 7. 2011 betrug der Bestand ca. 50 Millionen Fische.

Berechnung der momentanen jährlichen Zunahme

Die Änderungsrate des Bestands B(t) wird von der 1. Ableitung $\dot{B}(t)$ beschrieben.

Aus Teilaufgabe 3.1 entnimmt man:

$\dot{B}(t) = (a - 0{,}15at - 0{,}15b) \cdot e^{-0{,}15t}$ (und mit $a = -15$ und $b = 5$)

$\dot{B}(t) = (2{,}25t - 15{,}75) \cdot e^{-0{,}15t}$ (oder)

$\dot{B}(t) = 2{,}25(t - 7) \cdot e^{-0{,}15t}$ (zur Kontrolle gegeben)

$\dot{B}(16{,}5) = 2{,}25(16{,}5 - 7) \cdot e^{-0{,}15 \cdot 16{,}5} \approx 1{,}80$

Wegen $\dot{B}(16{,}5) > 0$ nimmt der Fischbestand zu.

Die momentane jährliche Zunahme am 1. 7. 2011 beträgt 1,80 Millionen Fische pro Jahr.

3.4 **Berechnung der größten Bestandszunahme**

Gesucht ist der Zeitpunkt t_1, zu dem die Änderungsrate des Fischbestands $\dot{B}(t)$ maximal war.

Das Maximum der Funktion $\dot{B}(t)$ erhält man mithilfe der Ableitungsfunktion $\ddot{B}(t)$:

$\ddot{B}(t) = 2{,}25 \cdot e^{-0{,}15t} + 2{,}25(t - 7) \cdot e^{-0{,}15t} \cdot (-0{,}15)$ (Produkt- und Kettenregel)

$\ddot{B}(t) = 2{,}25 \cdot e^{-0{,}15t} \cdot (1 - 0{,}15t + 1{,}05)$

$\ddot{B}(t) = 2{,}25 \cdot (-0{,}15t + 2{,}05) \cdot e^{-0{,}15t}$

$\ddot{B}(t) = 0 \quad \Leftrightarrow \quad -0{,}15t + 2{,}05 = 0; \;\; t_1 = \frac{41}{3}; \;\; t_1 \approx 13{,}67$ (Jahre)

Das Vorzeichen der Funktion $\ddot{B}$ wird bestimmt durch den Linearfaktor $(-0{,}15t + 2{,}05)$. Dieser ändert an der Stelle t_1 sein Vorzeichen von + nach –.

$\Rightarrow$ $\dot{B}(t)$ hat für $t_1 = 13{,}67$ ein absolutes Maximum.

Demnach gab es die größte Bestandszunahme im Jahr 2008.

Bayern – FOS · BOS 13 – Abiturprüfung 2011
Mathematik (Nichttechnische Ausbildungsrichtungen) – Aufgabengruppe A 2

1.0 Gegeben ist die Funktion $f: x \mapsto \frac{x^2-4}{(x-1)^2}$ in ihrer maximalen Definitionsmenge $D_f \subset \mathbb{R}$. Der zugehörige Graph heißt G_f.

1.1 Geben Sie D_f an, bestimmen Sie die Koordinaten der Achsenschnittpunkte von G_f und geben Sie die Gleichungen und Art aller Asymptoten an. (6 BE)

1.2 Ermitteln Sie die maximalen Monotonieintervalle von G_f und bestimmen Sie daraus die Art und die Koordinaten des Extrempunktes von G_f.
(Teilergebnis: $f'(x) = \frac{-2x+8}{(x-1)^3}$) (8 BE)

1.3 Zeichnen Sie die Asymptoten und G_f mithilfe der bisherigen Ergebnisse für $-6 \le x \le 6$ in ein kartesisches Koordinatensystem. (1 LE = 1 cm) (5 BE)

1.4 Die Funktion $F: x \mapsto x + \ln(x-1)^2 + \frac{3}{x-1}$ mit $D_F = \mathbb{R} \setminus \{1\}$ ist eine Stammfunktion von f (Nachweis nicht erforderlich). G_f und die Koordinatenachsen schließen im III. Quadranten ein Flächenstück ein. Bestimmen Sie die exakte Maßzahl seines Flächeninhalts. (3 BE)

2.0 Gegeben ist die Funktion h mit $h(x) = (x-4) \cdot \ln(x-3)$ in der größtmöglichen Definitionsmenge $D_h \subset \mathbb{R}$. Der Graph von h wird mit G_h bezeichnet.

2.1 Bestimmen Sie D_h und die Nullstelle von h sowie deren Vielfachheit. Untersuchen Sie das Verhalten von h(x) an den Rändern von D_h und geben Sie die Gleichung der Asymptote von G_h an. (8 BE)

2.2 Weisen Sie nach, dass G_h an der Stelle $x = 4$ einen Punkt mit waagrechter Tangente besitzt.
Untersuchen Sie das Krümmungsverhalten von G_h, schließen Sie daraus auf die Art des Extrempunktes von G_h und geben Sie die Wertemenge von h an.
(Teilergebnis: $h''(x) = \frac{x-2}{(x-3)^2}$) (10 BE)

2.3 Zeichnen Sie die Asymptote von G_h in ein Koordinatensystem und skizzieren Sie G_h mithilfe der bisherigen Ergebnisse in das Koordinatensystem. (4 BE)

3.0 Gegeben sind zwei gleichartige Behälter, welche über ein Rohr miteinander verbunden sind. Am Anfang sind beide Ventile geschlossen und Behälter I hat einen Wasserstand von 10 cm, Behälter II enthält kein Wasser. Beim ersten Experiment wird zum Zeitpunkt $t=0$ nur das Ventil 1 geöffnet. Der Wasserstand in Behälter II verhält sich entsprechend folgender Funktion: $A_1(t)=5\cdot(1-e^{-k\cdot t})$ mit $t\geq 0$, wobei $A_1(t)$ der Wasserstand (in cm) zum Zeitpunkt t ist. Die Zeit t wird in Sekunden gemessen.
Bei den Rechnungen kann auf Einheiten verzichtet werden. Runden Sie alle Werte auf eine Nachkommastelle.

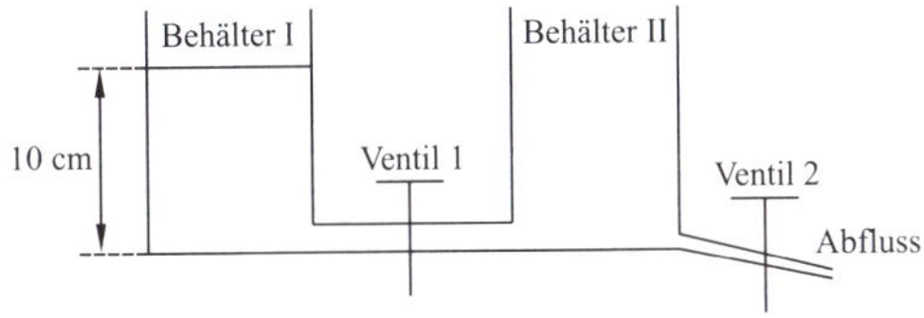

3.1 Zum Zeitpunkt $t=8{,}0$ s beträgt der Wasserstand in Behälter II 4,0 cm. Bestimmen Sie daraus den Wert von k.
(Ergebnis: $k=0{,}2$) (3 BE)

3.2 Berechnen Sie die Zeit, nach der in Behälter II der Wasserstand auf 2,0 cm angestiegen war. (3 BE)

3.3.0 Das Experiment wird noch einmal wiederholt, wobei jetzt auch der Abfluss hinter Behälter II (Ventil 2) geöffnet ist, durch den gleichmäßig eine bestimmte Menge Wasser abfließt. Die Funktion für den Wasserstand in Behälter II verändert sich nun wie folgt: $A_2(t)=5-5\cdot e^{-0{,}2\cdot t}-0{,}1t$ mit $0\leq t\leq t_{leer}$.

3.3.1 Ermitteln Sie, welcher Wasserstand in Behälter II maximal erreicht wird. (6 BE)

3.3.2 In der Praxis lässt sich die Funktion $A_2(t)$ für $t>30$ durch ihre schiefe Asymptote ersetzen. Geben Sie die Gleichung der schiefen Asymptote an und berechnen Sie damit näherungsweise den Zeitpunkt t_{leer}, zu dem der Behälter II wieder leer ist. (4 BE)

(60 BE)

Tipps zur Lösung von Aufgabe A 2

Teilaufgabe 1.1

Die Koordinaten der Achsenschnittpunkte erhält man durch Einsetzen von $x = 0$ und $y = 0$ in die Funktionsgleichung.

Teilaufgabe 1.2

Bilden Sie die 1. Ableitung mit Quotienten- und Kettenregel.

Teilaufgabe 1.3

Zur Sicherheit kann eine Wertetabelle erstellt werden.

Teilaufgabe 1.4

Kennzeichnen Sie zuerst das beschriebene Flächenstück im Schaubild von Teilaufgabe 1.3.

Teilaufgabe 2.1

Das Argument der Logarithmusfunktion muss positiv sein.

Teilaufgabe 2.2

Das Krümmungsverhalten wird durch das Vorzeichen der 2. Ableitung bestimmt.

Teilaufgabe 2.3

Zur Sicherheit kann der Graph G_h auch mithilfe einer Wertetabelle gezeichnet werden.

Teilaufgabe 3.1

Setzen Sie die gegebenen Werte in die Funktionsgleichung von $A_1(t)$ ein.

Teilaufgabe 3.2

Setzen Sie den gegebenen Wasserstand und die Konstante k aus Teilaufgabe 3.1 in die Funktionsgleichung von $A_1(t)$ ein.

Teilaufgabe 3.3.1

Gesucht ist das Maximum der Funktion $A_2(t)$ für $t \geq 0$.

Teilaufgabe 3.3.2

Zeigen Sie, dass $y = 5 - 0{,}1t$ die Gleichung der schiefen Asymptote der Funktion $A_2(t)$ ist.

Lösung

1.0 f: $x \mapsto \dfrac{x^2-4}{(x-1)^2}$; $D_f \subset \mathbb{R}$

1.1 **Definitionsmenge D_f**

Nenner: $(x-1)^2=0$; $x_{1,2}=1 \Rightarrow \underline{\underline{D_f=\mathbb{R}\setminus\{1\}}}$

Koordinaten der Achsenschnittpunkte

Schnittpunkt mit der y-Achse: $x=0$

$f(0)=\dfrac{-4}{(-1)^2}=-4 \Rightarrow \underline{\underline{S_y(0;-4)}}$

Schnittpunkt mit der x-Achse (Nullstelle): $f(x)=0$

Zähler: $x^2-4=0$; $x^2=4$; $x_3=-2$; $x_4=2$

$\Rightarrow$ Nullstellen: $\underline{\underline{N_1(-2;0);\ N_2(2;0)}}$

Gleichungen und Art aller Asymptoten

Unendlichkeitsstelle oder Polstelle 2. Ordnung bei $x_{1,2}=1$

$\Rightarrow$ senkrechte Asymptote: $\underline{\underline{x=1}}$

Zur Bestimmung der weiteren Asymptote wird der Nennerterm ausmultipliziert.

Man erhält: $f(x)=\dfrac{x^2-4}{x^2-2x+1}$

Wenn bei einer gebrochen-rationalen Funktion Zählerterm und Nennerterm den gleichen Grad besitzen, so hat der Graph eine waagrechte Asymptote mit der Gleichung $y=\frac{a}{b}$. Dabei sind a und b die Koeffizienten der höchsten Potenz von x im Zähler bzw. Nenner.

Direkt ablesbar ist die waagrechte Asymptote: $\underline{\underline{y=1}}$

Alternativ kann die Gleichung der waagrechten Asymptote auch durch eine Polynomdivision ermittelt werden:

$$(x^2-4):(x^2-2x+1)=1+\frac{2x-5}{x^2-2x+1} \Rightarrow \text{waagrechte Asymptote: } y=1$$

$$\frac{-(x^2-2x+1)}{2x-5}$$

1.2 **Berechnung der 1. Ableitung**

$$f'(x)=\frac{2x(x-1)^2-(x^2-4)\cdot 2(x-1)}{(x-1)^4}$$ (Quotienten- und Kettenregel)

$$f'(x)=\frac{(x-1)\cdot[2x(x-1)-2\cdot(x^2-4)]}{(x-1)^4}$$ ((x – 1) ausklammern)

$$f'(x)=\frac{2x^2-2x-2x^2+8}{(x-1)^3}$$ (Kürzen und ausmultiplizieren)

$$f'(x)=\frac{-2x+8}{(x-1)^3}$$ (zur Kontrolle gegeben)

Ermittlung der Stelle mit waagrechter Tangente

$f'(x) = 0 \quad \Rightarrow \quad -2x + 8 = 0; \; \underline{\underline{x_1 = 4}}$

Bestimmung der Monotonieintervalle

Vorzeichentabelle

x	x < 1	x = 1	1 < x < 4	4	4 < x
Zähler: $-2x+8$	+	+	+	0	–
Nenner: $(x-1)^3$	–	0	+	+	+
f'(x)	–	nicht def.	+	0	–
f(x)	↘	nicht def.	↗	HOP	↘

Also ist f streng monoton zunehmend im Intervall $]1;4]$ und streng monoton abnehmend im Intervall $]-\infty;1[$ sowie im Intervall $[4;+\infty[$.

Art und Koordinaten des Extrempunktes

Mit $f(4) = \frac{12}{9} = \frac{4}{3}$ ergibt sich aus dem Monotonieverhalten der Hochpunkt $\underline{\underline{HOP\left(4; \frac{4}{3}\right)}}$.

1.3 **Zeichnung des Graphen G_f**

Bisherige Ergebnisse: Nullstellen $N_1(-2;0)$ und $N_2(2;0)$, y-Achsenschnittpunkt $S_y(0;-4)$, Asymptoten $x = 1$ und $y = 1$,
Funktionswerte an den Randpunkten: $f(-6) = 0{,}65$; $f(6) = 1{,}28$

Mit dem Taschenrechner können noch weitere Funktionswerte berechnet werden.

Graph G_f

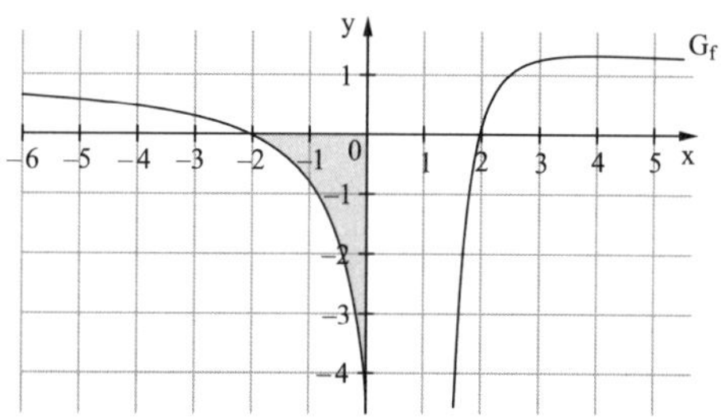

1.4 **Berechnung der Maßzahl des Flächeninhalts**

Das beschriebene Flächenstück ist im Schaubild von Teilaufgabe 1.3 gekennzeichnet. Das zugehörige Integral wird mithilfe der gegebenen Stammfunktion berechnet. Da die Fläche unterhalb der x-Achse liegt, ist dem Integral ein Minuszeichen voranzustellen.

$$A = -\int_{-2}^{0} f(x)\,dx = -\left[x + \ln(x-1)^2 + \frac{3}{x-1}\right]_{-2}^{0}$$

$$= -[(0 + \ln(1) - 3) - (-2 + \ln(9) - 1)] = \ln(9) \approx 2{,}20$$

2.0 $h(x) = (x-4) \cdot \ln(x-3); \quad D_h \subset \mathbb{R}$

2.1 **Definitionsmenge D_h**

Einzige Einschränkung: $x - 3 > 0 \Rightarrow \underline{\underline{D_h =]3; +\infty[}}$

Nullstelle

$$(x-4) \cdot \ln(x-3) = 0 \Leftrightarrow x - 4 = 0 \vee \ln(x-3) = 0$$
$$x_1 = 4 \qquad x - 3 = 1$$
$$x_2 = 4$$

$\Rightarrow$ Die Funktion besitzt eine doppelte Nullstelle bei $\underline{\underline{x_{1,2} = 4}}$.

Verhalten von h(x) an den Rändern von D_h

$x \to +\infty$: $(x-4) \to +\infty$; $(x-3) \to +\infty \Rightarrow \ln(x-3) \to +\infty \Rightarrow h(x) \to +\infty$

$x \overset{>}{\to} 3$: $(x-4) \to -1$; $(x-3) \to 0 \Rightarrow \ln(x-3) \to -\infty \Rightarrow h(x) \to +\infty$

$\Rightarrow$ senkrechte Asymptote $x = 3$

2.2 **Punkt mit waagrechter Tangente bei $x = 4$**

1. Weg: Mithilfe der doppelten Nullstelle

Nach Teilaufgabe 2.1 besitzt h an der Stelle $x = 4$ eine doppelte Nullstelle. Daher berührt der Graph G_h dort die x-Achse und besitzt dort somit eine waagrechte Tangente, nämlich die x-Achse.

2. Weg: Mithilfe der 1. Ableitung

$$h'(x) = 1 \cdot \ln(x-3) + (x-4) \cdot \frac{1}{x-3} \qquad \text{(Produkt- und Kettenregel)}$$

$$h'(x) = \frac{x-4}{x-3} + \ln(x-3)$$

$h'(4) = 0 + \ln(1) = 0 \Rightarrow$ waagrechte Tangente bei $x = 4$

Krümmungsverhalten

Das Krümmungsverhalten wird bestimmt durch das Vorzeichen von $h''(x)$.

$$h''(x) = \frac{1 \cdot (x-3) - (x-4) \cdot 1}{(x-3)^2} + \frac{1}{x-3} \qquad \text{(Quotienten- und Kettenregel)}$$

$$h''(x) = \frac{1}{(x-3)^2} + \frac{x-3}{(x-3)^2} \qquad \text{(Zusammenfassen und erweitern)}$$

$$h''(x) = \frac{x-2}{(x-3)^2} \qquad \text{(zur Kontrolle gegeben)}$$

Wegen des Quadrats im Nenner wird das Vorzeichen von $h''(x)$ allein bestimmt durch das Vorzeichen des linearen Zählerterms $x - 2$:

$x - 2 > 0 \Leftrightarrow x > 2 \Leftrightarrow h''(x) > 0$

Also ist G_h im gesamten Definitionsbereich D_h linksgekrümmt.

Art des Extrempunktes

Wegen $h''(4) > 0$ ist die doppelte Nullstelle aus Teilaufgabe 1.1 ein Tiefpunkt, $\underline{\underline{TIP(4; 0)}}$.

Wertemenge von h
Aus dem Verhalten von h(x) an den Rändern von D_h, aus dem Krümmungsverhalten von G_h und dem Tiefpunkt TIP(4; 0) ergibt sich die Wertemenge von h: $W_h = [0; +\infty[$.

Da die Wertemenge W_h nur angegeben werden soll, kann man sie auch aus der nachfolgenden Skizze erschließen.

2.3 **Skizze des Graphen G_h und seiner Asymptote**
Bisherige Ergebnisse: senkrechte Asymptote $x = 3$, doppelte Nullstelle und absoluter Tiefpunkt TIP(4; 0), G_h linksgekrümmt in D_h, für $x \to +\infty$ gilt $h(x) \to +\infty$

Da nur eine Skizze des Graphen G_h verlangt ist, ist es nicht erforderlich weitere Funktionswerte zu berechnen.

Graph G_h

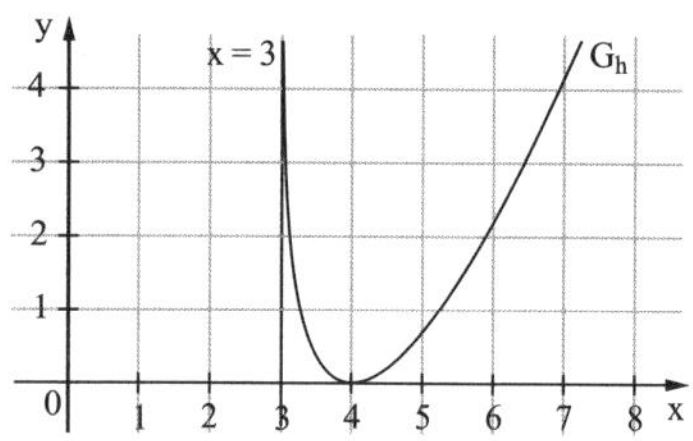

3.0

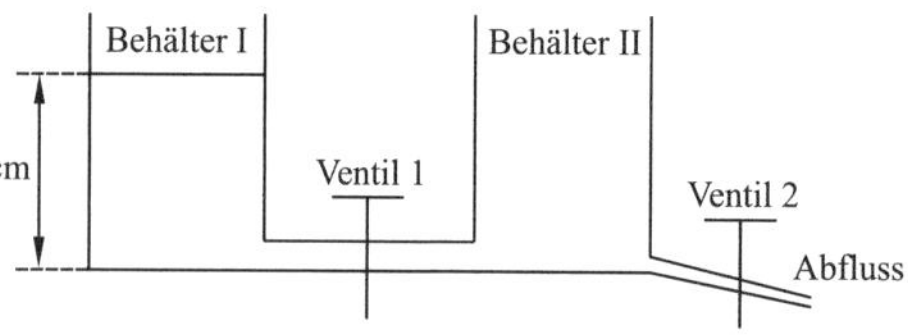

Der Wasserstand im Behälter II wird ab dem Zeitpunkt $t = 0$ beschrieben durch die Funktion $A_1(t) = 5 \cdot (1 - e^{-k \cdot t})$; $t \geq 0$.

Wie in der Angabe empfohlen wird im Folgenden bei den Rechnungen auf die Einheiten verzichtet.

3.1 **Berechnung der Konstante k**
Es gilt: $A_1(8{,}0) = 4{,}0$
Durch Einsetzen in die gegebene Funktionsgleichung erhält man:

$$5 \cdot (1 - e^{-k \cdot 8{,}0}) = 4{,}0$$

$$1 - e^{-8k} = \frac{4}{5}$$

$$e^{-8k} = 0{,}2$$

$$-8k = \ln(0{,}2)$$

$$k = \frac{\ln(0{,}2)}{-8}$$

$$\underline{\underline{k \approx -0{,}20}}$$

(zur Kontrolle gegeben)

3.2 **Berechnung des Zeitpunktes t_1 mit Wasserstand 2,0 cm**

$A_1(t_1) = 2{,}0$: $5 \cdot (1 - e^{-0{,}2 \cdot t_1}) = 2{,}0$

$$1 - e^{-0{,}2 \cdot t_1} = \frac{2}{5}$$

$$e^{-0{,}2 \cdot t_1} = 0{,}6$$

$$-0{,}2 \cdot t_1 = \ln(0{,}6)$$

$$t_1 = \frac{\ln(0{,}6)}{-0{,}2}$$

$$\underline{\underline{t_1 \approx 2{,}6}}$$

Nach etwa 2,6 Sekunden beträgt der Wasserstand 2,0 cm.

3.3.0 Im Folgenden gilt für den Wasserstand im Behälter II:
$A_2(t) = 5 - 5 \cdot e^{-0{,}2 \cdot t} - 0{,}1t;\quad 0 \le t \le t_{leer}$

3.3.1 **Berechnung des maximalen Wasserstands**

Den maximalen Wasserstand erhält man mithilfe der 1. Ableitungsfunktion $\dot{A}_2(t)$.

$\dot{A}_2(t) = -5 \cdot e^{-0{,}2 \cdot t} \cdot (-0{,}2) - 0{,}1$ (Kettenregel)

$\dot{A}_2(t) = e^{-0{,}2 \cdot t} - 0{,}1$

$\dot{A}_2(t_2) = 0 \quad \Leftrightarrow \quad e^{-0{,}2 \cdot t_2} - 0{,}1 = 0$

$$e^{-0{,}2 \cdot t_2} = 0{,}1$$

$$-0{,}2t_2 = \ln(0{,}1)$$

$$t_2 = \frac{\ln(0{,}1)}{-0{,}2}$$

$$t_2 \approx 11{,}5$$

$\ddot{A}_2(t) = -0{,}2 \cdot \underbrace{e^{-0{,}2 \cdot t}}_{>0} < 0$ für $t \ge 0 \quad \Rightarrow$ relatives Maximum bei $t = t_2$

Da im Bereich $t \ge 0$ nur eine Monotonieänderung stattfindet, ist bei $t_2 = 11{,}5$ auch das absolute Maximum.
Mit $A_2(11{,}5) \approx 3{,}3$ erhält man:
Der maximale Wasserstand im Behälter II wird nach 11,5 Sekunden mit einer Höhe von circa 3,3 cm erreicht.

3.3.2 **Gleichung der schiefen Asymptote**

Wegen $\lim\limits_{t \to +\infty} (-5 \cdot e^{-0{,}2 \cdot t}) = 0$ lautet die Gleichung der schiefen Asymptote der Funktion A_2: $\underline{\underline{y = -0{,}1 \cdot t + 5}}$.

Berechnung des Zeitpunkts t_{leer}

Es wird $A_2(t)$ für $t > 30$ näherungsweise dann Null, wenn gilt:
$-0{,}1 \cdot t_{leer} + 5 = 0 \quad \Leftrightarrow \quad t_{leer} = 50$
Also ist Behälter II nach etwa 50 Sekunden wieder leer.

Bayern – FOS · BOS 13 – Abiturprüfung 2011
Mathematik (Nichttechnische Ausbildungsrichtungen) – Aufgabengruppe B 1

1.0 In einem Koordinatensystem des $\mathbb{R}^3$ sind die Punkte A(–5|2|7), B(0|2|1), C(2|1|–1) und D(1|–1|1) gegeben.

1.1 Berechnen Sie die Vektoren $\overrightarrow{AB}, \overrightarrow{BC}, \overrightarrow{CD}$ und $\overrightarrow{AD}$ und zeigen Sie, dass die vier Punkte die Eckpunkte eines Trapezes sind. Skizzieren Sie das Trapez und bezeichnen Sie die Eckpunkte. (6 BE)

1.2 Berechnen Sie die Koordinaten des Schnittpunktes M der beiden Trapezdiagonalen. (4 BE)

1.3 Durch die Punkte A, B, C und D ist die Ebene E festgelegt. Bestimmen Sie je eine Gleichung der Ebene E in Parameterform und in parameterfreier Form. (Mögliches Teilergebnis: E: $6x_1 + 2x_2 + 5x_3 - 9 = 0$) (4 BE)

1.4 Ermitteln Sie die Schnittpunkte der Ebene E mit der x_1- und der x_2-Achse und stellen Sie damit die Gleichung der Schnittgeraden der Ebene E mit der x_1x_2-Ebene auf. (3 BE)

2.0 Drei Sektoren U, V, W eines Unternehmens sind untereinander und mit dem Markt nach dem Leontief-Modell gemäß der nebenstehenden Input-Output-Tabelle verflochten (Angaben in Mengeneinheiten ME).

	U	V	W	Markt	Produktion
U	x_{11}	0	72	78	250
V	50	x_{22}	0	110	200
W	100	20	x_{33}	72	240

2.1 Bestimmen Sie die Inputmatrix, die zu dieser Verflechtung gehört. (5 BE)

2.2 Berechnen Sie den Produktionsvektor $\vec{x}$, wenn die Marktabgabe $\vec{y} = \begin{pmatrix} 120 \\ 90 \\ 80 \end{pmatrix}$ ermöglicht werden soll. (5 BE)

2.3 Für das nächste Jahr plant man in U eine Produktion von 300 ME, in V von 250 ME. Jeder Sektor soll so viel produzieren, dass von den Gütern jedes Sektors mindestens 30 ME an den Markt abgegeben werden können. Bestimmen Sie das Intervall, in dem sich die Produktion von W bewegen muss. (6 BE)

2.4 Im Folgenden hängt der Produktionsvektor von einer Variablen $a \in \mathbb{R}_0^+$ ab.

Es gilt: $\vec{x} = \begin{pmatrix} a^2 \\ a \\ 5a \end{pmatrix}$. Beim Verkauf am Markt erzielt man bei den Gütern von U

10 GE (Geldeinheiten), von V 15 GE und von W 20 GE je ME.
Bestimmen Sie a so, dass die Gesamteinnahmen einen Maximalwert annehmen. (7 BE)

(40 BE)

Tipps zur Lösung von Aufgabe B 1

Teilaufgabe 1.1
Ein Trapez ist ein Viereck, bei dem zwei gegenüberliegende Seiten parallel sind.

Teilaufgabe 1.2
Stellen Sie für die beiden Trapezdiagonalen je eine Geradengleichung auf.

Teilaufgabe 1.3
Mithilfe der in Teilaufgabe 1.1 berechneten Vektoren kann die Parameterform der Ebene E direkt aufgestellt werden.

Teilaufgabe 1.4
Die Schnittpunkte mit den Koordinatenachsen bestimmt man mithilfe der Achsenabschnittsform der Ebenengleichung.

Teilaufgabe 2.1
Berechnen Sie zuerst die fehlenden Werte in der Input-Output-Tabelle.

Teilaufgabe 2.2
Verwenden Sie die Grundgleichung des Leontief-Modells.

Teilaufgabe 2.3
Berechnen Sie zunächst den zum neuen Produktionsvektor gehörenden Marktvektor.

Teilaufgabe 2.4
Verwenden Sie erneut die Grundgleichung des Leontief-Modells um den neuen Marktvektor in Abhängigkeit vom Parameter a zu berechnen.

Lösung

1.0 Punkte $A(-5|2|7)$, $B(0|2|1)$, $C(2|1|-1)$ und $D(1|-1|1)$

1.1 **Berechnung der gesuchten Vektoren**

$$\overrightarrow{AB}=\begin{pmatrix}0+5\\2-2\\1-7\end{pmatrix}=\begin{pmatrix}5\\0\\-6\end{pmatrix},\quad \overrightarrow{BC}=\begin{pmatrix}2-0\\1-2\\-1-1\end{pmatrix}=\begin{pmatrix}2\\-1\\-2\end{pmatrix},$$

$$\overrightarrow{CD}=\begin{pmatrix}1-2\\-1-1\\1+1\end{pmatrix}=\begin{pmatrix}-1\\-2\\2\end{pmatrix},\quad \overrightarrow{AD}=\begin{pmatrix}1+5\\-1-2\\1-7\end{pmatrix}=\begin{pmatrix}6\\-3\\-6\end{pmatrix}$$

Nachweis der Trapezeigenschaft mit Skizze

Es muss gezeigt werden, dass zwei der vier Seitenvektoren von gegenüberliegenden Seiten parallel sind.

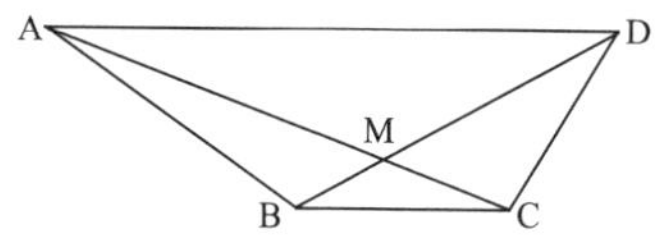

Wegen $\overrightarrow{AD}=\begin{pmatrix}6\\-3\\-6\end{pmatrix}=3\cdot\begin{pmatrix}2\\-1\\-2\end{pmatrix}=3\cdot\overrightarrow{BC}$ gilt $AD \parallel BC$ und das Viereck ABCD ist ein Trapez.

1.2 **Berechnung der Koordinaten des Schnittpunktes M der Trapezdiagonalen**

$$M = AC \cap BD:\ \begin{pmatrix}-5\\2\\7\end{pmatrix}+r\cdot\begin{pmatrix}7\\-1\\-8\end{pmatrix}=\begin{pmatrix}0\\2\\1\end{pmatrix}+s\cdot\begin{pmatrix}1\\-3\\0\end{pmatrix}$$

Bei genauer Betrachtung sieht man, dass hier der Parameter r aus der 3. Gleichung sofort berechnet werden kann.

$$\begin{array}{ll} \text{I} & -5+7r = s \\ \text{II} & 2-r = 2-3s \\ \text{III} & 7-8r = 1 \end{array} \quad \Leftrightarrow \quad -8r=-6;\ r=\frac{3}{4}$$

Durch Einsetzen in die Gleichung der Geraden AC ergibt sich:

$$\overrightarrow{OM}=\begin{pmatrix}-5\\2\\7\end{pmatrix}+\frac{3}{4}\cdot\begin{pmatrix}7\\-1\\-8\end{pmatrix}=\begin{pmatrix}\frac{1}{4}\\\frac{5}{4}\\1\end{pmatrix}\quad\Rightarrow\quad \underline{\underline{M\left(\tfrac{1}{4}\,\middle|\,\tfrac{5}{4}\,\middle|\,1\right)}}$$

1.3 **Parameterform der Ebenengleichung von E**

In Teilaufgabe 1.1 sind bereits vier mögliche Richtungsvektoren der Ebene E berechnet worden. Es dürfen jedoch nicht die parallelen Vektoren $\overrightarrow{AD}$ und $\overrightarrow{BC}$ verwendet werden.

$$E:\ \vec{x}=\overrightarrow{OA}+r\cdot\overrightarrow{AB}+s\cdot\frac{1}{3}\cdot\overrightarrow{AD}$$

$$\underline{\underline{E:\ \vec{x}=\begin{pmatrix}-5\\2\\7\end{pmatrix}+r\cdot\begin{pmatrix}5\\0\\-6\end{pmatrix}+s\cdot\begin{pmatrix}2\\-1\\-2\end{pmatrix};\ r,s\in\mathbb{R}}}$$

Umwandlung in Koordinatenform

1. Weg: Mithilfe des Gauß-Algorithmus

$$\text{E: } \begin{matrix} x_1 = -5 + 5r + 2s \\ x_2 = \;\; 2 \qquad\quad - s \\ x_3 = \;\; 7 - 6r - 2s \end{matrix} \quad \Leftrightarrow \quad \begin{matrix} 5r + 2s = x_1 + 5 \\ -s = x_2 - 2 \\ -6r - 2s = x_3 - 7 \end{matrix}$$

Gauß-Algorithmus

$$\left(\begin{array}{cc|c} 5 & 2 & x_1+5 \\ 0 & -1 & x_2-2 \\ -6 & -2 & x_3-7 \end{array}\right) \xrightarrow{5\cdot\text{III}+6\cdot\text{I}} \left(\begin{array}{cc|r} 5 & 2 & x_1+5 \\ 0 & -1 & x_2-2 \\ 0 & 2 & 6x_1+5x_3-5 \end{array}\right)$$

$$\xrightarrow{\text{III}+2\cdot\text{II}} \left(\begin{array}{cc|r} 5 & 2 & x_1+5 \\ 0 & -1 & x_2-2 \\ 0 & 0 & 6x_1+2x_2+5x_3-9 \end{array}\right)$$

$\Rightarrow$ $\underline{\underline{\text{E: } 6x_1+2x_2+5x_3-9=0}}$ (zur Kontrolle gegeben)

2. Weg: Durch Eliminieren der Parameter

$$\begin{array}{ll} \text{I} & x_1 = -5 + 5r + 2s \\ \text{II} & x_2 = \;\; 2 \qquad\quad - s \\ \text{III} & x_3 = \;\; 7 - 6r - 2s \end{array} \quad \text{aus II: } s = 2 - x_2 \text{ in I und III}$$

$$\begin{array}{ll} \text{I'} & x_1 = -5 + 5r + 2(2 - x_2) \\ \text{III'} & x_3 = \;\; 7 - 6r - 2(2 - x_2) \end{array}$$

$$\begin{array}{ll} \text{I'} & x_1 = -1 + 5r - 2x_2 \\ \text{III'} & x_3 = \;\; 3 - 6r + 2x_2 \end{array} \quad \begin{array}{l} \text{aus I': } 5r = x_1 + 2x_2 + 1 \\ \qquad r = \frac{1}{5}x_1 + \frac{2}{5}x_2 + \frac{1}{5} \quad \text{in III'} \end{array}$$

$$\Rightarrow \quad x_3 = 3 - 6\left(\frac{1}{5}x_1 + \frac{2}{5}x_2 + \frac{1}{5}\right) + 2x_2$$

$$x_3 = 3 - \frac{6}{5}x_1 - \frac{12}{5}x_2 - \frac{6}{5} + 2x_2 \qquad |\cdot 5$$

$$5x_3 = 15 - 6x_1 - 12x_2 - 6 + 10x_2$$

$\Rightarrow$ $\underline{\underline{\text{E: } 6x_1+2x_2+5x_3-9=0}}$

1.4 Schnittpunkte mit den Koordinatenachsen

1. Weg: Mithilfe der Achsenabschnittsform der Ebenengleichung

Die Gleichung einer Ebene in Achsenabschnittsform lautet allgemein:

$$\text{E: } \frac{x_1}{a} + \frac{x_2}{b} + \frac{x_3}{c} = 1$$

Sie wird aus der Koordinatenform durch geeignete Umformung gewonnen. Die Koeffizienten a, b und c geben die jeweilige von Null verschiedene Koordinate der Schnittpunkte der Ebene mit den drei Koordinatenachsen an.

$$\text{E: } 6x_1 + 2x_2 + 5x_3 - 9 = 0 \qquad |+9$$

$$\text{E: } 6x_1 + 2x_2 + 5x_3 = 9 \qquad |:9$$

$$\text{E: } \frac{2}{3}x_1 + \frac{2}{9}x_2 + \frac{5}{9}x_3 = 1$$

$$E: \frac{x_1}{\frac{3}{2}} + \frac{x_2}{\frac{9}{2}} + \frac{x_3}{\frac{9}{5}} = 1 \qquad \text{Achsenabschnittsform}$$

Die Koordinaten der gesuchten Schnittpunkte mit der x_1- und der x_2-Achse sind daher $S_1\left(\frac{3}{2} \mid 0 \mid 0\right)$ und $S_2\left(0 \mid \frac{9}{2} \mid 0\right)$.

2. Weg: Durch Nullsetzen der entsprechenden Koordinaten in der Koordinatenform der Ebenengleichung

Für die x_1-Achse gilt: $x_2 = x_3 = 0$, einsetzen in E:

$$6x_1 - 9 = 0;\ x_1 = \frac{3}{2} \quad \Rightarrow \quad \underline{\underline{S_1\left(\frac{3}{2} \,\middle|\, 0 \,\middle|\, 0\right)}}$$

Für die x_2-Achse gilt: $x_1 = x_3 = 0$, einsetzen in E:

$$2x_2 - 9 = 0;\ x_2 = \frac{9}{2} \quad \Rightarrow \quad \underline{\underline{S_2\left(0 \,\middle|\, \frac{9}{2} \,\middle|\, 0\right)}}$$

Gleichung der Schnittgeraden mit der x_1-x_2-Ebene

Diese Schnittgerade enthält die beiden soeben bestimmten Achsenabschnittspunkte S_1 und S_2, ihre Gleichung kann somit direkt angegeben werden:

$$\underline{\underline{\text{Schnittgerade } g: \vec{x} = \begin{pmatrix} \frac{3}{2} \\ 0 \\ 0 \end{pmatrix} + \lambda \cdot \begin{pmatrix} \frac{3}{2} \\ -\frac{9}{2} \\ 0 \end{pmatrix};\ \lambda \in \mathbb{R}}}$$

2.0 Leontief-Modell für drei Sektoren U, V, W eines Unternehmens gemäß nebenstehender Input-Output-Tabelle

	U	V	W	Markt	Produktion
U	x_{11}	0	72	78	250
V	50	x_{22}	0	110	200
W	100	20	x_{33}	72	240

2.1 **Bestimmung der Inputmatrix A**

Für die unbekannten Koeffizienten in der Input-Output-Tabelle gilt:

$x_{11} = 250 - 78 - 72 = 100;\ \ x_{22} = 200 - 110 - 50 = 40;\ \ x_{33} = 240 - 72 - 20 - 100 = 48$

Zur Berechnung der Koeffizienten der Inputmatrix A müssen die Zahlenwerte der Input-Output-Tabelle durch die entsprechende Koordinate des Produktionsvektors dividiert werden, z. B. $a_{11} = \frac{100}{250} = 0{,}4$ oder $a_{32} = \frac{20}{200} = 0{,}1$. Damit erhält man:

$$\underline{\underline{A = \begin{pmatrix} 0{,}4 & 0 & 0{,}3 \\ 0{,}2 & 0{,}2 & 0 \\ 0{,}4 & 0{,}1 & 0{,}2 \end{pmatrix}}}$$

2.2 **Berechnung des neuen Produktionsvektors**

Der neue Produktionsvektor $\vec{x}$ wird mithilfe der Grundgleichung des Leontief-Modells und mit dem neuen Marktvektor $\vec{y} = \begin{pmatrix} 120 \\ 90 \\ 80 \end{pmatrix}$ berechnet.

$$(E - A) \cdot \vec{x} = \vec{y}$$

$$\begin{pmatrix} 0{,}6 & 0 & -0{,}3 \\ -0{,}2 & 0{,}8 & 0 \\ -0{,}4 & -0{,}1 & 0{,}8 \end{pmatrix} \cdot \vec{x} = \begin{pmatrix} 120 \\ 90 \\ 80 \end{pmatrix}$$

Gauß-Algorithmus

$$\left(\begin{array}{ccc|c} 0{,}6 & 0 & -0{,}3 & 120 \\ -0{,}2 & 0{,}8 & 0 & 90 \\ -0{,}4 & -0{,}1 & 0{,}8 & 80 \end{array}\right) \xrightarrow[3 \cdot III + 2 \cdot I]{3 \cdot II + I} \left(\begin{array}{ccc|c} 0{,}6 & 0 & -0{,}3 & 120 \\ 0 & 2{,}4 & -0{,}3 & 390 \\ 0 & -0{,}3 & 1{,}8 & 480 \end{array}\right)$$

$$\xrightarrow{8 \cdot III + II} \left(\begin{array}{ccc|c} 0{,}6 & 0 & -0{,}3 & 120 \\ 0 & 2{,}4 & -0{,}3 & 390 \\ 0 & 0 & 14{,}1 & 4\,230 \end{array}\right)$$

Aus III: $14{,}1x_3 = 4\,230; \quad x_3 = 300$

Aus II: $2{,}4x_2 - 0{,}3 \cdot 300 = 390; \quad 2{,}4x_2 = 480; \quad x_2 = 200$

Aus I: $0{,}6x_1 - 0{,}3 \cdot 300 = 120; \quad 0{,}6x_1 = 210; \quad x_1 = 350$

Damit ist der neue Produktionsvektor $\vec{x} = \begin{pmatrix} 350 \\ 200 \\ 300 \end{pmatrix}$.

2.3 **Berechnung des neuen Marktvektors**

Gegeben ist wiederum ein neuer Produktionsvektor $\vec{x} = \begin{pmatrix} 350 \\ 250 \\ x_3 \end{pmatrix}$.

Damit ergibt sich für den neuen Marktvektor $\vec{y}$:

$$\vec{y} = (E - A) \cdot \vec{x} = \begin{pmatrix} 0{,}6 & 0 & -0{,}3 \\ -0{,}2 & 0{,}8 & 0 \\ -0{,}4 & -0{,}1 & 0{,}8 \end{pmatrix} \cdot \begin{pmatrix} 300 \\ 250 \\ x_3 \end{pmatrix} = \begin{pmatrix} 0{,}6 \cdot 300 - 0{,}3x_3 \\ -0{,}2 \cdot 300 + 0{,}8 \cdot 250 \\ -0{,}4 \cdot 300 - 0{,}1 \cdot 250 + 0{,}8x_3 \end{pmatrix}$$

$$= \begin{pmatrix} 180 - 0{,}3x_3 \\ 140 \\ -145 + 0{,}8x_3 \end{pmatrix}$$

Einschränkung der Lösung durch Nebenbedingungen

Alle Koordinaten müssen mindestens 30 ME betragen:

$y_1 \geq 30; \quad 180 - 0{,}3x_3 \geq 30; \quad 150 \geq 0{,}3x_3; \quad x_3 \leq 500$

$y_3 \geq 30; \quad -145 + 0{,}8x_3 \geq 30; \quad 0{,}8x_3 \geq 175; \quad x_3 \geq 218{,}75$

Insgesamt gilt daher: $218{,}75 \leq x_3 \leq 500$ oder $x_3 \in [218{,}75; 500]$

2.4 **Berechnung des neuen Marktvektors**

Der neue Produktionsvektor $\vec{x}_a = \begin{pmatrix} a^2 \\ a \\ 5a \end{pmatrix}$ hängt vom Parameter $a \in \mathbb{R}_0^+$ ab.

Mithilfe der Grundgleichung des Leontief-Modells werden die – ebenfalls von a abhängigen – Koordinaten des zugehörigen Marktvektors bestimmt.

$$\vec{y}_a = (E - A) \cdot \vec{x}_a = \begin{pmatrix} 0,6 & 0 & -0,3 \\ -0,2 & 0,8 & 0 \\ -0,4 & -0,1 & 0,8 \end{pmatrix} \cdot \begin{pmatrix} a^2 \\ a \\ 5a \end{pmatrix} = \begin{pmatrix} 0,6a^2 & & -1,5a \\ -0,2a^2 & +0,8a & \\ -0,4a^2 & -0,1a & +4a \end{pmatrix}$$

$$= \begin{pmatrix} 0,6a^2 - 1,5a \\ -0,2a^2 + 0,8a \\ -0,4a^2 + 3,9a \end{pmatrix}$$

Berechnung von a für maximale Gesamteinnahmen

Da die Koordinaten des berechneten Marktvektors nicht negativ sein dürfen, ergeben sich als weitere Bedingungen:

I: $0,6a^2 - 1,5a \geq 0 \;\Rightarrow\; a = 0 \vee a \geq 2,5$, denn:
$0,6a^2 - 1,5a = 0;\; a \cdot (0,6a - 1,5) = 0;\; a_1 = 0;\; a_2 = 2,5$
Der Term beschreibt eine nach oben geöffnete Parabel.

II: $-0,2a^2 + 0,8a \geq 0 \;\Rightarrow\; 0 \leq a \leq 4$, denn:
$-0,2a^2 + 0,8a = 0;\; a \cdot (-0,2a + 0,8) = 0;\; a_1 = 0;\; a_2 = 4$
Der Term beschreibt eine nach unten geöffnete Parabel.

III: $-0,4a^2 + 3,9a \geq 0 \;\Rightarrow\; 0 \leq a \leq 9,75$, denn:
$-0,4a^2 + 3,9a = 0;\; a \cdot (-0,4a + 3,9) = 0;\; a_1 = 0;\; a_2 = 9,75$
Der Term beschreibt eine nach unten geöffnete Parabel.

Aus I, II und III ergibt sich für $a \in \mathbb{R}_0^+$ insgesamt: $\underline{\underline{a = 0 \vee 2,5 \leq a \leq 4.}}$

Mit den gegebenen Werten für die Geldeinnahmen beim Verkauf der Güter der drei Sektoren ergibt sich für die Gesamteinnahme G(a):
$G(a) = 10 \cdot (0,6a^2 - 1,5a) + 15 \cdot (-0,2a^2 + 0,8a) + 20 \cdot (-0,4a^2 + 3,9a)$
$G(a) = 6a^2 - 15a - 3a^2 + 12a - 8a^2 + 78a$
$G(a) = -5a^2 + 75a \quad \text{mit } a \in \{0\} \cup [2,5;\, 4]$

G(a) beschreibt eine nach unten geöffnete Parabel, der Maximalwert liegt also beim Scheitel:

$$a_S = \frac{-75}{2 \cdot (-5)} = 7,5$$

(Alternativ: $\frac{dG(a)}{da} = -10a + 75 = 0;\; a = 7,5$)

Da dieser Wert jedoch kein Element der Menge $\{0\} \cup [2,5;\, 4]$ ist, sondern rechts von ihrem größten Element liegt, hat die Funktion G(a) am rechten Rand des Intervalls [2,5; 4] ihren maximalen Wert. Damit sind die Gesamteinnahmen für a = 4 maximal.

Bayern – FOS · BOS 13 – Abiturprüfung 2011
Mathematik (Nichttechnische Ausbildungsrichtungen) – Aufgabengruppe B 2

1.0 In einem Koordinatensystem des $\mathbb{R}^3$ sind die Punkte $A(1|0|2)$, $B(1|3|-2)$ und $C(0|6|-4)$ sowie die Gerade $g: \vec{x} = \begin{pmatrix} -4 \\ -4 \\ -3 \end{pmatrix} + r \cdot \begin{pmatrix} 6 \\ 4 \\ 3 \end{pmatrix}$ mit $r \in \mathbb{R}$ gegeben.

1.1 Bestimmen Sie jeweils eine Gleichung der Ebene E durch die Punkte A, B und C in Parameterform und in parameterfreier Form.
(Mögliches Teilergebnis: $E: 6x_1 + 4x_2 + 3x_3 - 12 = 0$) (5 BE)

1.2 Bestimmen Sie die Koordinaten des Schnittpunktes S der Geraden g mit der Ebene E. (Ergebnis: $S(2|0|0)$) (3 BE)

1.3.0 Die Punkte A, S und C bilden zusammen mit einem Punkt D das Parallelogramm ASCD (siehe Skizze).

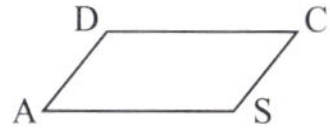

1.3.1 Ermitteln Sie die Koordinaten des Punktes D. (3 BE)

1.3.2 Berechnen Sie die Koordinaten des Diagonalenschnittpunktes M des Parallelogramms ASCD. (3 BE)

1.3.3 Gegeben ist die Menge aller Punkte
$P = \{(p_1|p_2|p_3) \mid \overrightarrow{OP} = \overrightarrow{OA} + t \cdot \overrightarrow{AS} + u \cdot \overrightarrow{SC} \text{ mit } t, u \in [0; 1]\}$.
Übertragen Sie das Parallelogramm auf Ihr Blatt und beschreiben und kennzeichnen Sie die Punktmenge P. (3 BE)

1.3.4 Überprüfen Sie, ob der Punkt B zur Punktemenge P gehört und zeichnen Sie B in die Skizze von 1.3.3 ein. (5 BE)

2.0 Die drei Werke R, S und T eines Chemieunternehmens sind untereinander und mit dem Markt nach dem Leontief-Modell verflochten.

Die Inputmatrix der Verflechtung ist $A = \begin{pmatrix} 0{,}1 & 0{,}2 & 0 \\ 0{,}05 & 0{,}3 & 0{,}2 \\ 0 & 0{,}5 & 0{,}2 \end{pmatrix}$.

2.1 Berechnen Sie die Marktabgaben der Werke R, S und T, wenn von R 800 Mengeneinheiten (ME), von S 520 ME und von T 450 ME produziert werden, und erstellen Sie die zugehörige Input-Output-Tabelle. (5 BE)

2.2 Aufgrund wirtschaftlicher Probleme soll die Produktion im Werk T um a Mengeneinheiten verringert werden, während die Produktionseinheiten der Werke R und S unverändert bleiben sollen. Bestimmen Sie den maximal möglichen Wert von a. (5 BE)

2.3 Im kommenden Produktionszeitraum wird mit dem Marktvektor $\vec{y} = \begin{pmatrix} 362 \\ 149 \\ 113 \end{pmatrix}$ gerechnet. Bestimmen Sie den zugehörigen Produktionsvektor $\vec{x}$. (4BE)

2.4 Untersuchen Sie allgemein, unter welcher Bedingung gilt: „Werk R gibt 70 % seiner Produktion an den Markt ab.“ (4 BE)

(40 BE)

Tipps zur Lösung von Aufgabe B 2

Teilaufgabe 1.1
Stellen Sie zuerst die Parameterform der Ebene E aus den drei gegebenen Punkten auf.

Teilaufgabe 1.2
Setzen Sie die Koordinaten der Geraden g in die Koordinatenform der Ebene E ein.

Teilaufgabe 1.3.1
Stellen Sie eine geeignete Vektorkette für den Vektor $\overrightarrow{OD}$ auf.

Teilaufgabe 1.3.2
Der Diagonalenschnittpunkt eines Parallelogramms halbiert die Diagonalen.

Teilaufgabe 1.3.3
Überlegen Sie zunächst, wo der Punkt P für einige fest gewählte Werte von t, $u \in [0; 1]$ liegt, z. B. für $t = \frac{1}{2}$ und $u = 1$.

Teilaufgabe 1.3.4
Setzen Sie anstelle der Koordinaten von P die Koordinaten des Punktes B in die Punktmenge ein und berechnen Sie dann t und u.

Teilaufgabe 2.1
Verwenden Sie die Grundgleichung des Leontief-Modells um den Marktvektor zu berechnen.

Teilaufgabe 2.2
Berechnen Sie zuerst den neuen Marktvektor $\vec{y}_a$.

Teilaufgabe 2.3
Verwenden Sie erneut die Grundgleichung des Leontief-Modells.

Teilaufgabe 2.4
Mithilfe der Grundgleichung des Leontief-Modells lässt sich ein Zusammenhang zwischen der Produktion des Werkes R und seiner Marktabgabe herstellen.

Lösung

1.0 Punkte A(1|0|2), B(1|3|−2) und C(0|6|−4),

Gerade g: $\vec{x}=\begin{pmatrix}-4\\-4\\-3\end{pmatrix}+r\cdot\begin{pmatrix}6\\4\\3\end{pmatrix};\quad r\in\mathbb{R}$

1.1 **Gleichung der Ebene E in Parameterform**

Mit den gegebenen Punkten A, B und C erhält man:

$E:\ \vec{x}=\overrightarrow{OA}+\lambda\cdot\overrightarrow{AB}+\mu\cdot\overrightarrow{AC}$

$$E:\ \vec{x}=\begin{pmatrix}1\\0\\2\end{pmatrix}+\lambda\cdot\begin{pmatrix}1-1\\3-0\\-2-2\end{pmatrix}+\mu\cdot\begin{pmatrix}0-1\\6-0\\-4-2\end{pmatrix}$$

$$E:\ \vec{x}=\begin{pmatrix}1\\0\\2\end{pmatrix}+\lambda\cdot\begin{pmatrix}0\\3\\-4\end{pmatrix}+\mu\cdot\begin{pmatrix}-1\\6\\-6\end{pmatrix};\quad \lambda,\mu\in\mathbb{R}$$

Umwandlung in Koordinatenform

1. Weg: Mithilfe des Gauß-Algorithmus

$$E:\ \begin{array}{l} x_1=1-\mu \\ x_2=3\lambda+6\mu \\ x_3=2-4\lambda-6\mu \end{array} \Leftrightarrow \begin{array}{r} -\mu=x_1-1 \\ 3\lambda+6\mu=x_2 \\ -4\lambda-6\mu=x_3-2 \end{array}$$

Gauß-Algorithmus

$$\left(\begin{array}{cc|c} 0 & -1 & x_1-1 \\ 3 & 6 & x_2 \\ -4 & -6 & x_3-2 \end{array}\right) \xrightarrow[\text{Zeile I und III}]{\text{Vertauschen von}} \left(\begin{array}{cc|c} -4 & -6 & x_3-2 \\ 3 & 6 & x_2 \\ 0 & -1 & x_1-1 \end{array}\right)$$

$$\xrightarrow{4\cdot II+3\cdot I} \left(\begin{array}{cc|c} -4 & -6 & x_3-2 \\ 0 & 6 & 4x_2+3x_3-6 \\ 0 & -1 & x_1-1 \end{array}\right)$$

$$\xrightarrow{6\cdot III+II} \left(\begin{array}{cc|c} -4 & -6 & x_3-2 \\ 0 & 6 & 4x_2+3x_3-6 \\ 0 & 0 & 6x_1+4x_2+3x_3-12 \end{array}\right)$$

$\Rightarrow$ $E:\ 6x_1+4x_2+3x_3-12=0$ (zur Kontrolle gegeben)

2. Weg: Durch Eliminieren der Parameter

I $x_1=1-\mu$ aus I: $\mu=1-x_1$ in II und III

II $x_2=3\lambda+6\mu$

III $x_3=2-4\lambda-6\mu$

II' $x_2=3\lambda+6(1-x_1)$

III' $x_3=2-4\lambda-6(1-x_1)$

II' $x_2=3\lambda+6-6x_1$

III' $x_3=-4\lambda-4+6x_1$

aus II': $3\lambda = 6x_1 + x_2 - 6$

$$\lambda = 2x_1 + \frac{1}{3}x_2 - 2 \quad \text{in III'}$$

$$\Rightarrow \quad x_3 = -4(2x_1 + \frac{1}{3}x_2 - 2) - 4 + 6x_1$$

$$x_3 = -8x_1 - \frac{4}{3}x_2 + 8 - 4 + 6x_1$$

$$0 = -2x_1 - \frac{4}{3}x_2 - x_3 + 4 \qquad |\cdot(-3)$$

$$0 = 6x_1 + 4x_2 + 3x_3 - 12$$

$$\Rightarrow \quad \underline{\underline{E\colon\ 6x_1 + 4x_2 + 3x_3 - 12 = 0}}$$

1.2 **Koordinaten des Schnittpunktes S von g und E**

$$g\colon\ \begin{aligned} x_1 &= -4 + 6r \\ x_2 &= -4 + 4r \\ x_3 &= -3 + 3r \end{aligned} \qquad \text{eingesetzt in die Koordinatenform von E}$$

$$\Rightarrow \quad 6(-4+6r) + 4(-4+4r) + 3(-3+3r) - 12 = 0$$

$$-24 + 36r - 16 + 16r - 9 + 9r - 12 = 0$$

$$61r - 61 = 0$$

$$r = 1 \quad \text{in g}$$

$$\Rightarrow \quad \overrightarrow{OS} = \begin{pmatrix} -4+6 \\ -4+4 \\ -3+3 \end{pmatrix} = \begin{pmatrix} 2 \\ 0 \\ 0 \end{pmatrix}; \quad \underline{\underline{S(2|0|0)}} \qquad \text{(zur Kontrolle gegeben)}$$

Alternativ dazu hätte man auch die Parameterformen von g und E gleichsetzen können. Wegen des hohen Rechenaufwands wird auf die Darstellung dieses Lösungsweges hier verzichtet.

1.3.0 Parallelogramm ASCD

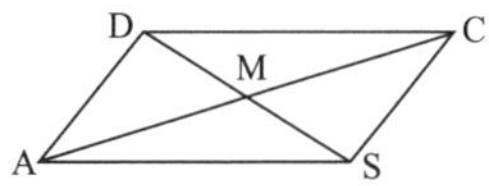

1.3.1 **Berechnung der Koordinaten des Punktes D**

Es gilt $\overrightarrow{OD} = \overrightarrow{OA} + \overrightarrow{AD}$ und wegen $\overrightarrow{AD} = \overrightarrow{SC}$ gilt:

$$\overrightarrow{OD} = \overrightarrow{OA} + \overrightarrow{SC} = \begin{pmatrix} 1 \\ 0 \\ 2 \end{pmatrix} + \begin{pmatrix} 0-2 \\ 6-0 \\ -4-0 \end{pmatrix} = \begin{pmatrix} -1 \\ 6 \\ -2 \end{pmatrix}; \quad \underline{\underline{D(-1|6|-2)}}$$

1.3.2 **Berechnung der Koordinaten des Diagonalenschnittpunktes**

1. Weg: Der Diagonalenschnittpunkt eines Parallelogramms halbiert die Diagonalen. Damit gilt:

$$\overrightarrow{OM} = \overrightarrow{OA} + \frac{1}{2}\overrightarrow{AC} = \begin{pmatrix} 1 \\ 0 \\ 2 \end{pmatrix} + \frac{1}{2}\cdot\begin{pmatrix} -1 \\ 6 \\ -6 \end{pmatrix} = \begin{pmatrix} \frac{1}{2} \\ 3 \\ -1 \end{pmatrix} \quad \Rightarrow \quad \underline{\underline{M\left(\frac{1}{2}\middle|3\middle|-1\right)}}$$

2. Weg: M ist Schnittpunkt der Geraden DS und AC

$$\text{DS:}\quad \vec{x} = \overrightarrow{OD} + k \cdot \overrightarrow{DS} = \begin{pmatrix} -1 \\ 6 \\ -2 \end{pmatrix} + k \cdot \begin{pmatrix} 2+1 \\ 0-6 \\ 0+2 \end{pmatrix} = \begin{pmatrix} -1 \\ 6 \\ -2 \end{pmatrix} + k \cdot \begin{pmatrix} 3 \\ -6 \\ 2 \end{pmatrix}; \quad k \in \mathbb{R}$$

$$\text{AC:}\quad \vec{x} = \overrightarrow{OA} + \ell \cdot \overrightarrow{AC} = \begin{pmatrix} 1 \\ 0 \\ 2 \end{pmatrix} + \ell \cdot \begin{pmatrix} 0-1 \\ 6-0 \\ -4-2 \end{pmatrix} = \begin{pmatrix} 1 \\ 0 \\ 2 \end{pmatrix} + \ell \cdot \begin{pmatrix} -1 \\ 6 \\ -6 \end{pmatrix}; \quad \ell \in \mathbb{R}$$

$$\text{DS} = \text{AC:}\quad \begin{array}{rcl} -1 + 3k &=& 1 - \ell \\ 6 - 6k &=& 6\ell \\ -2 + 2k &=& 2 - 6\ell \end{array} \quad \Rightarrow \quad \begin{array}{rcll} \ell + 3k &=& 2 & \\ -6\ell - 6k &=& -6 & \big| : (-6) \\ 6\ell + 2k &=& 4 & \big| : 2 \end{array}$$

Gauß-Algorithmus

$$\left(\begin{array}{cc|c} 1 & 3 & 2 \\ 1 & 1 & 1 \\ 3 & 1 & 2 \end{array}\right) \xrightarrow[\text{III}-3\cdot\text{I}]{\text{II}-\text{I}} \left(\begin{array}{cc|c} 1 & 3 & 2 \\ 0 & -2 & -1 \\ 0 & -8 & -4 \end{array}\right) \xrightarrow{\text{III}-4\cdot\text{II}} \left(\begin{array}{cc|c} 1 & 3 & 2 \\ 0 & -2 & -1 \\ 0 & 0 & 0 \end{array}\right)$$

$$\Rightarrow \; -2k = -1;\; k = \frac{1}{2};\; \overrightarrow{OM} = \begin{pmatrix} -1 \\ 6 \\ -2 \end{pmatrix} + \frac{1}{2} \cdot \begin{pmatrix} 3 \\ -6 \\ 2 \end{pmatrix} = \begin{pmatrix} \frac{1}{2} \\ 3 \\ -1 \end{pmatrix} \;\Rightarrow\; \underline{\underline{M\left(\frac{1}{2} \,\middle|\, 3 \,\middle|\, -1\right)}}$$

1.3.3 Kennzeichnung und Beschreibung der Punktmenge P

Punktmenge $P = \{(p_1 \mid p_2 \mid p_3) \mid \overrightarrow{OP} = \overrightarrow{OA} + t \cdot \overrightarrow{AS} + u \cdot \overrightarrow{SC} \text{ mit } t, u \in [0; 1]\}$

Die Parameterwerte für t und u sind mit $t, u \in [0; 1]$ genau so begrenzt, dass P nur innerhalb des Parallelogramms oder auf den Parallelogrammseiten liegen kann.

1.3.4 Überprüfung, ob B zur Punktmenge P gehört

Die Koordinaten des Punktes B werden für $(p_1 \mid p_2 \mid p_3)$ eingesetzt:

$$\overrightarrow{OB} = \overrightarrow{OA} + t \cdot \overrightarrow{AS} + u \cdot \overrightarrow{SC}$$

$$\begin{pmatrix} 1 \\ 3 \\ -2 \end{pmatrix} = \begin{pmatrix} 1 \\ 0 \\ 2 \end{pmatrix} + t \cdot \begin{pmatrix} 2-1 \\ 0-0 \\ 0-2 \end{pmatrix} + u \cdot \begin{pmatrix} 0-2 \\ 6-0 \\ -4-0 \end{pmatrix} \quad \Rightarrow$$

$$\begin{array}{lrcl} \text{I} & 0 &=& t - 2u \\ \text{II} & 3 &=& 6u \quad \text{aus II: } u = \frac{1}{2} \text{ in I} \\ \text{III} & -4 &=& -2t - 4u \end{array}$$

$$\text{I}' \quad 0 = t - 2 \cdot \tfrac{1}{2};\quad t = 1 \quad \text{beides in III eingesetzt}$$

$$\text{III}' \quad -4 = -2 \cdot 1 - 4 \cdot \tfrac{1}{2}$$

$$-4 = -2 - 2$$

$$-4 = -4 \qquad \text{wahre Aussage}$$

Damit gehört B zur Punktmenge P für $t = 1$ und $u = \frac{1}{2}$.

Wegen $\overrightarrow{OB} = \overrightarrow{OA} + 1 \cdot \overrightarrow{AS} + \frac{1}{2} \cdot \overrightarrow{SC}$ ist B der Mittelpunkt der Seite [SC] des Parallelogramms (siehe Zeichnung von Teilaufgabe 1.3.3).

2.0 Leontief-Modell für drei Werke R, S und T mit Inputmatrix $A = \begin{pmatrix} 0{,}1 & 0{,}2 & 0 \\ 0{,}05 & 0{,}3 & 0{,}2 \\ 0 & 0{,}5 & 0{,}2 \end{pmatrix}$

2.1 **Berechnung des Marktvektors $\vec{y}$**

Gegeben ist der Produktionsvektor $\vec{x} = \begin{pmatrix} 800 \\ 520 \\ 450 \end{pmatrix}$, damit gilt:

$$\vec{y} = (E - A) \cdot \vec{x} = \begin{pmatrix} 0{,}9 & -0{,}2 & 0 \\ -0{,}05 & 0{,}7 & -0{,}2 \\ 0 & -0{,}5 & 0{,}8 \end{pmatrix} \cdot \begin{pmatrix} 800 \\ 520 \\ 450 \end{pmatrix} = \begin{pmatrix} 0{,}9 \cdot 800 - 0{,}2 \cdot 520 \\ -0{,}05 \cdot 800 + 0{,}7 \cdot 520 - 0{,}2 \cdot 450 \\ -0{,}5 \cdot 520 + 0{,}8 \cdot 450 \end{pmatrix}$$

$$\underline{\underline{\vec{y} = \begin{pmatrix} 616 \\ 234 \\ 100 \end{pmatrix}}}$$

Ermittlung der Input-Output-Tabelle

Dazu müssen die Koeffizienten der Inputmatrix A mit den gegebenen Koordinaten des Produktionsvektors multipliziert werden.

	R	S	T	Markt	Produktion
R	80	104	0	616	800
S	40	156	90	234	520
T	0	260	90	100	450

2.2 **Berechnung des neuen Marktvektors $\vec{y}_a$**

Für den von Parameter a abhängigen, neuen Produktionsvektor gilt $\vec{x}_a = \begin{pmatrix} 800 \\ 520 \\ 450 - a \end{pmatrix}$.

Daraus ergibt sich als neuer Marktvektor $\vec{y}_a$:

$$\vec{y}_a = (E - A) \cdot \vec{x}_a = \begin{pmatrix} 0{,}9 & -0{,}2 & 0 \\ -0{,}05 & 0{,}7 & -0{,}2 \\ 0 & -0{,}5 & 0{,}8 \end{pmatrix} \cdot \begin{pmatrix} 800 \\ 520 \\ 450 - a \end{pmatrix}$$

$$= \begin{pmatrix} 0{,}9 \cdot 800 - 0{,}2 \cdot 520 \\ -0{,}05 \cdot 800 + 0{,}7 \cdot 520 - 0{,}2 \cdot 450 + 0{,}2a \\ -0{,}5 \cdot 520 + 0{,}8 \cdot 450 - 0{,}8a \end{pmatrix} = \begin{pmatrix} 616 \\ 234 + 0{,}2a \\ 100 - 0{,}8a \end{pmatrix}$$

Berechnung des maximal möglichen Wertes von a

Aus dem gegebenen Produktionsvektor erhält man für den Parameter a die Einschränkung $450 - a \geq 0$ oder $a \leq 450$. Außerdem muss gelten $a > 0$, da die Produktionsmenge im Werk T verringert werden soll. Also gilt insgesamt: $0 < a \leq 450$.

Da die Koordinaten des berechneten Marktvektors $\vec{y}_a$ nicht negativ sein dürfen, ergeben sich als weitere Bedingungen:

I $\quad 234 + 0{,}2a \geq 0; \quad 0{,}2a \geq -234; \quad a \geq -1\,170$ (erfüllt wegen $a > 0$)

II $\quad 100 - 0{,}8a \geq 0; \quad 0{,}8a \leq 100; \quad a \leq 125$

Damit gilt nun insgesamt: $0 < a \leq 125$ und der maximal mögliche Wert von a beträgt $a_{max} = 125$.

2.3 **Berechnung des neuen Produktionsvektors $\vec{x}$**

Gegeben ist ein wiederum neuer Marktvektor $\vec{y} = \begin{pmatrix} 362 \\ 149 \\ 113 \end{pmatrix}$.

Den zugehörigen Produktionsvektor $\vec{x}$ berechnet man mithilfe der Grundgleichung des Leontief-Modells:

$$(E - A) \cdot \vec{x} = \vec{y}$$

$$\begin{pmatrix} 0{,}9 & -0{,}2 & 0 \\ -0{,}05 & 0{,}7 & -0{,}2 \\ 0 & -0{,}5 & 0{,}8 \end{pmatrix} \cdot \vec{x} = \begin{pmatrix} 362 \\ 149 \\ 113 \end{pmatrix}$$

Gauß-Algorithmus

$$\left(\begin{array}{ccc|c} 0{,}9 & -0{,}2 & 0 & 362 \\ -0{,}05 & 0{,}7 & -0{,}2 & 149 \\ 0 & -0{,}5 & 0{,}8 & 113 \end{array}\right) \xrightarrow{18 \cdot \text{II} + \text{I}} \left(\begin{array}{ccc|c} 0{,}9 & -0{,}2 & 0 & 362 \\ 0 & 12{,}4 & -3{,}6 & 3\,044 \\ 0 & -0{,}5 & 0{,}8 & 113 \end{array}\right)$$

$$\xrightarrow{24{,}8 \cdot \text{III} + \text{II}} \left(\begin{array}{ccc|c} 0{,}9 & -0{,}2 & 0 & 362 \\ 0 & 12{,}4 & -3{,}6 & 3\,044 \\ 0 & 0 & 16{,}24 & 5\,846{,}4 \end{array}\right)$$

aus III: $16{,}24x_3 = 5\,846{,}4;\ x_3 = 360$

aus II: $12{,}4x_2 - 3{,}6 \cdot 360 = 3\,044;\ 12{,}4x_2 = 4\,340;\ x_2 = 350$

aus I: $0{,}9x_1 - 0{,}2 \cdot 350 = 362;\ 0{,}9x_1 = 432;\ x_1 = 480$

Damit ergibt sich als neuer Produktionsvektor $\underline{\underline{\vec{x} = \begin{pmatrix} 480 \\ 350 \\ 360 \end{pmatrix}}}$.

2.4 **Zusammenhang zwischen Produktion und Marktabgabe von Werk R**

$$\vec{y} = (E - A) \cdot \vec{x}$$

$$\begin{pmatrix} y_R \\ y_S \\ y_T \end{pmatrix} = \begin{pmatrix} 0{,}9 & -0{,}2 & 0 \\ -0{,}05 & 0{,}7 & -0{,}2 \\ 0 & -0{,}5 & 0{,}8 \end{pmatrix} \cdot \begin{pmatrix} x_R \\ x_S \\ x_T \end{pmatrix}$$

Daraus ergibt sich für das Werk R (1. Zeile):

$y_R = 0{,}9 \cdot x_R - 0{,}2 \cdot x_S$

Mit der gegebenen Bedingung $y_R = 0{,}7 \cdot x_R$ erhält man:

$0{,}7 \cdot x_R = 0{,}9 \cdot x_R - 0{,}2 \cdot x_S;\ 0{,}2 \cdot x_S = 0{,}2 \cdot x_R;\ x_S = x_R$

Damit gibt Werk R genau dann 70 % seiner Produktion an den Markt ab, wenn die Produktionszahlen in den Werken R und S gleich sind.

Bayern – FOS · BOS 13 – Abiturprüfung 2012
Mathematik (Nichttechnische Ausbildungsrichtungen) – Aufgabengruppe A 1

1.0 Gegeben ist die reelle Funktion $f: x \mapsto \frac{(x-3)(x+2)}{2x^2-8x+6}$ in der maximalen Definitionsmenge $D_f \subset \mathbb{R}$.

1.1 Bestimmen Sie D_f und geben Sie die Nullstelle sowie die Art der Definitionslücken von f an. (6 BE)

1.2 Zeigen Sie, dass die Funktion $\tilde{f}: x \mapsto \frac{x+2}{2x-2}$ mit $D_{\tilde{f}} = \mathbb{R}\setminus\{1\}$ die stetige Fortsetzung von f ist. Untersuchen Sie das Verhalten von $\tilde{f}$ in der Umgebung ihrer Definitionslücke und geben Sie die Gleichungen und die Art aller Asymptoten des Graphen $G_{\tilde{f}}$ von $\tilde{f}$ an. (5 BE)

1.3 Bestimmen Sie die maximalen Monotonieintervalle von $G_{\tilde{f}}$ und geben Sie die Wertemenge von $\tilde{f}$ an.
(Zur Kontrolle: $\tilde{f}'(x) = \frac{-3}{2(x-1)^2}$) (6 BE)

1.4 Bestimmen Sie eine Gleichung der Tangente t an den Graphen $G_{\tilde{f}}$ im Punkt $P(2 \mid \tilde{f}(2))$ und bestimmen Sie die Koordinaten des weiteren Punktes R von $G_{\tilde{f}}$, in welchem der Graph $G_{\tilde{f}}$ die gleiche Steigung wie die Tangente t besitzt. (6 BE)

1.5 Zeichnen Sie die Asymptoten und die beiden Tangenten in den Punkten P und R in ein Koordinatensystem und skizzieren Sie $G_{\tilde{f}}$ mithilfe der vorliegenden Ergebnisse in die Zeichnung. (6 BE)

1.6 Zeigen Sie, dass sich $\tilde{f}$ in der Form $\tilde{f}(x) = \frac{1}{2} + \frac{3}{2x-2}$ schreiben lässt, und ermitteln Sie die Gleichung einer Stammfunktion F von $\tilde{f}$. Bestimmen Sie die Flächenmaßzahl des Flächenstücks, das $G_{\tilde{f}}$ im III. Quadranten mit den Koordinatenachsen einschließt. (6 BE)

1.7 Gegeben ist die Funktion $g: x \mapsto \ln(\tilde{f}(x))$ in der maximalen Definitionsmenge $D_g \subset \mathbb{R}$. Geben Sie D_g an und bestimmen Sie die Nullstelle von g. (4 BE)

2.0 Bei der Weinerzeugung kann man während des Gärprozesses den aktuellen Alkoholgehalt des Mostes näherungsweise mit der Funktion $A(t)=\frac{100}{8+b\cdot e^{c\cdot t}}$ berechnen, t ist dabei die Dauer des Gärprozesses in Tagen mit $t \geq 0$, b und c sind reelle Konstanten mit $b>0$ und $c<0$. A(t) gibt den Alkoholgehalt in Volumenprozent an. Je nach den Gegebenheiten im Gärkeller variieren b und c. Bei der Rechnung kann auf die Mitführung von Einheiten verzichtet werden. Runden Sie die Ergebnisse sinnvoll.

2.1 Der Traubenmost des Winzers Müller hat bereits zu Beginn des Gärprozesses im Keller einen Alkoholgehalt von 2,00 %. Nach 20 Tagen beträgt der Alkoholgehalt genau 8,46 %.
Bestimmen Sie damit die Werte b und c.
(Ergebnis: $b=42$, $c=-0{,}12$) (6 BE)

2.2 Nach 40 Tagen wird der Gärvorgang abgebrochen. Berechnen Sie den Alkoholgehalt des dann fertigen Weins. Ermitteln Sie den Alkoholgehalt, der sich nach sehr langer Zeit einstellen würde. (4 BE)

2.3 Im Herbst wird der junge Wein („Federweißer“) ausgeschenkt, dessen Alkoholgehalt höchstens 10 % beträgt. Berechnen Sie, bis zu welchem Tag nach Beginn des Gärprozesses der Federweiße ausgeschenkt werden kann. (4 BE)

2.4 Bestimmen Sie die Ableitung $\frac{dA}{dt}=\dot{A}(t)$ und zeigen Sie, dass der Alkoholgehalt des Weins ständig zunimmt. (3 BE)

2.5 Der Graph der Ableitung $\dot{A}$ ist nebenstehend abgebildet. Machen Sie mithilfe des Graphen möglichst genaue und begründete Aussagen über die Entwicklung des Alkoholgehalts des Weins. Entnehmen Sie aus der Zeichnung die Koordinaten des Hochpunktes von $\dot{A}$ und interpretieren Sie diese im Sachzusammenhang.

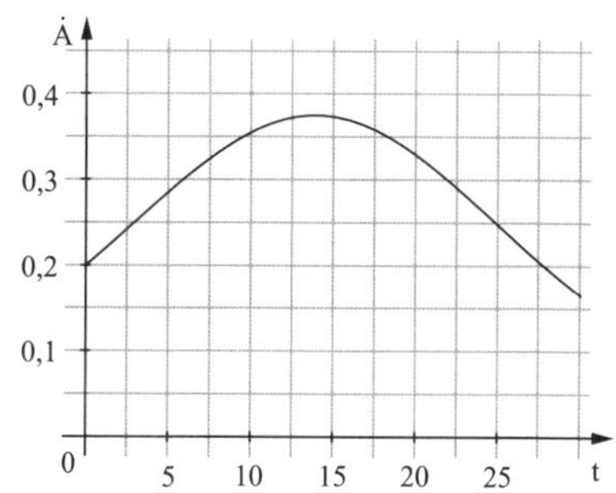

(4 BE)
(60 BE)

Tipps zur Lösung von Aufgabe A 1

Teilaufgabe 1.1
Zur Bestimmung der Definitionslücken muss der Nennerterm gleich null gesetzt werden.

Teilaufgabe 1.2
Faktorisieren Sie Zähler- und Nennerterm des Funktionsterms f(x) vollständig.

Teilaufgabe 1.3
Bestimmen Sie die 1. Ableitungsfunktion $\tilde{f}'(x)$ und führen Sie eine Vorzeichenuntersuchung durch.

Teilaufgabe 1.4
Berechnen Sie zuerst $\tilde{f}(2)$ und $\tilde{f}'(2)$.

Teilaufgabe 1.5
Zeichnen Sie zuerst die Asymptoten des Graphen $G_{\tilde{f}}$ ein.

Teilaufgabe 1.6
Formen Sie den Funktionsterm $\tilde{f}(x)$ durch Polynomdivision um.

Teilaufgabe 1.7
Die Funktion g ist nur für diejenigen x-Werte definiert, für die gilt: $\tilde{f}(x) > 0$.

Teilaufgabe 2.1
Setzen Sie die gegebenen Wertepaare in A(t) ein.

Teilaufgabe 2.2
Berechnen Sie zuerst A(40).

Teilaufgabe 2.3
Gesucht ist der Zeitpunkt t_0, zu dem $A(t_0)$ den Wert 10 besitzt.

Teilaufgabe 2.4
Verwenden Sie zur Berechnung der 1. Ableitungsfunktion die Quotienten- und die Kettenregel.

Teilaufgabe 2.5
Für die Ermittlung der Koordinaten des Hochpunktes von $\dot{A}$ sind die Maßstäbe auf beiden Koordinatenachsen zu beachten.

Lösung

1.0 $f\colon x \mapsto \frac{(x-3)(x+2)}{2x^2-8x+6};\ D_f \subset \mathbb{R}$

1.1 **Definitionsmenge D_f**

Nenner: $2x^2-8x+6=0$

$$x_{1,2}=\frac{8\pm\sqrt{64-48}}{4}=\frac{8\pm 4}{4}$$

$$x_1=1;\ x_2=3 \Rightarrow \underline{\underline{D_f=\mathbb{R}\setminus\{1;3\}}}$$

Nullstelle

Zähler: $(x-3)\cdot(x+2)=0;\ x_2=3;\ x_3=-2$

$x_2=3$ ist keine Nullstelle, da f dort nicht definiert ist.

$\Rightarrow$ Nullstelle bei $\underline{\underline{x_3=-2}}$

Art der Definitionslücken

Für gebrochen-rationale Funktionen gilt:

Wenn Zählerterm und Nennerterm bei $x=x_0$ eine einfache Nullstelle besitzen, liegt bei $x=x_0$ eine stetig behebbare Definitionslücke vor.

$x_1=1$ ist eine Unendlichkeitsstelle oder Polstelle 1. Ordnung.

$x_2=3$ ist eine stetig behebbare Definitionslücke.

1.2 **Stetige Fortsetzung von f**

Mithilfe der in Teilaufgabe 1.1 ermittelten Definitionslücken lässt sich der Funktionsterm f(x) vollständig faktorisiert darstellen:

$$f(x)=\frac{(x-3)\cdot(x+2)}{2\cdot(x-3)\cdot(x-1)};\ D_f=\mathbb{R}\setminus\{1;3\}$$

Den Funktionsterm der stetigen Fortsetzung $\tilde{f}$ der Funktion f erhält man durch Kürzen des gemeinsamen Linearfaktors von Zähler und Nenner.

Damit gilt: $\tilde{f}(x)=\frac{x+2}{2\cdot(x-1)}=\frac{x+2}{2x-2};\ D_{\tilde{f}}=\mathbb{R}\setminus\{1\}$

Verhalten von $\tilde{f}$ in der Umgebung ihrer Definitionslücke

$$x \xrightarrow{>} 1\colon\ \frac{\overbrace{x+2}^{\to 3}}{\underbrace{2x-2}_{\to 0^+}} \to +\infty$$

$$x \xrightarrow{<} 1\colon\ \frac{\overbrace{x+2}^{\to 3}}{\underbrace{2x-2}_{\to 0^-}} \to -\infty$$

Gleichungen und Art aller Asymptoten des Graphen $G_{\tilde{f}}$
Unendlichkeitsstelle 1. Ordnung bei $x_1 = 1 \Rightarrow$ senkrechte Asymptote: $\underline{\underline{x = 1}}$

Da im Funktionsterm $\tilde{f}(x) = \frac{x+2}{2x-2}$ Zählerterm und Nennerterm den gleichen Grad besitzen, hat $G_{\tilde{f}}$ eine waagrechte Asymptote, deren Gleichung man direkt ablesen kann:

$$\underline{\underline{y = \frac{1}{2}}}$$

1.3 **Berechnung der 1. Ableitung von $\tilde{f}$**

$\tilde{f}'(x) = \frac{1 \cdot (2x-2) - 2 \cdot (x+2)}{(2x-2)^2}$ (Quotientenregel)

$\tilde{f}'(x) = \frac{2x - 2 - 2x - 4}{(2 \cdot (x-1))^2}$ (Im Zähler ausmultiplizieren, im Nenner ausklammern)

$\tilde{f}'(x) = \frac{-6}{4 \cdot (x-1)^2}$ (Zusammenfassen)

$\tilde{f}'(x) = \frac{-3}{2 \cdot (x-1)^2}$ (Kürzen, zur Kontrolle gegeben)

Bestimmung der maximalen Monotonieintervalle von $G_{\tilde{f}}$
Da der Zählerterm von $\tilde{f}'(x)$ negativ und der Nennerterm wegen des Quadrats immer positiv ist, gilt: $\tilde{f}'(x) < 0$.

Beachtet man den in Teilaufgabe 1.2 nachgewiesenen Vorzeichenwechsel an der Polstelle $x_1 = 1$, ergibt sich für das Monotonieverhalten von $G_{\tilde{f}}$:
$G_{\tilde{f}}$ ist streng monoton fallend im Intervall $]-\infty; 1[$ und im Intervall $]1; +\infty[$.

Wertemenge W von $\tilde{f}$
Die Wertemenge W von $\tilde{f}$ ergibt sich direkt aus dem Monotonieverhalten, dem Vorzeichenwechsel an der Polstelle und der in Teilaufgabe 1.2 ermittelten Gleichung der waagrechten Asymptote.

Es gilt: $\underline{\underline{W = \mathbb{R} \setminus \left\{\frac{1}{2}\right\}}}$

1.4 **Bestimmung der Tangentengleichung**

$\tilde{f}(2) = \frac{4}{2} = 2; \ \tilde{f}'(2) = \frac{-3}{2 \cdot 1} = -\frac{3}{2}$

Durch Einsetzen in die Punkt-Steigungsform der Geradengleichung erhält man als Tangentengleichung:

$t: \ y = -\frac{3}{2} \cdot (x-2) + 2$

$\underline{\underline{t: \ y = -\frac{3}{2}x + 5}}$ (Ausmultiplizieren)

Koordinaten des Punktes R mit gleicher Steigung
Da $G_{\tilde{f}}$ im Punkt $R(x_0; \tilde{f}(x_0))$ die gleiche Steigung besitzen soll wie die Tangente t, muss gelten:

$$\tilde{f}'(x_0) = -\frac{3}{2}$$

Mit $\tilde{f}'(x)$ aus Teilaufgabe 1.3 gilt:

$$\frac{-3}{2\cdot(x_0-1)^2} = -\frac{3}{2} \qquad \Big|\cdot\left(-\frac{2}{3}\right)$$

$$\frac{1}{(x_0-1)^2} = 1 \qquad \Big|\cdot(x_0-1)^2$$

$$1 = (x_0-1)^2$$

$$x_{0_1}-1 = 1 \quad \text{oder} \quad x_{0_2}-1 = -1$$

$$x_{0_1} = 2 \quad \text{oder} \quad x_{0_2} = 0$$

Da $x_{0_1} = 2$ dem Punkt P entspricht, ist $x_{0_2} = 0$ die x-Koordinate des gesuchten Punktes R.

Mit $\tilde{f}(0) = \frac{2}{-2} = -1$ gilt: $\underline{\underline{R(0; -1)}}$

1.5 **Zeichnung des Graphen $G_{\tilde{f}}$, seiner Asymptoten und der Tangenten**
Vorliegende Ergebnisse: Nullstelle $x_3 = -2$, Asymptoten $x = 1$ und $y = \frac{1}{2}$, Punkte P(2; 2) und R(0; –1)

Obwohl keine Berechnung weiterer Punkte verlangt ist, kann zur Sicherheit eine Wertetabelle erstellt werden:

x	–4	–3	–2	–1	0	1	2	3	4	5	6
$\tilde{f}(x)$	0,2	0,125	0	–0,25	–1	–	2	1,25	1	0,875	0,8
			N		R		P				

Ein sinnvoller Zeichenbereich ist etwa: $-4 \leq x \leq 6$

Graph $G_{\tilde{f}}$

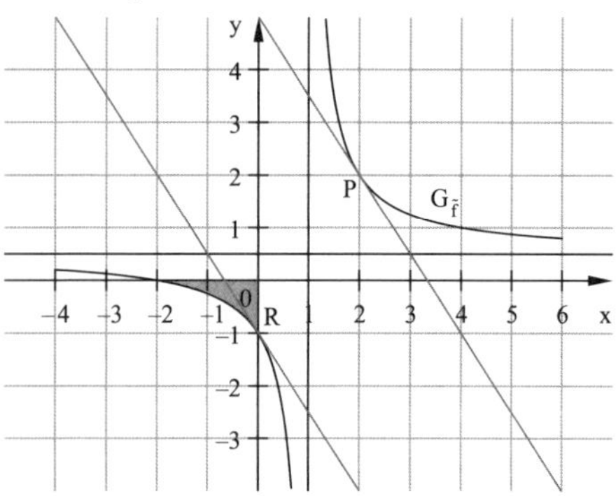

1.6 **Umformung des Funktionsterms $\tilde{f}(x)$**

$\tilde{f}(x) = \frac{x+2}{2x-2}$

Polynomdivision: $(x+2):(2x-2) = \frac{1}{2} + \frac{3}{2x-2}$

$$\begin{array}{l} -(x-1) \\ \hline \quad 3 \end{array}$$

Also gilt: $\tilde{f}(x) = \frac{1}{2} + \frac{3}{2x-2}$

Gleichung einer Stammfunktion F von $\tilde{f}$

Eine Stammfunktion F findet man nur mit dem Funktionsterm, der sich durch Polynomdivision ergeben hat.

$\tilde{f}(x) = \frac{1}{2} + \frac{3}{2} \cdot \frac{1}{x-1}$

$\Rightarrow \quad \underline{\underline{F(x) = \frac{1}{2}x + \frac{3}{2} \cdot \ln|x-1|}}$

Da nur eine beliebige Stammfunktion bestimmt werden soll, kann hier die additive Konstante $C = 0$ gewählt werden.

Berechnung der Flächenmaßzahl

Das beschriebene Flächenstück ist in der grafischen Darstellung von Teilaufgabe 1.5 gekennzeichnet. Da das Flächenstück unterhalb der x-Achse liegt, gilt für seine Flächenmaßzahl A:

$$A = -\int_{-2}^{0} \tilde{f}(x)\,dx = -[F(x)]_{-2}^{0} = -\left[\frac{1}{2}x + \frac{3}{2} \cdot \ln|x-1|\right]_{-2}^{0}$$

$$A = -\left[\left(0 + \frac{3}{2} \cdot \ln|-1|\right) - \left(-1 + \frac{3}{2} \cdot \ln|-3|\right)\right] = -\left[0 - \left(\frac{3}{2} \cdot \ln(3) - 1\right)\right]$$

$$\underline{\underline{A = \frac{3}{2} \cdot \ln(3) - 1 \approx 0{,}65}}$$

1.7 **Definitionsmenge D_g**

$g(x) = \ln(\tilde{f}(x))$; es muss gelten: $\tilde{f}(x) > 0$

Aus der Darstellung von $G_{\tilde{f}}$ in Teilaufgabe 1.5 ergibt sich:

$\underline{\underline{D_g =]-\infty; -2[\cup]1; +\infty[}}$ oder $\underline{\underline{D_g = \mathbb{R} \setminus [-2; 1]}}$

Nullstelle von g

Die ln-Funktion wird null, wenn ihr Argument, also $\tilde{f}(x)$, den Wert 1 annimmt.

$g(x) = 0; \quad \tilde{f}(x) = 1$

$$\begin{aligned} \frac{x+2}{2x-2} &= 1 && |\cdot(2x-2) \\ x+2 &= 2x-2 && |-x+2 \\ 4 &= x \end{aligned}$$

Also liegt die Nullstelle der Funktion g bei N(4; 0).

2.0 Alkoholgehalt von Most: $A(t) = \dfrac{100}{8 + b \cdot e^{c \cdot t}}$; $t \geq 0$

2.1 **Berechnung der Konstanten b und c**

Es ist der Alkoholgehalt für t = 0 und t = 20 gegeben. Durch Einsetzen der Werte in A(t) erhält man:

(I) $A(0) = 2;\quad \dfrac{100}{8+b} = 2;\quad 8 + b = 50;\quad \underline{\underline{b = 42}}$ (Lösung zur Kontrolle gegeben)

(II) $A(20) = 8{,}46;\quad \dfrac{100}{8 + 42 \cdot e^{c \cdot 20}} = 8{,}46$ (mit b = 42)

$$100 = 8{,}46 \cdot (8 + 42 \cdot e^{20c})$$

$$100 = 67{,}68 + 355{,}32 \cdot e^{20c}$$

$$\frac{100 - 67{,}68}{355{,}32} = e^{20c}$$

$$\frac{808}{8\,883} = e^{20c}$$

$$20c = \ln\left(\frac{808}{8\,883}\right)$$

$$\underline{\underline{c \approx -0{,}12}}$$ (Lösung zur Kontrolle gegeben)

2.2 **Alkoholgehalt nach 40 Tagen**

Mit den berechneten Werten für b und c erhält man:

$$A(40) = \frac{100}{8 + 42 \cdot e^{-0{,}12 \cdot 40}} \approx 11{,}98$$

Der Alkoholgehalt nach 40 Tagen beträgt knapp 12 %.

Alkoholgehalt nach sehr langer Zeit

Die Formulierung „nach sehr langer Zeit" weist auf eine Grenzwertbetrachtung hin.

$$\lim_{t \to +\infty} A(t) = \lim_{t \to +\infty} \frac{100}{8 + 42 \cdot \underbrace{e^{-0{,}12 \cdot t}}_{\to 0}} = 12{,}5$$

Nach sehr langer Zeit stellt sich ein Alkoholgehalt von 12,5 % ein.

2.3 **Berechnung des Zeitpunkts t_0 mit 10 % Alkoholgehalt**

$$A(t_0) = 10;\quad \frac{100}{8 + 42 \cdot e^{-0{,}12 \cdot t_0}} = 10$$

$$100 = 80 + 420 \cdot e^{-0{,}12 \cdot t_0}$$

$$\frac{100 - 80}{420} = e^{-0{,}12 \cdot t_0}$$

$$\frac{1}{21} = e^{-0{,}12 \cdot t_0}$$

$$\ln\left(\frac{1}{21}\right) = -0{,}12 \cdot t_0$$

$$t_0 \approx 25{,}37$$

Da der Alkoholgehalt höchstens 10 % betragen soll, muss der Federweiße bis zum 25. Tag ausgeschenkt werden.

2.4 **Berechnung der 1. Ableitungsfunktion $\dot{A}(t)$**

Die Konstante 100 im Zähler von A(t) kann als konstanter Faktor vor den Bruch geschrieben werden.

$$\dot{A}(t) = 100 \cdot \frac{-42 \cdot e^{-0,12 \cdot t} \cdot (-0,12)}{(8 + 42 \cdot e^{-0,12 \cdot t})^2}$$ (Quotienten- und Kettenregel)

$$\dot{A}(t) = 504 \cdot \frac{e^{-0,12 \cdot t}}{(8 + 42 \cdot e^{-0,12 \cdot t})^2}$$

Da die Exponentialfunktion im Zähler und der quadratische Term im Nenner immer positiv sind, gilt:

$\dot{A}(t) > 0$ für $t \geq 0$

Damit nimmt der Alkoholgehalt ständig zu.

2.5 **Aussagen über die Entwicklung des Alkoholgehalts**

Der Hochpunkt von $\dot{A}$ liegt etwa bei HOP(14; 0,38).
Der Hochpunkt von $\dot{A}$ ist ein Wendepunkt von A.
Bis zum Hochpunkt von $\dot{A}$ – also bis zum Zeitpunkt $t = 14$ – ist die tägliche Zunahme des Alkoholgehalts wachsend, danach ist sie abnehmend.

Bayern – FOS · BOS 13 – Abiturprüfung 2012
Mathematik (Nichttechnische Ausbildungsrichtungen) – Aufgabengruppe A 2

1.0 Gegeben ist die reelle Funktion $g\colon x \mapsto \frac{4x^2-4x+1}{2x^2}$ in ihrer maximalen Definitionsmenge $D_g \subset \mathbb{R}$. Ihr Graph wird mit G_g bezeichnet.

1.1 Geben Sie D_g an, berechnen Sie die Nullstelle von g und geben Sie deren Vielfachheit an. Untersuchen Sie das Verhalten von g(x) an den Rändern von D_g und geben Sie die Gleichungen aller Asymptoten von G_g an. (8 BE)

1.2 Geben Sie gegebenenfalls unter Verwendung der Ergebnisse von Aufgabe 1.1 die Koordinaten des einzigen Extrempunktes von G_g an und ermitteln Sie dessen Art. (4 BE)

1.3 Berechnen Sie die Koordinaten des Schnittpunkts des Graphen von g mit seiner waagrechten Asymptote. (3 BE)

1.4 Zeichnen Sie die Asymptoten in ein Koordinatensystem und skizzieren Sie G_g mithilfe Ihrer bisherigen Ergebnisse in die Zeichnung. (5 BE)

2.0 Gegeben ist die reelle Funktion $f\colon x \mapsto \frac{2 \cdot \ln(x)+1}{x}$ in ihrer maximalen Definitionsmenge $D_f \subset \mathbb{R}$. Ihr Graph ist G_f.

2.1 Bestimmen Sie D_f und die Nullstellen von f. Untersuchen Sie das Verhalten von f(x) an den Rändern von D_f und geben Sie die Gleichungen aller Asymptoten von G_f an. (8 BE)

2.2 Ermitteln Sie die maximalen Monotonieintervalle der Funktion f und bestimmen Sie die Art und die exakten Koordinaten des Extrempunktes von G_f.
(Zur Kontrolle: $f'(x) = \frac{-2 \cdot \ln(x)+1}{x^2}$) (7 BE)

2.3 Nehmen Sie ohne weitere Rechnung, aber mit Begründung Stellung zu der Aussage: „Der Graph G_f besitzt einen Wendepunkt." Begründen Sie Ihre Aussage. (3 BE)

2.4 Skizzieren Sie G_f unter Verwendung der bisherigen Ergebnisse in ein kartesisches Koordinatensystem. (4 BE)

3.0 Ein großer Elektronik-Konzern hat in einer Untersuchung die Wartezeiten auf eine freie Telefonleitung bei seinem Callcenter erfasst. Die Funktion W_k gibt dabei die Wahrscheinlichkeit an, mit der höchstens t Minuten (min) auf eine freie Telefonleitung gewartet werden muss.
Es gilt: $W_k(t) = 1 - e^{-kt}$ mit $t \in \mathbb{R}^+$ und $k \in \mathbb{R}^+$. Der Wert von k ist von der Tageszeit abhängig.
Bei der Rechnung kann auf Einheiten verzichtet werden.

3.1 Berechnen Sie für $k_1 = \frac{1}{60}\frac{1}{\text{min}}$, $k_2 = \frac{1}{12}\frac{1}{\text{min}}$ und $k_3 = \frac{1}{6}\frac{1}{\text{min}}$ die Wahrscheinlichkeit in Prozent, höchstens 5 Minuten auf eine freie Leitung warten zu müssen, und folgern Sie hieraus die Bedeutung des Parameters k für die Wartezeit. (5 BE)

3.2 Bestimmen Sie den Wert k in der Einheit $\frac{1}{\text{min}}$, für den die Wahrscheinlichkeit 95 % beträgt, dass ein Anrufer nach höchstens 10 Minuten auf eine freie Leitung durchgestellt wird. (3 BE)

3.3 Berechnen Sie die Grenzwerte $\lim\limits_{t \to \infty} W_k(t)$ und $\lim\limits_{k \to \infty} (1 - e^{-kt})$ und beschreiben Sie möglichst einfach deren Bedeutung. (4 BE)

3.4 Sei nun $k = 0{,}1 \frac{1}{\text{min}}$.
Die durchschnittliche Wartezeit $\overline{T}$ berechnet sich als $\overline{T} = \int\limits_0^{\infty} t \cdot \dot{W}_{0,1}(t)\,dt$.

Zeigen Sie, dass $G(t) = -e^{-0,1t} \cdot (t + 10)$ eine Stammfunktion von $t \cdot \dot{W}_{0,1}(t)$ ist. Berechnen Sie $\overline{T}$ und die Wahrscheinlichkeit, höchstens $\overline{T}$ Minuten auf eine freie Leitung warten zu müssen. (6 BE)

(60 BE)

Tipps zur Lösung von Aufgabe A 2

Teilaufgabe 1.1
Die Definitionsmenge D_g kann am Funktionsterm direkt abgelesen werden.

Teilaufgabe 1.2
Es ist nicht nötig, den Extrempunkt mithilfe der Ableitungsfunktionen zu bestimmen.

Teilaufgabe 1.3
Die x-Koordinate des Schnittpunkts erhalten Sie durch Gleichsetzen der entsprechenden Funktionsterme.

Teilaufgabe 1.4
Zeichnen Sie zuerst die Asymptoten des Graphen G_g ein.

Teilaufgabe 2.1
Das Argument der ln-Funktion muss positiv sein.

Teilaufgabe 2.2
Bilden Sie die 1. Ableitung mit der Quotientenregel.

Teilaufgabe 2.3
Begründen Sie, warum G_f im Bereich $x > 0$ sein Krümmungsverhalten ändern muss.

Teilaufgabe 2.4
Hier kann zur Sicherheit eine Wertetabelle angefertigt werden.

Teilaufgabe 3.1
Berechnen Sie $W_k(t)$ für die gegebenen k-Werte und $t = 5$.

Teilaufgabe 3.2
Aus $W_k(10)=0{,}95$ kann k bestimmt werden.

Teilaufgabe 3.3
Für die Bedeutung der Grenzwerte ist wichtig, dass $W_k(t)$ eine Wahrscheinlichkeit beschreibt.

Teilaufgabe 3.4
Bilden Sie die Ableitungen von G(t) und von $W_{0,1}(t)$.

Lösung

1.0 $g: x \mapsto \frac{4x^2-4x+1}{2x^2};\quad D_g \subset \mathbb{R}$

1.1 **Definitionsmenge D_g**

Nenner: $2x^2=0;\ x_{1,2}=0 \ \Rightarrow\ \underline{\underline{D_g=\mathbb{R}\setminus\{0\}}}$

Nullstelle

Zähler: $4x^2-4x+1=0;\ x_{3,4}=\frac{4\pm\sqrt{16-16}}{8}=\frac{1}{2}$

Doppelte Nullstelle: $\underline{\underline{x_{3,4}=\frac{1}{2}}}$

Bei einer doppelten Nullstelle berührt der Funktionsgraph die x-Achse, der Punkt $N\left(\frac{1}{2};0\right)$ muss also ein Extrempunkt sein (siehe Teilaufgabe 1.2).

Verhalten von g(x) an den Rändern von D_g

$x \longrightarrow \pm\infty:\quad \frac{4x^2-4x+1}{2x^2} \to \frac{4}{2}=2$ (Zählergrad = Nennergrad)

$x \xrightarrow[<]{>} 0:\quad \frac{\overbrace{4x^2-4x+1}^{\to 1}}{\underbrace{2x^2}_{\to 0^+}} \to +\infty$

Bei $x=0$ liegt eine Unendlichkeitsstelle oder Polstelle 2. Ordnung ohne Vorzeichenwechsel vor.

Gleichungen aller Asymptoten von G_g

Aus den Grenzwertbetrachtungen ergibt sich für die waagrechte Asymptote die Gleichung $y=2$ und für die senkrechte Asymptote die Gleichung $x=0$.

1.2 **Koordinaten und Art des Extrempunktes von G_g**

1. Weg: Mithilfe der Ergebnisse von Teilaufgabe 1.1

Aus den Grenzwertbetrachtungen und der doppelten Nullstelle $N\left(\frac{1}{2};0\right)$ ergibt sich, dass die doppelte Nullstelle auch absoluter Tiefpunkt des Graphen G_g ist.

Die Begründung für den absoluten Tiefpunkt $N\left(\frac{1}{2};0\right)$ kann auch über eine Vorzeichenbetrachtung für g(x) erfolgen:
Der Zählerterm von g(x) kann nach Teilaufgabe 1.1 nie negativ werden, der Nennerterm ist immer positiv, also gilt $g(x) \geq 0$.

2. Weg: Mithilfe der 1. Ableitungsfunktion
Dieser Lösungsweg ist viel aufwendiger und wird hier nur zur Kontrolle dargestellt.

$$g'(x) = \frac{(8x-4)\cdot 2x^2 - 4x\cdot(4x^2-4x+1)}{4x^4} \qquad \text{(Quotientenregel)}$$

$$g'(x) = \frac{16x^3 - 8x^2 - 16x^3 + 16x^2 - 4x}{4x^4} \qquad \text{(Ausmultiplizieren)}$$

$$g'(x) = \frac{8x^2 - 4x}{4x^4} \qquad \text{(Zusammenfassen)}$$

$$g'(x) = \frac{4x(2x-1)}{4x^4} \qquad \text{(Ausklammern)}$$

$$g'(x) = \frac{2x-1}{x^3} \qquad \text{(Kürzen)}$$

$$g'(x) = 0;\; 2x-1=0;\; x = \frac{1}{2} \qquad \text{(Stelle mit waagrechter Tangente)}$$

Da der Nennerterm von g'(x) im Bereich $x > 0$ positiv ist, ändert sich das Vorzeichen von g'(x) an der Stelle $x = \frac{1}{2}$ von Minus zu Plus.

$\Rightarrow$ Tiefpunkt $\underline{\underline{TIP\left(\frac{1}{2};0\right)}}$

1.3 **Schnittpunkt von G_g mit waagrechter Asymptote**
Waagrechte Asymptote: $y = 2$ (nach Teilaufgabe 1.1)

$$g(x) = 2$$

$$\frac{4x^2-4x+1}{2x^2} = 2 \qquad \left|\cdot 2x^2\right.$$

$$4x^2 - 4x + 1 = 4x^2 \qquad \left|-4x^2\right.$$

$$-4x + 1 = 0$$

$$x = \frac{1}{4}$$

$\Rightarrow$ $\underline{\underline{\text{Schnittpunkt } S\left(\frac{1}{4};2\right)}}$

1.4 **Zeichnung des Graphen G_g und seiner Asymptoten**
Bisherige Ergebnisse: Nullstelle und absoluter Tiefpunkt $N\left(\frac{1}{2};0\right)$, Asymptoten $x = 0$ und $y = 2$, Schnittpunkt mit waagrechter Asymptote $S\left(\frac{1}{4};2\right)$

Obwohl keine Berechnung weiterer Punkte verlangt ist, kann zur Sicherheit eine Wertetabelle erstellt werden:

x	–3	–2	–1	0	0,25	0,5	1	2	3	4
g(x)	2,7	3,1	4,5	–	2	0	0,5	1,1	1,4	1,5
					S	N				

Ein sinnvoller Zeichenbereich ist etwa: $-3 \le x \le 4$

Graph G_g

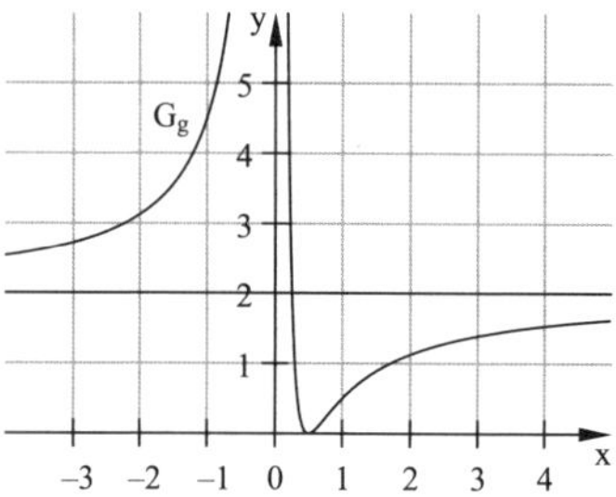

2.0 $f\colon\ x \mapsto \dfrac{2\cdot\ln(x)+1}{x};\ D_f \subset \mathbb{R}$

2.1 **Bestimmung von D_f**

Wegen der Logarithmusfunktion im Zähler muss gelten $x>0$, damit kann der Nenner auch nicht null werden. $\Rightarrow$ $\underline{\underline{D_f = \mathbb{R}^+}}$

Nullstelle

Zähler: $2\cdot\ln(x)+1=0;\ \ln(x)=-\dfrac{1}{2};\ x_1=e^{-\frac{1}{2}}$

Nullstelle: $\underline{\underline{N(e^{-\frac{1}{2}};0)}}$

Verhalten von f(x) an den Rändern von D_f

$$x \xrightarrow{>} 0\colon\quad \frac{\overbrace{2\cdot\ln(x)+1}^{\to -\infty}}{\underbrace{x}_{\to 0^+}} \to -\infty$$

$$x \longrightarrow +\infty\colon\quad \lim_{x\to+\infty} \frac{\overbrace{2\cdot\ln(x)+1}^{\to +\infty}}{\underbrace{x}_{\to +\infty}} \overset{\text{l'Hospital}}{=} \lim_{x\to+\infty} \frac{\overbrace{\frac{2}{x}}^{\to 0^+}}{1} = 0^+$$

Gleichungen aller Asymptoten von G_f

Aus den Grenzwertbetrachtungen ergibt sich für die waagrechte Asymptote die Gleichung $y=0$ und für die senkrechte Asymptote die Gleichung $x=0$.

2.2 **Berechnung der 1. Ableitung**

$$f'(x) = \frac{2 \cdot \frac{1}{x} \cdot x - 1 \cdot (2 \cdot \ln(x) + 1)}{x^2} \qquad \text{(Quotientenregel)}$$

$$f'(x) = \frac{2 - 2 \cdot \ln(x) - 1}{x^2} \qquad \text{(Ausmultiplizieren)}$$

$$f'(x) = \frac{-2 \cdot \ln(x) + 1}{x^2} \qquad \text{(Zur Kontrolle gegeben)}$$

Ermittlung der Stelle mit waagrechter Tangente

$f'(x) = 0;\ -2 \cdot \ln(x) + 1 = 0;\ \ln(x) = \frac{1}{2};\ x_2 = e^{\frac{1}{2}}$

Bestimmung der Monotonieintervalle

Vorzeichentabelle

x	$0 < x < e^{\frac{1}{2}}$	$x = e^{\frac{1}{2}}$	$e^{\frac{1}{2}} < x$
Zähler: $-2 \cdot \ln(x) + 1$	+	0	–
Nenner: x^2	+	+	+
f'(x)	+	0	–
f(x)	↗	HOP	↘

Bei maximalen Monotonieintervallen sind die Randpunkte einzuschließen, sofern die Funktion dort definiert ist.

Also ist f streng monoton zunehmend im Intervall $]0; e^{0,5}]$ und streng monoton abnehmend im Intervall $[e^{0,5}; +\infty[$.

Art und Koordinaten des Extrempunktes

Mit $f(e^{0,5}) = \frac{2}{e^{0,5}} = 2 \cdot e^{-0,5}$ ergibt sich aus dem Monotonieverhalten der Hochpunkt

$\text{HOP}(e^{0,5}; 2 \cdot e^{-0,5})$.

2.3 **Existenz eines Wendepunktes von G_f**

Im Hochpunkt ist der Graph G_f rechtsgekrümmt. Der Grenzwert 0^+ für $x \to +\infty$ aus Teilaufgabe 2.1 zeigt, dass sich der Graph G_f von oben an die x-Achse annähert, also linksgekrümmt ist. Damit muss im Intervall $]e^{0,5}; +\infty[$ ein Krümmungswechsel stattfinden und ein Wendepunkt existieren.

2.4 **Zeichnung des Graphen G_f**

Bisherige Ergebnisse: Nullstelle N(0,6; 0), Hochpunkt HOP(1,6; 1,2), Asymptoten $x = 0$ und $y = 0$

Es genügt eine Skizze des Graphen mithilfe dieser Ergebnisse, weitere Funktionswerte können jedoch berechnet werden:

x	0,6	1,6	2	5	10	15	20	25
f(x)	0	1,2	1,2	0,8	0,6	0,4	0,3	0,3
	N	HOP						

Wegen der geringen Veränderung der Funktionswerte ist es sinnvoll, auf den Koordinatenachsen unterschiedliche Maßstäbe zu wählen.

Graph G_f

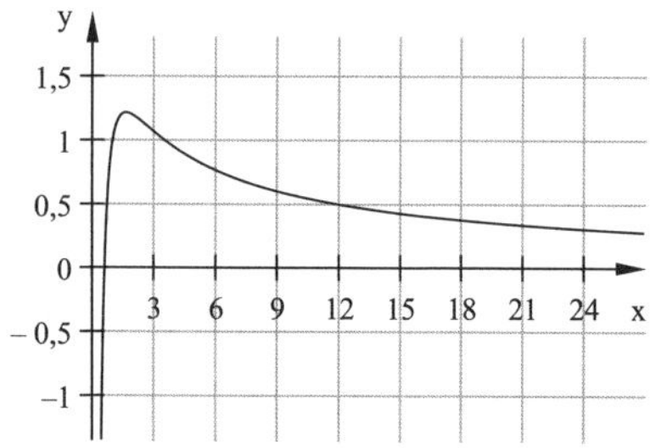

3.0 Wahrscheinlichkeit $W_k(t) = 1 - e^{-kt}$; $t, k \in \mathbb{R}^+$

3.1 **Berechnung der Wahrscheinlichkeiten $W_k(5)$ für verschiedene Werte von k**

$$k_1 = \frac{1}{60}: \; W_{k_1}(5) = 1 - e^{-\frac{5}{60}} \approx 0{,}08 \mathrel{\hat{=}} \underline{\underline{8\,\%}}$$

$$k_2 = \frac{1}{12}: \; W_{k_2}(5) = 1 - e^{-\frac{5}{12}} \approx 0{,}34 \mathrel{\hat{=}} \underline{\underline{34\,\%}}$$

$$k_3 = \frac{1}{6}: \; W_{k_3}(5) = 1 - e^{-\frac{5}{6}} \approx 0{,}57 \mathrel{\hat{=}} \underline{\underline{57\,\%}}$$

Bedeutung des Parameters k für die Wartezeit
Es zeigt sich, dass die Wahrscheinlichkeit, höchstens 5 Minuten auf eine freie Leitung warten zu müssen, mit wachsendem k zunimmt.

3.2 **Berechnung des gesuchten k-Wertes**
Aus $W_k(10) = 0{,}95$ soll k bestimmt werden:

$$1 - e^{-k \cdot 10} = 0{,}95 \qquad |-1$$

$$-e^{-k \cdot 10} = -0{,}05 \qquad |\cdot(-1)$$

$$e^{-k \cdot 10} = 0{,}05$$

$$-k \cdot 10 = \ln(0{,}05)$$

$$k = \frac{\ln(0{,}05)}{-10}$$

$$\underline{\underline{k \approx 0{,}30}}$$

3.3 **Berechnung der verlangten Grenzwerte**

$$\lim_{t \to +\infty} W_k(t) = \lim_{t \to +\infty} (1 - \underbrace{e^{-kt}}_{\to 0}) = 1$$

$$\lim_{k \to +\infty} W_k(t) = \lim_{k \to +\infty} (1 - \underbrace{e^{-kt}}_{\to 0}) = 1$$

Bedeutung der Grenzwerte

$\lim\limits_{t \to +\infty} W_k(t) = 1$ bedeutet, dass die Wahrscheinlichkeit für eine freie Leitung mit zunehmendem t gegen 1 strebt, man also nach sehr langer Wartezeit sicher eine freie Leitung bekommt.

$\lim\limits_{k \to +\infty} W_k(t) = 1$ bedeutet, dass man bei sehr großen k-Werten praktisch keine Wartezeit hat.

3.4 **Nachweis, dass G(t) Stammfunktion ist**

$\dot{G}(t) = -e^{-0,1 \cdot t} \cdot (-0,1) \cdot (t+10) - e^{-0,1 \cdot t} \cdot 1$ (Produkt- und Kettenregel)

$\dot{G}(t) = 0,1 \cdot t \cdot e^{-0,1 \cdot t} + e^{-0,1 \cdot t} - e^{-0,1 \cdot t}$ (Ausmultiplizieren)

$\dot{G}(t) = 0,1 \cdot t \cdot e^{-0,1 \cdot t}$

$W_{0,1}(t) = 1 - e^{-0,1 \cdot t}$

$\dot{W}_{0,1}(t) = -e^{-0,1 \cdot t} \cdot (-0,1) = 0,1 \cdot e^{-0,1 \cdot t}$ (Kettenregel)

Damit gilt: $t \cdot \dot{W}_{0,1}(t) = 0,1 \cdot t \cdot e^{-0,1 \cdot t} = \dot{G}(t)$

Berechnung von $\overline{T}$ und $W_{0,1}(\overline{T})$

Mit der soeben nachgewiesenen Stammfunktionseigenschaft von G(t) gilt:

$$\overline{T} = \int_0^{\infty} t \cdot \dot{W}_{0,1}(t)\,dt = \lim_{b \to +\infty} [G(t)]_0^b = \lim_{b \to +\infty} [-e^{-0,1 \cdot t} \cdot (t+10)]_0^b$$

$$= \lim_{b \to +\infty} (-e^{-0,1 \cdot b} \cdot (b+10)) - (-e^0 \cdot 10) = 10$$

$$W_{0,1}(\overline{T}) = W_{0,1}(10) = 1 - e^{-0,1 \cdot 10} = 1 - e^{-1} \approx 0,63 \mathrel{\hat{=}} 63\,\%$$

Also gilt: $\underline{\underline{\overline{T} = 10}}$ und $\underline{\underline{W_{0,1}(\overline{T}) \approx 0,63}}$

Die Wahrscheinlichkeit, höchstens $\overline{T} = 10$ Minuten auf eine freie Leitung warten zu müssen, beträgt etwa 63 %.

Bayern – FOS · BOS 13 – Abiturprüfung 2012
Mathematik (Nichttechnische Ausbildungsrichtungen) – Aufgabengruppe B 1

1.0 In einem kartesischen Koordinatensystem des $\mathbb{R}^3$ sind die Gerade

$g: \vec{x} = \begin{pmatrix} 5 \\ 13 \\ 3 \end{pmatrix} + r \cdot \begin{pmatrix} 1 \\ 2 \\ 3 \end{pmatrix}$, die Ebene $E: \vec{x} = \begin{pmatrix} 1 \\ 2 \\ -2 \end{pmatrix} + t \cdot \begin{pmatrix} -1 \\ 2 \\ 1 \end{pmatrix} + u \cdot \begin{pmatrix} 3 \\ 5 \\ -2 \end{pmatrix}$ mit $r, t, u \in \mathbb{R}$ und

die Ebenenschar $F_m: 4x_1 - x_2 + (m-1) \cdot x_3 = 0$ mit $m \in \mathbb{R}$ gegeben.

1.1 Ermitteln Sie eine Gleichung der Ebene E in Koordinatenform.
(Mögliches Ergebnis: $E: 9x_1 - x_2 + 11x_3 + 15 = 0$) (3 BE)

1.2 Bestimmen Sie die Koordinaten des Schnittpunktes S von g und E. (3 BE)

1.3 Gegeben sind die Punkte $P(-1\,|\,3\,|\,7)$ und $Q(2\,|\,a\,|\,b)$ mit $a, b \in \mathbb{R}$.
Untersuchen Sie, ob es Werte für a und b gibt, für welche die Gerade g und die Gerade durch P und Q echt parallel sind. (5 BE)

1.4 Begründen Sie, dass jede Ebene der Schar F_m die Ebene E in einer Schnittgeraden s_m schneidet. Ermitteln Sie sodann die Gleichung von s_2 (also $m = 2$). (6 BE)

1.5 Beschreiben Sie die besondere Lage der Ebene F_1 (also $m = 1$) im Koordinatensystem. Skizzieren Sie F_1 in ein Koordinatensystem und geben Sie eine Gleichung von F_1 in Parameterform an. (5 BE)

2.0 In einer Pflegeeinrichtung sind die Teilbereiche mobile Pflegedienste (M), Verwaltung (V) und technische Dienste (T) untereinander und mit dem Markt für Pflegeleistungen nach dem Leontief-Modell verflochten. Statt Mengeneinheiten werden Arbeitseinheiten (AE) betrachtet, der Marktvektor beschreibt die Pflegezeit an den Pflegebedürftigen (= Arbeitszeit, die direkt für die Pflegebedürftigen aufgewendet wird) und der Produktionsvektor die Gesamtarbeitseinheiten in den unterschiedlichen Teilbereichen. Im Folgenden wird deshalb vom Pflegevektor $\vec{y}$ und vom Gesamtarbeitsvektor $\vec{x}$ gesprochen. Für die Verflechtung

von M, V und T ergibt sich die Inputmatrix $A = \begin{pmatrix} 0{,}2 & 0{,}2 & 0{,}3 \\ 0{,}25 & 0{,}2 & 0{,}5 \\ 0{,}05 & 0{,}1 & 0{,}2 \end{pmatrix}$.

2.1 Interpretieren Sie die Bedeutung der Werte a_{22} und a_{31} der Inputmatrix A. (2 BE)

2.2 Bestimmen Sie den Gesamtarbeitsvektor $\vec{x}$ für den Pflegevektor $\vec{y} = \begin{pmatrix} 64 \\ 5 \\ 6 \end{pmatrix}$. (5 BE)

2.3 Die Pflegeeinrichtung soll einen weiteren Pflegebezirk übernehmen. Dabei werden die Gesamtarbeitseinheiten der Verwaltung doppelt so groß sein wie die für den technischen Dienst. Die mobilen Pflegedienste steigen auf 231 Gesamtarbeitseinheiten. Aus Kostengründen soll die Verwaltung höchstens 11 AE Pflegezeit an den Pflegebedürftigen erhalten. Berechnen Sie das sinnvolle Intervall für die Gesamtarbeitseinheiten der Verwaltung. (6 BE)

2.4 Die Pflegeeinrichtung betreibt auch Pflegeheime (stationäre Pflegedienste). In den stationären Pflegediensten (S) ist der Einsatz der Verwaltung um 40 % geringer gegenüber den mobilen Pflegediensten, der Einsatz der Technik für die stationären Pflegedienste verdoppelt sich gegenüber den mobilen Pflegediensten. Alle anderen Werte der Inputmatrix bleiben unverändert. Geben Sie die neue Inputmatrix an und erstellen Sie die Input-Output-Tabelle für den Gesamtarbeitsvektor $\vec{x} = \begin{pmatrix} 120 \\ 50 \\ 30 \end{pmatrix}$. (5 BE)

(40 BE)

Tipps zur Lösung von Aufgabe B 1

Teilaufgabe 1.1

Die gegebene Gleichung der Ebene E in Parameterform kann zum Beispiel mithilfe des Gauß-Algorithmus in Koordinatenform umgewandelt werden.

Teilaufgabe 1.2

Setzen Sie die Koordinaten der Geraden g in die Koordinatenform der Ebene E ein.

Teilaufgabe 1.3

Prüfen Sie zuerst, ob der Vektor $\overrightarrow{PQ}$ kollinear sein kann zum Richtungsvektor der Geraden g.

Teilaufgabe 1.4

Vergleichen Sie die Koeffizienten der Koordinatenformen von E und F_m.

Teilaufgabe 1.5

Für $m=1$ sind zwei Koeffizienten in der Koordinatengleichung von F_1 null. Daraus kann auf die besondere Lage von F_1 geschlossen werden.

Teilaufgabe 2.2

Verwenden Sie die Grundgleichung des Leontief-Modells.

Teilaufgabe 2.3

Stellen Sie zuerst einen neuen Gesamtarbeitsvektor mit variabler x_2-Koordinate auf.

Teilaufgabe 2.4

In der Inputmatrix ändern sich nur zwei Werte in der ersten Spalte.

Lösung

1.0 Gerade g: $\vec{x} = \begin{pmatrix} 5 \\ 13 \\ 3 \end{pmatrix} + r \cdot \begin{pmatrix} 1 \\ 2 \\ 3 \end{pmatrix};\ r \in \mathbb{R}$

Ebene E: $\vec{x} = \begin{pmatrix} 1 \\ 2 \\ -2 \end{pmatrix} + t \cdot \begin{pmatrix} -1 \\ 2 \\ 1 \end{pmatrix} + u \cdot \begin{pmatrix} 3 \\ 5 \\ -2 \end{pmatrix};\ t, u \in \mathbb{R}$

Ebenenschar F_m: $4x_1 - x_2 + (m-1) \cdot x_3 = 0;\ m \in \mathbb{R}$

1.1 **Umwandlung der Ebenengleichung in Koordinatenform**

1. Weg: Mithilfe des Gauß-Algorithmus

$$\text{E:}\ \begin{array}{l} x_1 = 1 - t + 3u \\ x_2 = 2 + 2t + 5u \\ x_3 = -2 + t - 2u \end{array} \iff \begin{array}{r} -t + 3u = x_1 - 1 \\ 2t + 5u = x_2 - 2 \\ t - 2u = x_3 + 2 \end{array}$$

Gauß-Algorithmus

$$\left(\begin{array}{rr|l} -1 & 3 & x_1-1 \\ 2 & 5 & x_2-2 \\ 1 & -2 & x_3+2 \end{array}\right) \xrightarrow[\text{III}+\text{I}]{\text{II}+2\cdot\text{I}} \left(\begin{array}{rr|r} -1 & 3 & x_1-1 \\ 0 & 11 & 2x_1+x_2-4 \\ 0 & 1 & x_1+x_3+1 \end{array}\right)$$

$$\xrightarrow{11\cdot\text{III}-\text{II}} \left(\begin{array}{rr|r} -1 & 3 & x_1-1 \\ 0 & 11 & 2x_1+x_2-4 \\ 0 & 0 & 9x_1-x_2+11x_3+15 \end{array}\right)$$

$\Rightarrow$ $\underline{\underline{E\colon 9x_1-x_2+11x_3+15=0}}$ (zur Kontrolle gegeben)

2. Weg: Durch Eliminieren der Parameter

$$\begin{array}{lll} \text{I} & x_1 = 1 - t + 3u & \text{aus I: } t=3u+1-x_1 \text{ in II und III} \\ \text{II} & x_2 = 2+2t+5u & \\ \text{III} & x_3 = -2 + t - 2u & \end{array}$$

$$\begin{array}{ll} \text{II}' & x_2 = 2+2(3u+1-x_1)+5u \\ \text{III}' & x_3 = -2 + 3u+1-x_1 - 2u \end{array}$$

$$\begin{array}{lll} \text{II}' & x_2 = 11u+4-2x_1 & \\ \text{III}' & x_3 = u-1-x_1 & \text{aus III}'\text{: } u=x_1+x_3+1 \text{ in II}' \end{array}$$

$\Rightarrow$ $x_2=11(x_1+x_3+1)+4-2x_1$

$x_2=9x_1+11x_3+15$

$\Rightarrow$ $\underline{\underline{E\colon 9x_1-x_2+11x_3+15=0}}$

1.2 **Koordinaten des Schnittpunktes S von g und E**

$$g\colon \begin{array}{l} x_1 = 5+r \\ x_2 = 13+2r \\ x_3 = 3+3r \end{array} \quad \text{eingesetzt in die Koordinatenform von E}$$

$$\Rightarrow 9(5+r)-(13+2r)+11(3+3r)+15=0$$

$$45+9r-13-2r+33+33r+15=0$$

$$40r+80=0$$

$$r=-2 \text{ in g}$$

$$\Rightarrow \overrightarrow{OS}=\begin{pmatrix} 5-2 \\ 13-4 \\ 3-6 \end{pmatrix}=\begin{pmatrix} 3 \\ 9 \\ -3 \end{pmatrix};\ \underline{\underline{S(3|9|-3)}}$$

Alternativ dazu hätte man auch die Parameterformen von g und E gleichsetzen können. Wegen des hohen Rechenaufwands wird auf die Darstellung dieses Lösungsweges hier verzichtet.

1.3 **Untersuchung der Richtungsvektoren auf Kollinearität**

$$\overrightarrow{PQ}=\begin{pmatrix} 3 \\ a-3 \\ b-7 \end{pmatrix};\ \vec{u}_g=\begin{pmatrix} 1 \\ 2 \\ 3 \end{pmatrix};\ k\cdot\begin{pmatrix} 1 \\ 2 \\ 3 \end{pmatrix}=\begin{pmatrix} 3 \\ a-3 \\ b-7 \end{pmatrix}$$

$$\begin{array}{llll} & \text{I} & k = 3 & \text{in II und III} \\ \Leftrightarrow & \text{II} & 2k = a - 3 & \\ & \text{III} & 3k = b - 7 & \\ \hline & \text{II'} & 6 = a - 3 \;\Rightarrow\; a = 9 & \\ & \text{III'} & 9 = b - 7 \;\Rightarrow\; b = 16 & \end{array}$$

Für $a=9$ und $b=16$ sind also die Richtungsvektoren der beiden Geraden kollinear, d. h., die Geraden sind echt parallel oder identisch.

Punktprobe: Liegt P auf der Geraden g?

$$\text{P in g:} \begin{pmatrix} -1 \\ 3 \\ 7 \end{pmatrix} = \begin{pmatrix} 5 \\ 13 \\ 3 \end{pmatrix} + r \cdot \begin{pmatrix} 1 \\ 2 \\ 3 \end{pmatrix} \;\Rightarrow\; \begin{array}{lll} \text{I} & -1 = 5 + r & \Rightarrow\; r = -6 \\ \text{II} & 3 = 13 + 2r & \Rightarrow\; r = -5 \\ \text{III} & 7 = 3 + 3r & \end{array}$$

Es ergibt sich ein Widerspruch; der Punkt P liegt damit nicht auf der Geraden g, d. h., die beiden Geraden sind für $a=9$ und $b=16$ echt parallel.

1.4 **Gegenseitige Lage von E und F_m**

E: $9x_1 - x_2 + 11x_3 + 15 = 0$

F_m: $4x_1 - x_2 + (m-1)x_3 = 0$

Ein Vergleich der Koeffizienten der Koordinatenform zeigt, dass E und F_m bei x_2 den gleichen Koeffizienten haben, nicht aber bei x_1. Sie können daher nicht parallel oder identisch sein, d. h., es gibt eine Schnittgerade s_m.

Alternative Lösungswege wie etwa das Einsetzen der Ebene E in Parameterform in die Koordinatengleichung von F_m führen zu aufwendigen Rechnungen mit Fallunterscheidungen und sind daher hier nicht dargestellt.

Gleichung der Schnittgeraden s_2

1. Weg: Parameterform von E in F_2 einsetzen

$$\text{E:} \left.\begin{array}{l} x_1 = 1 - t + 3u \\ x_2 = 2 + 2t + 5u \\ x_3 = -2 + t - 2u \end{array}\right\} \text{ in } F_2\text{: } 4x_1 - x_2 + x_3 = 0$$

$$\begin{aligned} \Rightarrow\; 4(1 - t + 3u) - (2 + 2t + 5u) + (-2 + t - 2u) &= 0 \\ 4 - 4t + 12u - 2 - 2t - 5u - 2 + t - 2u &= 0 \\ -5t + 5u &= 0 \\ t &= u \end{aligned}$$

In E eingesetzt ergibt die Gleichung der Schnittgeraden s_2:

$$s_2\text{: } \vec{x} = \begin{pmatrix} 1 \\ 2 \\ -2 \end{pmatrix} + u \cdot \begin{pmatrix} -1 \\ 2 \\ 1 \end{pmatrix} + u \cdot \begin{pmatrix} 3 \\ 5 \\ -2 \end{pmatrix}$$

$$s_2\text{: } \vec{x} = \begin{pmatrix} 1 \\ 2 \\ -2 \end{pmatrix} + u \cdot \begin{pmatrix} 2 \\ 7 \\ -1 \end{pmatrix};\; u \in \mathbb{R}$$

2. Weg: Ermittlung der Gleichung der Schnittgeraden s_2 aus den Koordinatengleichungen von E und F_2

$$\left.\begin{array}{ll} \text{E:} & 9x_1 - x_2 + 11x_3 + 15 = 0 \\ F_2\text{:} & 4x_1 - x_2 + x_3 = 0 \end{array}\right\} \;\Rightarrow\; \left(\begin{array}{ccc|c} 9 & -1 & 11 & -15 \\ 4 & -1 & 1 & 0 \end{array}\right)$$

Gauß-Algorithmus

$$\left(\begin{array}{ccc|c} 9 & -1 & 11 & -15 \\ 4 & -1 & 1 & 0 \end{array}\right) \xrightarrow{9\cdot \text{II} - 4\cdot \text{I}} \left(\begin{array}{ccc|c} 9 & -1 & 11 & -15 \\ 0 & -5 & -35 & 60 \end{array}\right)$$

Eine Koordinate darf nun frei gewählt werden, z. B. $x_3 = \lambda$. Aus der 2. Gleichung folgt dann:

$-5x_2 - 35\lambda = 60;\; x_2 = -12 - 7\lambda$ in I

$$\Rightarrow\; 9x_1 - (-12 - 7\lambda) + 11\lambda = -15$$
$$9x_1 + 18\lambda = -27$$
$$x_1 = -3 - 2\lambda$$

Damit gilt:

$$\left.\begin{array}{l} x_1 = \;\; -3 - 2\lambda \\ x_2 = -12 - 7\lambda \\ x_3 = \qquad\quad \lambda \end{array}\right\} \Rightarrow\; s_2\colon\; \vec{x} = \begin{pmatrix} -3 \\ -12 \\ 0 \end{pmatrix} + \lambda \cdot \begin{pmatrix} -2 \\ -7 \\ 1 \end{pmatrix};\; \lambda \in \mathbb{R}$$

Die beiden hier ermittelten Gleichungen für s_2 beschreiben dieselbe Gerade mit unterschiedlichen Aufpunkten und verschiedenen, aber kollinearen Richtungsvektoren.

1.5 **Besondere Lage der Ebene F_1**

$m = 1 \;\Rightarrow\; F_1\colon 4x_1 - x_2 = 0$

Eine beliebige Ebene E, deren Gleichung in Koordinatenform gegeben ist,
E: $Ax_1 + Bx_2 + Cx_3 + D = 0$,
besitzt immer dann eine besondere Lage im Koordinatensystem, wenn einer oder mehrere der Koeffizienten A, B, C und D null sind.

Da F_1 kein x_3-Glied enthält $(C = 0)$, darf die x_3-Koordinate jedes Ebenenpunktes beliebig gewählt werden. F_1 ist damit parallel zur x_3-Achse.
Da auch das konstante Glied den Wert null hat $(D = 0)$, enthält F_1 den Koordinatenursprung.
Insgesamt enthält F_1 damit die x_3-Achse.

Skizze von F_1

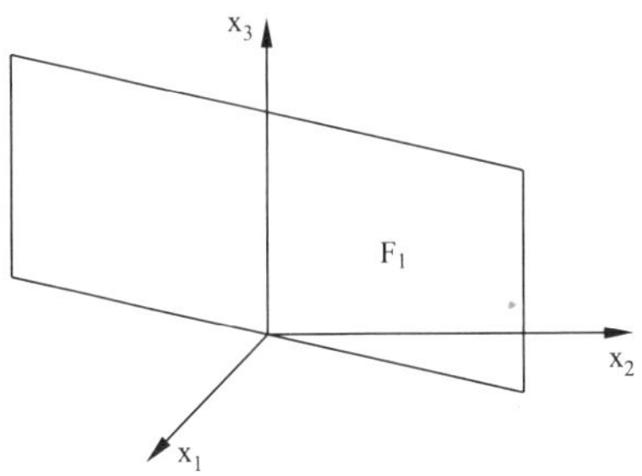

Gleichung von F_1 in Parameterform

$F_1\colon 4x_1 - x_2 = 0$

Es ist zweckmäßig, sich drei möglichst einfache Punkte in der Ebene F_1 zu suchen, die jedoch nicht auf einer Geraden liegen dürfen.

Der Koordinatenursprung O(0 | 0 | 0) liegt in F_1 sowie zum Beispiel die Punkte A(0 | 0 | 1) und B(1 | 4 | 0). Daraus ergibt sich mit dem Koordinatenursprung als Aufpunkt die folgende Parametergleichung:

$$F_1\colon\ \vec{x} = \begin{pmatrix}0\\0\\0\end{pmatrix} + r\cdot\begin{pmatrix}1\\4\\0\end{pmatrix} + s\cdot\begin{pmatrix}0\\0\\1\end{pmatrix};\ r, s \in \mathbb{R}$$

2.0 Leontief-Modell für die Teilbereiche M, V und T mit Inputmatrix $A = \begin{pmatrix}0{,}2 & 0{,}2 & 0{,}3\\0{,}25 & 0{,}2 & 0{,}5\\0{,}05 & 0{,}1 & 0{,}2\end{pmatrix}$, Pflegevektor $\vec{y}$ und Gesamtarbeitsvektor $\vec{x}$.

2.1 **Interpretation der Koeffizienten a_{22} und a_{31}**

$a_{22} = 0{,}2$ bedeutet, dass die Verwaltung V für eine Arbeitseinheit 0,2 Arbeitseinheiten aus der Verwaltung selbst benötigt. $a_{31} = 0{,}05$ bedeutet, dass die mobilen Pflegedienste M für eine Arbeitseinheit 0,05 Arbeitseinheiten Unterstützung aus dem technischen Dienst T benötigen.

2.2 **Berechnung des Gesamtarbeitsvektors $\vec{x}$**

Der Gesamtarbeitsvektor $\vec{x}$ wird mithilfe der Grundgleichung des Leontief-Modells aus dem gegebenen Pflegevektor $\vec{y}$ und der Inputmatrix A berechnet.

$$(E - A)\cdot\vec{x} = \vec{y}$$

$$\begin{pmatrix}0{,}8 & -0{,}2 & -0{,}3\\-0{,}25 & 0{,}8 & -0{,}5\\-0{,}05 & -0{,}1 & 0{,}8\end{pmatrix}\cdot\vec{x} = \begin{pmatrix}64\\5\\6\end{pmatrix}$$

Gauß-Algorithmus

$$\left(\begin{array}{ccc|c}0{,}8 & -0{,}2 & -0{,}3 & 64\\-0{,}25 & 0{,}8 & -0{,}5 & 5\\-0{,}05 & -0{,}1 & 0{,}8 & 6\end{array}\right) \xrightarrow[16\cdot\text{III}+\text{I}]{16\cdot\text{II}+5\cdot\text{I}} \left(\begin{array}{ccc|c}0{,}8 & -0{,}2 & -0{,}3 & 64\\0 & 11{,}8 & -9{,}5 & 400\\0 & -1{,}8 & 12{,}5 & 160\end{array}\right)$$

$$\xrightarrow{11{,}8\cdot\text{III}+1{,}8\cdot\text{II}} \left(\begin{array}{ccc|c}0{,}8 & -0{,}2 & -0{,}3 & 64\\0 & 11{,}8 & -9{,}5 & 400\\0 & 0 & 130{,}4 & 2\,608\end{array}\right)$$

Aus III: $130{,}4x_3 = 2\,608;\ x_3 = 20$

Aus II: $11{,}8x_2 - 9{,}5\cdot 20 = 400;\ 11{,}8x_2 = 590;\ x_2 = 50$

Aus I: $0{,}8x_1 - 0{,}2\cdot 50 - 0{,}3\cdot 20 = 64;\ 0{,}8x_1 = 80;\ x_1 = 100$

Damit lautet der Gesamtarbeitsvektor $\vec{x} = \begin{pmatrix}100\\50\\20\end{pmatrix}$.

2.3 **Neuer Gesamtarbeitsvektor**

Da nach dem Intervall gefragt ist, in dem die Gesamtarbeitseinheiten der Verwaltung liegen können, ist es sinnvoll, im neuen Gesamtarbeitsvektor x_2 variabel zu wählen:

$$\vec{x}_{neu} = \begin{pmatrix}231\\x_2\\0{,}5x_2\end{pmatrix}$$

Als Einschränkungen für den Pflegevektor sind gegeben: $y_1 \geq 0;\ 0 \leq y_2 \leq 11;\ y_3 \geq 0$

Berechnung des Intervalls für x_2

Mit der Grundgleichung des Leontief-Modells ergibt sich:

$$\vec{y} = (E - A) \cdot \vec{x} = \begin{pmatrix} 0,8 & -0,2 & -0,3 \\ -0,25 & 0,8 & -0,5 \\ -0,05 & -0,1 & 0,8 \end{pmatrix} \cdot \begin{pmatrix} 231 \\ x_2 \\ 0,5x_2 \end{pmatrix} = \begin{pmatrix} 184,8 - 0,35x_2 \\ -57,75 + 0,55x_2 \\ -11,55 + 0,3x_2 \end{pmatrix}$$

Aus den Einschränkungen ergibt sich:

I $\quad 184,8 - 0,35x_2 \geq 0; \; x_2 \leq 528$

II $\quad 0 \leq -57,75 + 0,55x_2 \leq 11; \; 105 \leq x_2 \leq 125$

III $\quad -11,55 + 0,3x_2 \geq 0; \; x_2 \geq 38,5$

Damit muss gelten: $\underline{\underline{x_2 \in [105; 125]}}$.

2.4 **Bestimmung der neuen Inputmatrix**

Die neue Inputmatrix beschreibt die Verflechtung zwischen den Bereichen S, V und T.
Der Wert a_{21} nimmt um 40 % ab: $0,25 \cdot 0,6 = 0,15$
Der Wert a_{31} verdoppelt sich: $0,05 \cdot 2 = 0,1$

Damit lautet die neue Inputmatrix $A = \begin{pmatrix} 0,2 & 0,2 & 0,3 \\ 0,15 & 0,2 & 0,5 \\ 0,1 & 0,1 & 0,2 \end{pmatrix}$.

Bestimmung der Input-Output-Tabelle

Zuerst muss der neue Pflegevektor berechnet werden.

$$\vec{y} = (E - A) \cdot \vec{x} = \begin{pmatrix} 0,8 & -0,2 & -0,3 \\ -0,15 & 0,8 & -0,5 \\ -0,1 & -0,1 & 0,8 \end{pmatrix} \cdot \begin{pmatrix} 120 \\ 50 \\ 30 \end{pmatrix} = \begin{pmatrix} 77 \\ 7 \\ 7 \end{pmatrix}$$

Nun müssen die Koeffizienten der neuen Inputmatrix A mit den Koordinaten des gegebenen Gesamtarbeitsvektors multipliziert werden. Daraus ergibt sich die Input-Output-Tabelle:

	S	V	T	Pflege	Arbeit
S	24	10	9	77	120
V	18	10	15	7	50
T	12	5	6	7	30

Bayern – FOS · BOS 13 – Abiturprüfung 2012
Mathematik (Nichttechnische Ausbildungsrichtungen) – Aufgabengruppe B 2

1.0 Im $\mathbb{R}^3$ sind die Punkte A(2 | 1 | 0), B(3 | –2 | –0,5) und C(–2 | –2 | 2) sowie die Gerade $g_t: \vec{x} = \begin{pmatrix} 4 \\ 7 \\ -1 \end{pmatrix} + s \cdot \begin{pmatrix} 2 \\ 1 \\ t \end{pmatrix}$ mit s, t $\in \mathbb{R}$ gegeben.

1.1 Bestimmen Sie eine Gleichung der Ebene E, welche die Punkte A, B und C enthält, in parameterfreier Form.
(Mögliches Ergebnis: E: $x_1 + 2x_3 - 2 = 0$) (5 BE)

1.2 Geben Sie die Lage der Ebene E bezüglich des Koordinatensystems an und verdeutlichen Sie diese Lage durch eine möglichst aussagekräftige Skizze, welche auch die Koordinaten der Achsenschnittpunkte von E enthält. (5 BE)

1.3 Bestimmen Sie die Lage von g_t gegenüber E in Abhängigkeit von t. Geben Sie gegebenenfalls die Koordinaten des Schnittpunktes an. (5 BE)

1.4 Die Geraden g_t liegen alle in einer Ebene F. Bestimmen Sie eine Gleichung der Ebene F in Parameterform und geben Sie eine Gleichung der Schnittgeraden s von E und F an. (4 BE)

2.0 Eine Molkerei (M), ein Unternehmen (U), welches einfache Milchprodukte veredelt, und ein landwirtschaftlicher Hof (H) sind untereinander und mit dem Markt nach dem Leontief-Modell gemäß nebenstehender Tabelle verknüpft. (Angaben in Mengeneinheiten ME)

	M	U	H	Markt	Produktion
M	20	50	5	25	a
U	b	40	0	200	250
H	40	0	10	c	50

2.1 Bestimmen Sie die Werte für a, b und c und geben Sie die Bedeutung der Werte von b und c im Sinne der vorliegenden Thematik an. (4 BE)

2.2 Die Molkerei will nun ihre Marktabgabe auf 86 ME erhöhen. Die anderen Betriebe behalten ihre Marktabgabezahlen bei. Bestimmen Sie die hierfür notwendigen Produktionszahlen der drei Betriebe. (8 BE)

2.3.0 Der landwirtschaftliche Hof ist nicht in der Lage, die unter 2.2 berechnete Produktionssteigerung zu leisten. Für diesen ist maximal eine Erhöhung auf 60 Mengeneinheiten möglich. Das Unternehmen U erhöht seine Produktion auf 255 Mengeneinheiten.

2.3.1 Bestimmen Sie rechnerisch das maximale Intervall, welches für die Produktionszahl der Molkerei in Frage kommt.
(Ergebnis: $x_1 \in [71{,}25;\ 120]$) (5 BE)

2.3.2 Bestimmen Sie die unter den gegebenen Bedingungen maximal mögliche Marktabgabe der Molkerei und die dadurch bedingten Marktabgabezahlen der beiden anderen Betriebe. Ermitteln Sie den Prozentsatz, um welchen die Molkerei somit ihre Marktabgabe gegenüber der Abgabe in 2.0 maximal steigern könnte. (4 BE)

(40 BE)

Tipps zur Lösung von Aufgabe B 2

Teilaufgabe 1.1
Stellen Sie zuerst die Parameterform der Ebene E aus den drei gegebenen Punkten auf.

Teilaufgabe 1.2
Bestimmen Sie zuerst die Schnittpunkte der Ebene E mit den Koordinatenachsen.

Teilaufgabe 1.3
Setzen Sie die Koordinaten von g_t in die Koordinatengleichung der Ebene E ein.

Teilaufgabe 1.4
Wählen Sie drei Punkte auf g_t, die nicht auf einer Geraden liegen.

Teilaufgabe 2.1
Der letzte Zahlenwert einer Zeile ist jeweils die Summe der ersten vier Zahlenwerte dieser Zeile.

Teilaufgabe 2.2
Stellen Sie zuerst den neuen Marktvektor auf und berechnen Sie dann den neuen Produktionsvektor.

Teilaufgabe 2.3.1
Berechnen Sie zunächst den zum neuen Produktionsvektor gehörenden Marktvektor.

Teilaufgabe 2.3.2
Untersuchen Sie, für welchen Wert x_1 die Koordinate y_1 des neuen Marktvektors aus Teilaufgabe 2.3.1 maximal wird.

Lösung

1.0 Punkte A(2 | 1 | 0), B(3 | –2 | –0,5) und C(–2 | –2 | 2),

Gerade g_t: $\vec{x} = \begin{pmatrix} 4 \\ 7 \\ -1 \end{pmatrix} + s \cdot \begin{pmatrix} 2 \\ 1 \\ t \end{pmatrix}$; $s, t \in \mathbb{R}$

1.1 **Gleichung der Ebene E in Parameterform**

Mit den gegebenen Punkten A, B und C erhält man:

$$E:\ \vec{x} = \overrightarrow{OA} + \lambda \cdot \overrightarrow{AB} + \mu \cdot \overrightarrow{AC}$$

$$E:\ \vec{x} = \begin{pmatrix} 2 \\ 1 \\ 0 \end{pmatrix} + \lambda \cdot \begin{pmatrix} 3-2 \\ -2-1 \\ -0{,}5-0 \end{pmatrix} + \mu \cdot \begin{pmatrix} -2-2 \\ -2-1 \\ 2-0 \end{pmatrix}$$

$$E:\ \vec{x} = \begin{pmatrix} 2 \\ 1 \\ 0 \end{pmatrix} + \lambda \cdot \begin{pmatrix} 1 \\ -3 \\ -0{,}5 \end{pmatrix} + \mu \cdot \begin{pmatrix} -4 \\ -3 \\ 2 \end{pmatrix};\ \lambda, \mu \in \mathbb{R}$$

Umwandlung in Koordinatenform

1. Weg: Mithilfe des Gauß-Algorithmus

$$E:\ \begin{aligned} x_1 &= 2 + \lambda - 4\mu \\ x_2 &= 1 - 3\lambda - 3\mu \\ x_3 &= -0{,}5\lambda + 2\mu \end{aligned} \quad\Leftrightarrow\quad \begin{aligned} \lambda - 4\mu &= x_1 - 2 \\ -3\lambda - 3\mu &= x_2 - 1 \\ -0{,}5\lambda + 2\mu &= x_3 \end{aligned}$$

Gauß-Algorithmus

$$\left(\begin{array}{cc|c} 1 & -4 & x_1-2 \\ -3 & -3 & x_2-1 \\ -0{,}5 & 2 & x_3 \end{array}\right) \xrightarrow[2\cdot \text{III}+\text{I}]{\text{II}+3\cdot\text{I}} \left(\begin{array}{cc|c} 1 & -4 & x_1-2 \\ 0 & -15 & 3x_1+x_2-7 \\ 0 & 0 & x_1+2x_3-2 \end{array}\right)$$

$\Rightarrow$ $\underline{\underline{E:\ x_1 + 2x_3 - 2 = 0}}$ (zur Kontrolle gegeben)

2. Weg: Durch Eliminieren der Parameter

I $x_1 = 2 + \lambda - 4\mu$ aus I: $\lambda = 4\mu - 2 + x_1$ in II und III

II $x_2 = 1 - 3\lambda - 3\mu$

III $x_3 = -0{,}5\lambda + 2\mu$

II' $x_2 = 1 - 3(4\mu - 2 + x_1) - 3\mu$

III' $x_3 = -0{,}5(4\mu - 2 + x_1) + 2\mu$

II' $x_2 = -15\mu + 7 - 3x_1$

III' $x_3 = 1 - 0{,}5x_1$

Da die Gleichung III' schon parameterfrei ist, ist dies bereits die Gleichung der Ebene E in Koordinatenform.

$E:\ -0{,}5x_1 - x_3 + 1 = 0 \quad |\cdot(-2)$

$\underline{\underline{E:\ x_1 + 2x_3 - 2 = 0}}$

1.2 **Lage von E bezüglich des Koordinatensystems**

Da der Koeffizient bei x_2 den Wert null besitzt, ist die Ebene parallel zur x_2-Achse und besitzt – da $D \neq 0$ gilt – keinen Schnittpunkt mit dieser.

Schnittpunkte von E mit den Koordinatenachsen

1. Weg: Mithilfe der Achsenabschnittsform der Ebenengleichung

$$E:\ x_1 + 2x_3 - 2 = 0 \quad |+2$$

$$E:\ x_1 + 2x_3 = 2 \quad |:2$$

$$E:\ \frac{x_1}{2} + \frac{x_3}{1} = 1$$

Damit schneidet die Ebene E die x_1-Achse im Punkt $S_1(2|0|0)$ und die x_3-Achse im Punkt $S_3(0|0|1)$.

2. Weg: Durch Nullsetzen der entsprechenden Koordinaten in der Koordinatengleichung von E

Für die x_1-Achse gilt: $x_2 = x_3 = 0$, einsetzen in E:

$x_1 - 2 = 0;\ x_1 = 2 \ \Rightarrow\ S_1(2|0|0)$

Für die x_3-Achse gilt: $x_1 = x_2 = 0$, einsetzen in E:

$2x_3 - 2 = 0;\ x_3 = 1 \ \Rightarrow\ S_3(0|0|1)$

Lageskizze von E

Aufgrund der berechneten Achsenschnittpunkte und der Parallelität von E zur x_2-Achse ergibt sich:

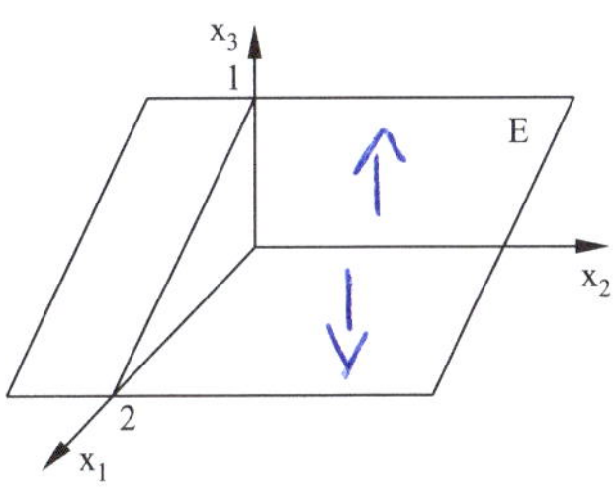

1.3 **Untersuchung der Lagebeziehung von g_t und E**

$$g_t:\ \begin{aligned} x_1 &= 4 + 2s \\ x_2 &= 7 + s \\ x_3 &= -1 + st \end{aligned} \quad \text{eingesetzt in die Koordinatengleichung von E}$$

$$\Rightarrow \ (4 + 2s) + 2(-1 + st) - 2 = 0$$
$$4 + 2s - 2 + 2st - 2 = 0$$
$$2s + 2st = 0$$
$$2s(1 + t) = 0$$

1. Fall: $t = -1$

Damit ergibt sich eine wahre Aussage $(0 = 0)$ und die Gleichung ist für alle $s \in \mathbb{R}$ erfüllt. Die zugehörige Gerade g_{-1} liegt daher in der Ebene E: $g_{-1} \subset E$.

2. Fall: $t \neq -1$
Damit folgt aus der Gleichung $s = 0$ und die Gerade g_t schneidet E im Schnittpunkt $S(4\,|\,7\,|\,-1)$ – unabhängig vom Wert des Parameters t.

1.4 Gleichung der Ebene F in Parameterform

1. Weg: Auswahl von drei Punkten P_1, P_2 und P_3 auf g_t, die nicht auf einer Geraden liegen

$s = 0$: $P_1(4\,|\,7\,|\,-1)$
$s = 1;\ t = 0$: $P_2(6\,|\,8\,|\,-1)$
$s = 1;\ t = 1$: $P_3(6\,|\,8\,|\,0)$

Damit ergibt sich für die Ebene F:

$$F:\ \vec{x} = \overrightarrow{OP_1} + \lambda \cdot \overrightarrow{P_1P_2} + \mu \cdot \overrightarrow{P_1P_3}$$

$$F:\ \vec{x} = \begin{pmatrix} 4 \\ 7 \\ -1 \end{pmatrix} + \lambda \cdot \begin{pmatrix} 6-4 \\ 8-7 \\ -1+1 \end{pmatrix} + \mu \cdot \begin{pmatrix} 6-4 \\ 8-7 \\ 0+1 \end{pmatrix}$$

$$F:\ \vec{x} = \begin{pmatrix} 4 \\ 7 \\ -1 \end{pmatrix} + \lambda \cdot \begin{pmatrix} 2 \\ 1 \\ 0 \end{pmatrix} + \mu \cdot \begin{pmatrix} 2 \\ 1 \\ 1 \end{pmatrix};\ \lambda, \mu \in \mathbb{R}$$

Da die beiden Richtungsvektoren nicht kollinear sind, liegen die Punkte P_1, P_2 und P_3 auch nicht auf einer Geraden.

2. Weg: Durch geschicktes Umformen der Parametergleichung von g_t

$$g_t:\ \vec{x} = \begin{pmatrix} 4 \\ 7 \\ -1 \end{pmatrix} + s \cdot \begin{pmatrix} 2 \\ 1 \\ 0 \end{pmatrix} + s \cdot t \cdot \begin{pmatrix} 0 \\ 0 \\ 1 \end{pmatrix}$$

Betrachtet man $s \cdot t = r$ als neuen Parameter, so erhält man als Gleichung der Ebene F:

$$F:\ \vec{x} = \begin{pmatrix} 4 \\ 7 \\ -1 \end{pmatrix} + s \cdot \begin{pmatrix} 2 \\ 1 \\ 0 \end{pmatrix} + r \cdot \begin{pmatrix} 0 \\ 0 \\ 1 \end{pmatrix};\ s, r \in \mathbb{R}$$

Die beiden Parameterformen der Ebenengleichung von F unterscheiden sich in einem Richtungsvektor. Beide Gleichungen beschreiben dennoch dieselbe Ebene F, da alle verwendeten Richtungsvektoren komplanar sind.

Gleichung der Schnittgeraden s von E und F

Da die Gleichung der Ebene F nur in Parameterform vorliegt, ist es zweckmäßig, diese in die Koordinatengleichung von E einzusetzen.

$$F:\ \begin{aligned} x_1 &= 4 + 2s \\ x_2 &= 7 + s \\ x_3 &= -1 + r \end{aligned} \qquad \text{eingesetzt in die Koordinatengleichung von E}$$

$$\begin{aligned} \Rightarrow\ (4 + 2s) + 2(-1 + r) - 2 &= 0 \\ 4 + 2s - 2 + 2r - 2 &= 0 \\ 2s + 2r &= 0 \\ r &= -s \end{aligned}$$

In F eingesetzt ergibt die Gleichung der Schnittgeraden s:

$$s\colon\ \vec{x} = \begin{pmatrix} 4 \\ 7 \\ -1 \end{pmatrix} + s \cdot \begin{pmatrix} 2 \\ 1 \\ 0 \end{pmatrix} - s \cdot \begin{pmatrix} 0 \\ 0 \\ 1 \end{pmatrix}$$

$$s\colon\ \vec{x} = \begin{pmatrix} 4 \\ 7 \\ -1 \end{pmatrix} + s \cdot \begin{pmatrix} 2 \\ 1 \\ -1 \end{pmatrix};\ s \in \mathbb{R}$$

Alternativ kann man die Gleichung der Schnittgeraden s auch ohne Rechnung bestimmen, denn aus Teilaufgabe 1.3 (1. Fall) weiß man, dass g_{-1} in E liegt. Nach Definition von F liegen alle Geraden g_t in F, also auch g_{-1}. Damit liegt g_{-1} sowohl in der Ebene E als auch in der Ebene F und ist damit die Schnittgerade s von E und F:

$$s = g_{-1}\colon\ \vec{x} = \begin{pmatrix} 4 \\ 7 \\ -1 \end{pmatrix} + s \cdot \begin{pmatrix} 2 \\ 1 \\ -1 \end{pmatrix};\ s \in \mathbb{R}$$

2.0 Leontief-Modell für drei Betriebe M, U, H gemäß nebenstehender Input-Output-Tabelle.

	M	U	H	Markt	Produktion
M	20	50	5	25	a
U	b	40	0	200	250
H	40	0	10	c	50

2.1 **Berechnung von a, b und c**

Aus der Input-Output-Tabelle ergibt sich:

Zeile 1: $20 + 50 + 5 + 25 = a \quad \Rightarrow \quad \underline{\underline{a = 100}}$

Zeile 2: $b + 40 + 0 + 200 = 250 \quad \Rightarrow \quad \underline{\underline{b = 10}}$

Zeile 3: $40 + 0 + 10 + c = 50 \quad \Rightarrow \quad \underline{\underline{c = 0}}$

Bedeutung der Werte b und c

$b = 10$ bedeutet, dass die Molkerei M 10 Mengeneinheiten (ME) vom Unternehmen U benötigt, um insgesamt 100 ME produzieren zu können.

$c = 0$ bedeutet, dass der Hof H nichts direkt an den Markt abgibt.

2.2 **Berechnung des neuen Produktionsvektors**

Der neue Marktvektor ist nun $\vec{y} = \begin{pmatrix} 86 \\ 200 \\ 0 \end{pmatrix}$.

Aus der gegebenen Input-Output-Tabelle ergibt sich die Inputmatrix A:

$$A = \begin{pmatrix} \frac{20}{100} & \frac{50}{250} & \frac{5}{50} \\ \frac{10}{100} & \frac{40}{250} & \frac{0}{50} \\ \frac{40}{100} & \frac{0}{250} & \frac{10}{50} \end{pmatrix} = \begin{pmatrix} 0{,}2 & 0{,}2 & 0{,}1 \\ 0{,}1 & 0{,}16 & 0 \\ 0{,}4 & 0 & 0{,}2 \end{pmatrix}$$

Den neuen Produktionsvektor erhält man aus der Grundgleichung des Leontief-Modells:

$$(E - A) \cdot \vec{x} = \vec{y}$$

$$\begin{pmatrix} 0{,}8 & -0{,}2 & -0{,}1 \\ -0{,}1 & 0{,}84 & 0 \\ -0{,}4 & 0 & 0{,}8 \end{pmatrix} \cdot \begin{pmatrix} x_1 \\ x_2 \\ x_3 \end{pmatrix} = \begin{pmatrix} 86 \\ 200 \\ 0 \end{pmatrix}$$

Gauß-Algorithmus

$$\left(\begin{array}{ccc|c} 0{,}8 & -0{,}2 & -0{,}1 & 86 \\ -0{,}1 & 0{,}84 & 0 & 200 \\ -0{,}4 & 0 & 0{,}8 & 0 \end{array}\right) \xrightarrow[2\cdot\text{III}+\text{I}]{8\cdot\text{II}+\text{I}} \left(\begin{array}{ccc|c} 0{,}8 & -0{,}2 & -0{,}1 & 86 \\ 0 & 6{,}52 & -0{,}1 & 1\,686 \\ 0 & -0{,}2 & 1{,}5 & 86 \end{array}\right)$$

$$\xrightarrow{6{,}52\cdot\text{III}+0{,}2\cdot\text{II}} \left(\begin{array}{ccc|c} 0{,}8 & -0{,}2 & -0{,}1 & 86 \\ 0 & 6{,}52 & -0{,}1 & 1\,686 \\ 0 & 0 & 9{,}76 & 897{,}92 \end{array}\right)$$

Aus III: $9{,}76x_3 = 897{,}92;\ x_3 = 92$

Aus II: $6{,}52x_2 - 0{,}1\cdot 92 = 1\,686;\ 6{,}52x_2 = 1\,695{,}2;\ x_2 = 260$

Aus I: $0{,}8x_1 - 0{,}2\cdot 260 - 0{,}1\cdot 92 = 86;\ 0{,}8x_1 = 147{,}2;\ x_1 = 184$

Will die Molkerei ihre Marktabgabe auf 86 ME erhöhen, so beträgt die hierfür notwendige Produktionszahl der Molkerei 184 ME, die notwendige Produktionszahl des Unternehmens 260 ME und die notwendige Produktionszahl des Hofs 92 ME.

2.3.1 **Berechnung des neuen Marktvektors**

Aus der Angabe erhält man als neuen Produktionsvektor $\vec{x} = \begin{pmatrix} x_1 \\ 255 \\ 60 \end{pmatrix}$.

Damit ergibt sich für den neuen Marktvektor $\vec{y}$:

$$\vec{y} = (E - A)\cdot\vec{x} = \begin{pmatrix} 0{,}8 & -0{,}2 & -0{,}1 \\ -0{,}1 & 0{,}84 & 0 \\ -0{,}4 & 0 & 0{,}8 \end{pmatrix} \cdot \begin{pmatrix} x_1 \\ 255 \\ 60 \end{pmatrix}$$

$$= \begin{pmatrix} 0{,}8x_1 - 0{,}2\cdot 255 - 0{,}1\cdot 60 \\ -0{,}1x_1 + 0{,}84\cdot 255 \\ -0{,}4x_1 + 0{,}8\cdot 60 \end{pmatrix} = \begin{pmatrix} 0{,}8x_1 - 57 \\ -0{,}1x_1 + 214{,}2 \\ -0{,}4x_1 + 48 \end{pmatrix}$$

Einschränkung der Lösung durch Nebenbedingungen

Die Koordinaten des Marktvektors dürfen nicht negativ sein:

$y_1 \geq 0;\ 0{,}8x_1 - 57 \geq 0;\ x_1 \geq 71{,}25$

$y_2 \geq 0;\ -0{,}1x_1 + 214{,}2 \geq 0;\ x_1 \leq 2\,142$

$y_3 \geq 0;\ -0{,}4x_1 + 48 \geq 0;\ x_1 \leq 120$

Insgesamt muss also gelten: $\underline{\underline{x_1 \in [71{,}25; 120]}}$. (zur Kontrolle gegeben)

2.3.2 **Berechnung der maximal möglichen Marktabgabe der Molkerei**

Für die Marktabgabe der Molkerei gilt: $y_1 = 0{,}8x_1 - 57$

Da diese Gleichung eine lineare Funktion mit positiver Steigung beschreibt, wird y_1 maximal, wenn x_1 den größten Wert des in Teilaufgabe 2.3.1 ermittelten Intervalls annimmt: $x_1 = 120$, eingesetzt in $\vec{y}$ aus 2.3.1

$\Rightarrow$ Der Marktvektor lautet nun $\vec{y} = \begin{pmatrix} 39 \\ 202{,}2 \\ 0 \end{pmatrix}$.

Die maximal mögliche Marktabgabe der Molkerei beträgt 39 ME, die dadurch bedingte Marktabgabezahl des Unternehmens beträgt 202,2 ME und die des Hofs 0 ME.

Bestimmung der prozentualen Steigerung

Die Molkerei hat ihre Marktabgabe also von 25 ME auf 39 ME erhöht.

$\frac{39}{25} = 1{,}56 \mathrel{\hat{=}} 156\ \%$

Die Marktabgabe könnte somit um maximal 56 % gesteigert werden.

Bayern – FOS · BOS 13 – Abiturprüfung 2013
Mathematik (Nichttechnische Ausbildungsrichtungen) – Aufgabengruppe A 1

1.0 Gegeben ist die reelle Funktion f in der maximalen Definitionsmenge $D_f \subset \mathbb{R}$ durch $f: x \mapsto \frac{x^2-5}{4\cdot(x-3)}$. Ihr Graph wird mit G_f bezeichnet.

1.1 Bestimmen Sie D_f sowie die Nullstellen und die Art der Definitionslücke von f. (3 BE)

1.2 Zeigen Sie, dass sich die Funktionsgleichung von f auch in der Form $f(x) = \frac{1}{4}x + \frac{3}{4} + \frac{1}{x-3}$ darstellen lässt, und geben Sie die Gleichungen und die Art aller Asymptoten von G_f an. (4 BE)

1.3 Ermitteln Sie die maximalen Monotonieintervalle von G_f und bestimmen Sie daraus die Art und die Koordinaten der Extrempunkte von G_f. Geben Sie auch die Wertemenge von f an.
(Teilergebnis: $f'(x) = \frac{x^2-6x+5}{4(x-3)^2}$) (10 BE)

1.4 Zeichnen Sie die Asymptoten und G_f mithilfe der bisherigen Ergebnisse für $-4 \leq x \leq 8$ in ein Koordinatensystem. (5 BE)

1.5 G_f schließt mit der x-Achse ein Flächenstück ein. Kennzeichnen Sie das Flächenstück in der Zeichnung von 1.4 und berechnen Sie die Maßzahl des Flächeninhalts auf zwei Nachkommastellen gerundet. (6 BE)

2.0 Nun ist die Funktion $g: x \mapsto \ln(f(x)) = \ln\left(\frac{x^2-5}{4(x-3)}\right)$ in der maximalen Definitionsmenge $D_g \subset \mathbb{R}$ gegeben. Ihr Graph ist G_g.

2.1 Begründen Sie anhand der Zeichnung in Aufgabe 1.4, dass gilt: $D_g =]-\sqrt{5}; \sqrt{5}[\cup]3; \infty[$. Untersuchen Sie g auf Nullstellen und geben Sie das Verhalten von g an den Rändern von D_g an. (6 BE)

2.2 Ermitteln Sie gegebenenfalls mithilfe bisheriger Ergebnisse die Extremstellen von G_g und deren Art. (4 BE)

3.0 Eine Gemeinde plant den Umbau einer Kreuzung, an der es unter der Woche am Morgen häufig zu Stauungen kommt. Aus diesem Grund wird das Verkehrsaufkommen untersucht und mathematisch modelliert. Für die Verkehrsdichte (Anzahl der Fahrzeuge pro Minute) an der Kreuzung ergibt sich näherungsweise eine Funktion der Form

$z:\ t \mapsto 0{,}25 \cdot t^2 \cdot e^{-a\cdot t} + 5$ mit $0 \leq t \leq 90$ und $a > 0$.

t ist die seit 7:00 Uhr vergangene Zeit in Minuten.
Bei der Rechnung kann auf die Verwendung von Einheiten verzichtet werden.

3.1 Um 7:13 Uhr beträgt die Verkehrsdichte 27 Fahrzeuge pro Minute. Bestimmen Sie damit den Wert des Parameters a.
(Ergebnis: $a = 0{,}05\left[\frac{1}{\text{min}}\right]$) (3 BE)

3.2 Berechnen Sie die Verkehrsdichte um 7:00 Uhr und um 8:30 Uhr. (2 BE)

3.3 Ermitteln Sie den Zeitpunkt, an dem die Verkehrsdichte am größten ist und berechnen Sie die größte Verkehrsdichte.
(Zur Kontrolle: $\frac{d(z(t))}{dt} = \dot{z}(t) = (0{,}5t - 0{,}0125t^2) \cdot e^{-0{,}05t}$) (7 BE)

3.4 Zeichnen Sie die Kurve für die Verkehrsdichte in ein Koordinatensystem.
(Maßstab: $1\,\text{cm} \mathrel{\hat{=}} 10\,\text{min}$; $1\,\text{cm} \mathrel{\hat{=}} 10\,\frac{1}{\text{min}}$) (4 BE)

3.5 Zeigen Sie, dass die Funktion Z mit
$Z(t) = -0{,}25e^{-0{,}05t}(20t^2 + 800t + 16\,000) + 5t$ mit $0 \le t \le 90$ eine Stammfunktion der Funktion z ist und berechnen Sie $\int_0^{60} z(t)\,dt$. Interpretieren Sie das Ergebnis im Sachzusammenhang. (6 BE)

(60 BE)

Tipps zur Lösung von Aufgabe A 1

Teilaufgabe 1.1
Die Definitionsmenge D_f kann am Funktionsterm direkt abgelesen werden.

Teilaufgabe 1.2
Formen Sie den Funktionsterm der Funktion f durch Polynomdivision um.

Teilaufgabe 1.3
Bilden Sie die 1. Ableitung mit der Quotientenregel.

Teilaufgabe 1.4
Zeichnen Sie zuerst die Asymptoten des Graphen G_f ein.

Teilaufgabe 1.5
Für die Berechnung der Stammfunktion der Funktion f eignet sich nur der in Teilaufgabe 1.2 gegebene Funktionsterm.

Teilaufgabe 2.1
Die Funktion g ist nur für diejenigen x-Werte definiert, für die gilt: $f(x) > 0$.

Teilaufgabe 2.2
Die Extremstellen können auch mithilfe der 1. Ableitung bestimmt werden.

Teilaufgabe 3.1
Setzen Sie das gegebene Wertepaar in z(t) ein.

Teilaufgabe 3.2
Berechnen Sie für die gegebenen Uhrzeiten zuerst die zugehörigen Werte von t.

Teilaufgabe 3.3
Gesucht ist das lokale Maximum der Funktion z.

Teilaufgabe 3.4
Zur Sicherheit kann eine Wertetabelle erstellt werden.

Teilaufgabe 3.5
Ermitteln Sie zuerst die 1. Ableitungsfunktion $\dot{Z}(t)$.

Lösung

1.0 $f: x \mapsto \dfrac{x^2-5}{4\cdot(x-3)};\; D_f \subset \mathbb{R}$

1.1 **Definitionsmenge D_f**
Nenner: $4\cdot(x-3)=0;\; x_1=3 \;\Rightarrow\; \underline{\underline{D_f=\mathbb{R}\setminus\{3\}}}$

Nullstellen
Zähler: $x^2-5=0;\; x^2=5;\; x_{2,3}=\pm\sqrt{5} \;\Rightarrow$ Nullstellen bei $\underline{\underline{x_2=\sqrt{5}}}$ und $\underline{\underline{x_3=-\sqrt{5}}}$

Art der Definitionslücke
$x_1=3$ ist eine Unendlichkeitsstelle oder Polstelle 1. Ordnung.

1.2 **Nachweis des alternativen Funktionsterms**

$$f(x)=\frac{x^2-5}{4\cdot(x-3)}$$

1. Weg: Polynomdivision

$$\begin{array}{l} (x^2-5):(4x-12)=\frac{1}{4}x+\frac{3}{4}+\frac{4}{4x-12} \\ \underline{-(x^2-3x)} \\ \quad 3x-5 \\ \quad \underline{-(3x-9)} \\ \qquad 4 \end{array}$$

Also gilt: $f(x)=\dfrac{1}{4}x+\dfrac{3}{4}+\dfrac{1}{x-3}$

2. Weg: Erweitern des gegebenen Funktionsterms

$$\frac{1}{4}x+\frac{3}{4}+\frac{1}{x-3}=\frac{x\cdot(x-3)}{4\cdot(x-3)}+\frac{3\cdot(x-3)}{4\cdot(x-3)}+\frac{4}{4\cdot(x-3)}=\frac{x^2-3x+3x-9+4}{4\cdot(x-3)}=\frac{x^2-5}{4\cdot(x-3)}$$

Also gilt: $f(x)=\dfrac{1}{4}x+\dfrac{3}{4}+\dfrac{1}{x-3}$

Gleichungen und Art aller Asymptoten von G_f
Aus der neuen Darstellung des Funktionsterms erkennt man die Gleichung der schiefen Asymptote $\underline{\underline{y=\frac{1}{4}x+\frac{3}{4}}}$ sowie die Gleichung der senkrechten Asymptote $\underline{\underline{x=3}}$.

1.3 **Berechnung der 1. Ableitung von f**

$$f'(x) = \frac{1}{4} \cdot \frac{2x \cdot (x-3) - 1 \cdot (x^2 - 5)}{(x-3)^2}$$ (Quotientenregel)

$$f'(x) = \frac{1}{4} \cdot \frac{2x^2 - 6x - x^2 + 5}{(x-3)^2}$$ (Im Zähler ausmultiplizieren)

$$f'(x) = \frac{x^2 - 6x + 5}{4 \cdot (x-3)^2}$$ (Zusammenfassen, zur Kontrolle gegeben)

Ermittlung der Stellen mit waagrechter Tangente

$f'(x) = 0;\ x^2 - 6x + 5 = 0;\ x_{4,5} = \frac{6 \pm \sqrt{36-20}}{2};\ x_{4,5} = \frac{6 \pm 4}{2};\ x_4 = 5;\ x_5 = 1$

Bestimmung der maximalen Monotonieintervalle von G_f
Vorzeichentabelle

x	$x<1$	$x=1$	$1<x<3$	$x=3$	$3<x<5$	$x=5$	$5<x$
Zähler: x^2-6x+5	+	0	–	–	–	0	+
Nenner: $4 \cdot (x-3)^2$	+	+	+	0	+	+	+
f'(x)	+	0	–	n. d.	–	0	+
f(x)	↗	HOP	↘	n. d.	↘	TIP	↗

Bei maximalen Monotonieintervallen sind die Randpunkte einzuschließen, sofern die Funktion dort definiert ist.

Also ist G_f streng monoton steigend in den Intervallen $]-\infty; 1]$ und $[5; +\infty[$ und streng monoton fallend in den Intervallen $[1; 3[$ und $]3; 5]$.

Art und Koordinaten der Extrempunkte von G_f
Mit $f(1)=0{,}5$ und $f(5)=2{,}5$ ergeben sich aus dem Monotonieverhalten der Hochpunkt HOP(1; 0,5) und der Tiefpunkt TIP(5; 2,5).

Wertemenge W_f von f
Die Wertemenge von f ergibt sich direkt aus dem Monotonieverhalten, den y-Koordinaten der Extrempunkte und dem Vorzeichenwechsel an der Polstelle $x_1 = 3$ (aus Teilaufgabe 1.1).

Es gilt: $W_f =]-\infty; 0{,}5] \cup [2{,}5; +\infty[$ oder $W_f = \mathbb{R} \setminus]0{,}5; 2{,}5[$

Noch einfacher kann die Wertemenge W aus der nachfolgend erstellten Zeichnung des Graphen G_f und seiner Asymptoten abgelesen werden.

1.4 **Zeichnung des Graphen G_f und seiner Asymptoten**
Bisherige Ergebnisse: Nullstellen $N_1(-\sqrt{5}; 0)$ und $N_2(\sqrt{5}; 0)$, Asymptoten: $x = 3$ und $y = \frac{1}{4}x + \frac{3}{4}$, Extrempunkte HOP(1; 0,5) und TIP(5; 2,5)

Die Randpunkte des angegebenen Zeichenbereichs sollten immer exakt berechnet werden, zur Sicherheit kann auch eine vollständige Wertetabelle erstellt werden:

x	−4	−3	−2,23	−1	0	1	2,23	3	4	5	6	7	8
f(x)	−0,39	−0,17	0	0,25	0,42	0,50	0	n. d.	2,75	2,50	2,58	2,75	2,95
			N_1			HOP	N_2			TIP			

Graph G_f

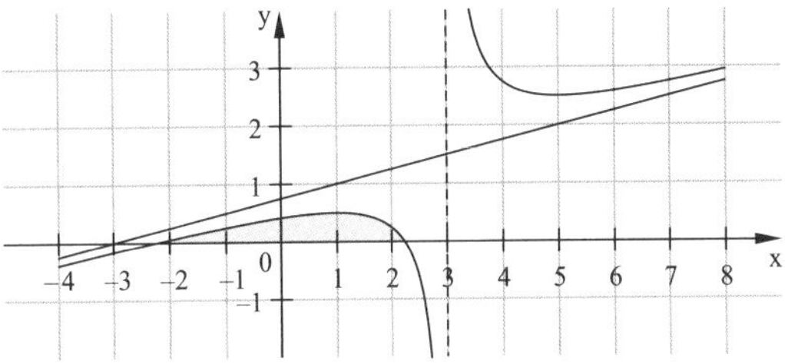

1.5 **Gleichung einer Stammfunktion F von f**

Eine Stammfunktion F findet man nur mit dem Funktionsterm aus Teilaufgabe 1.2.

$$f(x) = \frac{1}{4}x + \frac{3}{4} + \frac{1}{x-3}$$

$$\Rightarrow \quad \underline{\underline{F(x) = \frac{1}{8}x^2 + \frac{3}{4}x + \ln|x-3|}}$$

Da nur eine beliebige Stammfunktion bestimmt werden soll, kann hier die additive Konstante C = 0 gewählt werden.

Berechnung der Flächenmaßzahl

Das beschriebene Flächenstück ist in der grafischen Darstellung von Teilaufgabe 1.4 gekennzeichnet. Für seine Flächenmaßzahl A gilt:

$$A = \int_{-\sqrt{5}}^{\sqrt{5}} f(x)\,dx = [F(x)]_{-\sqrt{5}}^{\sqrt{5}} = \left[\frac{1}{8}x^2 + \frac{3}{4}x + \ln|x-3|\right]_{-\sqrt{5}}^{\sqrt{5}}$$

$$A = \left(\frac{5}{8} + \frac{3}{4}\sqrt{5} + \ln|\sqrt{5}-3|\right) - \left(\frac{5}{8} - \frac{3}{4}\sqrt{5} + \ln|-\sqrt{5}-3|\right)$$

$$A = 2\cdot\frac{3}{4}\sqrt{5} + \ln(-\sqrt{5}+3) - \ln(\sqrt{5}+3)$$

$$\underline{\underline{A \approx 1,43}}$$

2.0 g: $x \mapsto \ln(f(x)) = \ln\left(\frac{x^2-5}{4\cdot(x-3)}\right)$; $D_g \subset \mathbb{R}$

2.1 **Definitionsmenge D_g**

Wegen $g(x) = \ln(f(x))$ muss gelten: $f(x) > 0$.
Aus der Darstellung von G_f in Teilaufgabe 1.4 ergibt sich:

$D_g =]-\sqrt{5}; \sqrt{5}[\cup]3; +\infty[$

Nullstellen von g

Die ln-Funktion wird null, wenn ihr Argument, also f(x), den Wert 1 annimmt.

$g(x) = 0;\ f(x) = 1;\ \frac{x^2-5}{4\cdot(x-3)} = 1;\ x^2 - 5 = 4x - 12;\ x^2 - 4x + 7 = 0;\ D = 16 - 4\cdot 7 = -12;$

$D < 0$, also hat die Funktion g keine Nullstellen.

Dies kann man auch schneller folgern, da in Teilaufgabe 1.3 die Wertemenge W_f der Funktion f bestimmt worden ist und 1 nicht in W_f enthalten ist:
$1 \notin W_f \;\Rightarrow\;$ g hat keine Nullstelle

Verhalten von g an den Rändern von D_g

$x \xrightarrow{>} -\sqrt{5}$: $f(x) \to 0$; $g(x) \to -\infty$

$x \xrightarrow{<} \sqrt{5}$: $f(x) \to 0$; $g(x) \to -\infty$

$x \xrightarrow{>} 3$: $f(x) \to +\infty$; $g(x) \to +\infty$

$x \longrightarrow +\infty$: $f(x) \to +\infty$; $g(x) \to +\infty$

2.2 **Extremstellen von G_g**

1. Weg: Mithilfe des Monotonieverhaltens von f

Da die ln-Funktion streng monoton zunehmend ist auf $\mathbb{R}$, besitzt g dasselbe Monotonieverhalten wie f. Also hat G_g bei $x = 1$ eine Maximalstelle und bei $x = 5$ eine Minimalstelle.

2. Weg: Mithilfe der 1. Ableitung

$g'(x) = \frac{1}{f(x)} \cdot f'(x) = \frac{4\cdot(x-3)}{x^2-5} \cdot \frac{x^2-6x+5}{4\cdot(x-3)^2}$ (Kettenregel)

$g'(x) = \frac{x^2-6x+5}{(x^2-5)\cdot(x-3)}$ (kürzen)

$g'(x) = 0;\ x^2 - 6x + 5 = 0;\ x_1 = 1;\ x_2 = 5$ (vergleiche Teilaufgabe 1.3)

Da der Nenner von $g'(x)$ in D_g positiv ist, besitzt $g'(x)$ dasselbe Vorzeichenverhalten wie $f'(x)$. Also hat G_g bei $x = 1$ eine Maximalstelle und bei $x = 5$ eine Minimalstelle.

Die Extrempunkte von G_g sind HOP(1; ln(0,5)) und TIP(5; ln(2,5)).

3.0 Verkehrsdichte z: $t \mapsto 0{,}25 \cdot t^2 \cdot e^{-a\cdot t} + 5$; $0 \le t \le 90,\ a > 0$

3.1 **Bestimmung des Wertes des Parameters a**

Da t die seit 7:00 Uhr vergangene Zeit in Minuten ist, entspricht der Uhrzeit 7:13 Uhr der Wert $t = 13$.

$z(13) = 27;\ \ 0{,}25 \cdot 13^2 \cdot e^{-13a} + 5 = 27$

$$e^{-13a} = \frac{27-5}{0{,}25 \cdot 13^2}$$

$$e^{-13a} = \frac{88}{169}$$

$$-13a = \ln\left(\frac{88}{169}\right)$$

$$a = -\frac{1}{13} \cdot \ln\left(\frac{88}{169}\right)$$

$$\underline{\underline{a \approx 0{,}05}} \qquad \text{(Zur Kontrolle gegeben)}$$

3.2 **Verkehrsdichte um 7:00 Uhr**

7:00 Uhr $\hat{=}$ $t = 0$: $z(0) = 5$

Um 7:00 Uhr beträgt die Verkehrsdichte 5 Fahrzeuge pro Minute.

Verkehrsdichte um 8:30 Uhr

Mit dem berechneten Wert für a erhält man:

8:30 Uhr $\hat{=}$ $t = 90$: $z(90) = 0{,}25 \cdot 90^2 \cdot e^{-0{,}05 \cdot 90} + 5 \approx 27$

Um 8:30 Uhr beträgt die Verkehrsdichte ungefähr 27 Fahrzeuge pro Minute.

3.3 **Berechnung der 1. Ableitung von z**

$\dot{z}(t) = 0{,}5 \cdot t \cdot e^{-0{,}05 \cdot t} - 0{,}25 \cdot t^2 \cdot 0{,}05 \cdot e^{-0{,}05 \cdot t}$ (Produkt- und Kettenregel)

$\dot{z}(t) = (0{,}5 \cdot t - 0{,}0125 \cdot t^2) \cdot e^{-0{,}05 \cdot t}$ (Ausklammern, zur Kontrolle gegeben)

Ermittlung der Stellen mit waagrechter Tangente

$\dot{z}(t) = 0;\ \ e^{-0{,}05 \cdot t} > 0;\ \ 0{,}5 \cdot t - 0{,}0125 \cdot t^2 = 0;\ \ t \cdot (0{,}5 - 0{,}0125 \cdot t) = 0;\ \ t_1 = 0;\ \ t_2 = 40$

Berechnung des Zeitpunkts mit maximaler Verkehrsdichte

1. Weg: Mithilfe des Monotonieverhaltens von z

Der Term $(0{,}5 \cdot t - 0{,}0125 \cdot t^2)$ stellt als Funktion eine nach unten geöffnete Parabel dar mit den Nullstellen $t_1 = 0$ und $t_2 = 40$. Wegen $e^{-0{,}05 \cdot t} > 0$ bestimmt dieser Term das Vorzeichen von $\dot{z}(t)$. Damit besitzt $\dot{z}(t)$ an der Stelle $t_2 = 40$ einen Vorzeichenwechsel von + nach – und z besitzt dort ein lokales Maximum.

$z(40) = 0{,}25 \cdot 40^2 \cdot e^{-0{,}05 \cdot 40} + 5 \approx 59$

Also ist die Verkehrsdichte um 7:40 Uhr mit etwa 59 Fahrzeugen pro Minute am größten.

2. Weg: Mithilfe der 2. Ableitung von z

Dieser Lösungsweg ist viel aufwendiger und wird hier nur zur Kontrolle dargestellt.

$\ddot{z}(t) = (0{,}5 - 0{,}025 \cdot t) \cdot e^{-0{,}05 \cdot t} - 0{,}05 \cdot (0{,}5 \cdot t - 0{,}0125 \cdot t^2) \cdot e^{-0{,}05 \cdot t}$

(Produkt- und Kettenregel)

$\ddot{z}(t) = (0{,}5 - 0{,}05 \cdot t + 0{,}000625 \cdot t^2) \cdot e^{-0{,}05 \cdot t}$ (Ausklammern und Zusammenfassen)

$\ddot{z}(0) = 0{,}5 > 0 \quad \Rightarrow$ z besitzt bei $t_1 = 0$ ein lokales Minimum

$\ddot{z}(40) \approx -0{,}068 < 0 \quad \Rightarrow$ z besitzt bei $t_2 = 40$ ein lokales Maximum

$z(40) = 0{,}25 \cdot 40^2 \cdot e^{-0{,}05 \cdot 40} + 5 \approx 59$

Also ist die Verkehrsdichte um 7:40 Uhr mit etwa 59 Fahrzeugen pro Minute am größten.

3.4 **Zeichnung des Graphen der Funktion z**

Die Erstellung einer Wertetabelle erscheint hier sinnvoll, einige Werte sind bereits berechnet worden:

t	0	10	20	30	40	50	60	70	80	90
z(t)	5	20	42	55	59	56	50	42	34	27

Beachten Sie für die Zeichnung die vorgegebenen Maßstäbe.

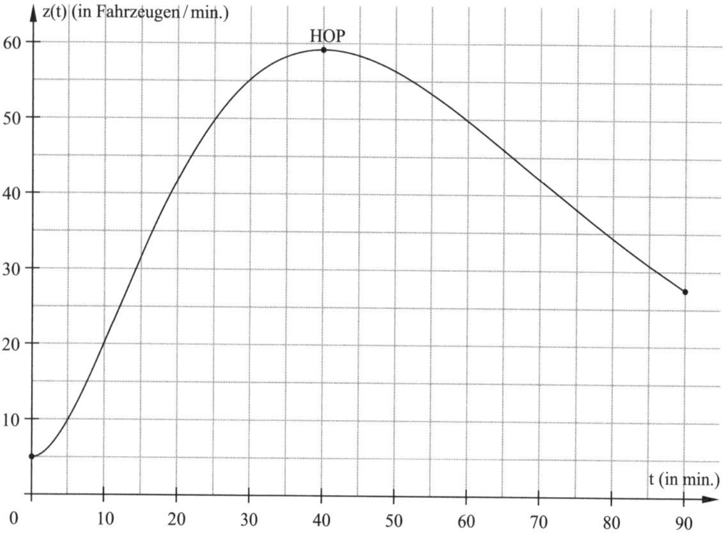

3.5 **Nachweis, dass Z(t) Stammfunktion ist**

$\dot{Z}(t) = 0{,}0125 \cdot e^{-0{,}05 \cdot t} \cdot (20t^2 + 800t + 16\,000) - 0{,}25 \cdot e^{-0{,}05 \cdot t} \cdot (40t + 800) + 5$

(Produkt- und Kettenregel)

$\dot{Z}(t) = (0{,}25 \cdot t^2 + 10t + 200 - 10t - 200) \cdot e^{-0{,}05 \cdot t} + 5$ (Ausklammern und Ausmultiplizieren)

$\dot{Z}(t) = 0{,}25 \cdot t^2 \cdot e^{-0{,}05 \cdot t} + 5$ (Zusammenfassen)

Damit gilt: $\dot{Z}(t) = z(t)$

Berechnung des Integralwerts

$$\int_0^{60} z(t)\,dt = [Z(t)]_0^{60} = Z(60) - Z(0) \approx -1\,393 + 4\,000 = 2\,607$$

Interpretation im Sachzusammenhang

Die Gesamtanzahl der Fahrzeuge, die im Zeitraum von 7:00 Uhr bis 8:00 Uhr über die Kreuzung gefahren sind, beträgt ca. 2 607.

Bayern – FOS · BOS 13 – Abiturprüfung 2013
Mathematik (Nichttechnische Ausbildungsrichtungen) – Aufgabengruppe A 2

1.0 Eine gebrochenrationale Funktion f: $x \mapsto f(x)$, $D_f \subset \mathbb{R}$, hat eine Nullstelle bei $x=-1$, eine Unendlichkeitsstelle (Polstelle) ohne Vorzeichenwechsel an der Stelle $x=1$ und eine stetig behebbare Definitionslücke an der Stelle $x=4$. Der Graph von f hat ferner eine waagrechte Asymptote mit der Gleichung $y=0$.

1.1 Bestimmen Sie den Funktionsterm f(x), wenn der Nenner ein Polynom dritten Grades ist und außerdem gilt: $f(5)=3$. (5 BE)

1.2.0 Im Folgenden wird die stetige Fortsetzung g der Funktion f betrachtet: $g\colon x \mapsto \frac{8x+8}{(x-1)^2}$ mit $D_g = \mathbb{R}\setminus\{1\}$. Der Graph von g wird mit G_g bezeichnet.

1.2.1 Geben Sie die Gleichungen und die Art aller Asymptoten von G_g sowie die Nullstelle von g an. (3 BE)

1.2.2 Bestimmen Sie die maximalen Monotonieintervalle von G_g und ermitteln Sie die Art und die Koordinaten des Extrempunktes von G_g.
(Teilergebnis: $g'(x) = \frac{-8x-24}{(x-1)^3}$) (9 BE)

1.2.3 Zeichnen Sie die Asymptoten und G_g mithilfe der bisherigen Ergebnisse für $-6 \le x \le 8$ in ein Koordinatensystem. Berechnen Sie dazu weitere geeignete Funktionswerte. (5 BE)

1.2.4 Zeigen Sie, dass gilt: $\int g(x)\,dx = 4\cdot\ln((x-1)^2) - \frac{16}{x-1} + C$ mit $C \in \mathbb{R}$, und berechnen Sie die Maßzahl des Inhalts der Fläche, die G_g mit den Achsen einschließt. (5 BE)

2.0 Gegeben ist die Funktion h: $x \mapsto 10\cdot(2-\ln(x))^2$, in der maximalen Definitionsmenge $D_h \subset \mathbb{R}$. Der Graph von h wird mit G_h bezeichnet.

2.1 Bestimmen Sie D_h sowie die Lage und die Vielfachheit der Nullstelle von h und untersuchen Sie das Verhalten von h an den Rändern von D_h. (5 BE)

2.2 Begründen Sie nur mithilfe der bisherigen Ergebnisse ohne weitere Berechnungen, dass die Nullstelle der Funktion h ein Tiefpunkt von G_h ist. (2 BE)

2.3 Ermitteln Sie die Koordinaten des Wendepunktes von G_h.
(Teilergebnis: $h''(x) = -20\cdot\frac{\ln(x)-3}{x^2}$) (7 BE)

2.4 Skizzieren Sie G_h für $0 < x \le 24$ in ein Koordinatensystem.
(Maßstab: 1 LE $\hat{=}$ 0,5 cm) (4 BE)

3.0 Morgens um 7:00 Uhr wird eine Tasse heißer Tee eingeschenkt. Der Abkühlvorgang des Tees kann durch die Funktionsgleichung $T(t) = 18 + a \cdot e^{-c \cdot t}$ (mit $a, c > 0, t \geq 0$) beschrieben werden, wobei T(t) die Temperatur des Tees in Grad Celsius angibt und t die Zeit in Minuten. Der Abkühlvorgang beginnt zum Zeitpunkt $t = 0$ um 7:00 Uhr.
Bei der Rechnung kann auf die Verwendung von Einheiten verzichtet werden.

3.1 Nach 2 Minuten hat der Tee eine Temperatur von 74 °C und um 7:25 Uhr ist er bereits auf 28 °C abgekühlt. Bestimmen Sie aus diesen Angaben die Werte der Konstanten a und c. (5 BE)

Setzen Sie in den folgenden Teilaufgaben $a = 65$ und $c = 0{,}075$.

3.2 Ermitteln Sie die Temperatur des Tees um 7:00 Uhr und auf welche Endtemperatur sich der Tee langfristig abkühlen wird. Erläutern Sie die Bedeutung der Endtemperatur im Sachzusammenhang. (3 BE)

3.3 Bestimmen Sie die Werte der Ableitung von T nach 3 Minuten und nach 25 Minuten. Erläutern Sie die Werte im Sachzusammenhang. (4 BE)

3.4 Der Abkühlvorgang wird als abgeschlossen bezeichnet, wenn die Temperatur des Tees unter 19 °C fällt. Berechnen Sie, um wie viel Uhr (gerundet auf ganze Minuten) dies der Fall ist. (3 BE)

(60 BE)

Tipps zur Lösung von Aufgabe A 2

Teilaufgabe 1.1

Schreiben Sie die insgesamt sechs gegebenen Eigenschaften der Funktion f zuerst geordnet auf.

Teilaufgabe 1.2.1

Die Eigenschaften aus 1.0 können hier verwendet werden.

Teilaufgabe 1.2.2

Bestimmen Sie die 1. Ableitungsfunktion g'(x) und führen Sie eine Vorzeichenuntersuchung durch.

Teilaufgabe 1.2.3

Da zu den bisherigen Ergebnissen weitere geeignete Funktionswerte berechnet werden sollen, empfiehlt sich die Erstellung einer Wertetabelle.

Teilaufgabe 1.2.4

Bilden Sie die 1. Ableitung der gegebenen Stammfunktion.

Teilaufgabe 2.1

Die ln-Funktion ist nur für positive x-Werte definiert.

Teilaufgabe 2.2
Wegen des Quadrats im Funktionsterm gilt: $h(x) \geq 0$ in D_h.

Teilaufgabe 2.3
Bestimmen Sie die 2. Ableitungsfunktion der Funktion h.

Teilaufgabe 2.4
Da hier nur eine Skizze des Graphen G_h verlangt ist, sollten Sie diese nur mithilfe der vorliegenden Ergebnisse ohne Wertetabelle erstellen.

Teilaufgabe 3.1
Setzen Sie die gegebenen Wertepaare in T(t) ein.

Teilaufgabe 3.2
Berechnen Sie T(0) und $\lim\limits_{t \to +\infty} T(t)$.

Teilaufgabe 3.3
Bilden Sie die 1. Ableitungsfunktion der Funktion T.

Teilaufgabe 3.4
Lösen Sie die Gleichung $T(t) = 19$ nach t auf.

Lösung

1.0 $f: x \mapsto f(x);\ D_f \subset \mathbb{R}$, gebrochenrational mit folgenden Eigenschaften:
(1) Nullstelle bei $x = -1$
(2) Unendlichkeitsstelle ohne Vorzeichenwechsel bei $x = 1$
(3) stetig behebbare Definitionslücke bei $x = 4$
(4) waagrechte Asymptote mit der Gleichung $y = 0$

1.1 (5) Nenner von f(x) ist Polynom dritten Grades
(6) Es gilt: $f(5) = 3$

Bestimmung des Funktionsterms f(x)
Die Eigenschaften (1) bis (3) ermöglichen die Bestimmung zugehöriger Linearfaktoren von Zähler und Nenner des Funktionsterms f(x).

(1) $\Rightarrow$ Linearfaktor $(x+1)$ im Zähler
(2) $\Rightarrow$ Linearfaktoren $(x-1)^2$ im Nenner
(3) $\Rightarrow$ Linearfaktor $(x-4)$ im Zähler und Nenner
(4) $\Rightarrow$ Zählergrad kleiner Nennergrad

Mit (5) ergibt sich für den Funktionsterm: $f(x) = a \cdot \dfrac{(x+1) \cdot (x-4)}{(x-1)^2 \cdot (x-4)}$

(6) $\Rightarrow\ a \cdot \dfrac{6 \cdot 1}{4^2 \cdot 1} = 3;\ a = \dfrac{3 \cdot 16}{6};\ a = 8$

Also gilt: $\underline{\underline{f(x) = 8 \cdot \dfrac{(x+1) \cdot (x-4)}{(x-1)^2 \cdot (x-4)}}}$

1.2.0 g: $x \mapsto \frac{8x+8}{(x-1)^2}$; $D_g = \mathbb{R} \setminus \{1\}$

Der Funktionsterm der stetigen Fortsetzung g der Funktion f ergibt sich durch Kürzen des gemeinsamen Linearfaktors $(x-4)$ von Zähler und Nenner.

$$g(x) = 8 \cdot \frac{x+1}{(x-1)^2} = \frac{8x+8}{(x-1)^2}$$

1.2.1 Die gesuchten Eigenschaften können direkt aus den Angaben von 1.0 übernommen werden.

Gleichungen und Art aller Asymptoten von G_g

(2) $\Rightarrow$ senkrechte Asymptote: $\underline{\underline{x = 1}}$

(4) $\Rightarrow$ waagrechte Asymptote: $\underline{\underline{y = 0}}$

Nullstelle von g

(1) $\Rightarrow$ Nullstelle bei $x_1 = -1$

1.2.2 **Berechnung der 1. Ableitung von g**

$$g'(x) = \frac{8 \cdot 1 \cdot (x-1)^2 - (8x+8) \cdot 2(x-1)}{(x-1)^4}$$ (Quotienten- und Kettenregel)

$$g'(x) = \frac{8 \cdot (x-1) - (8x+8) \cdot 2}{(x-1)^3}$$ (Ausklammern und Kürzen)

$$g'(x) = \frac{8x - 8 - 16x - 16}{(x-1)^3}$$ (Ausmultiplizieren)

$$g'(x) = \frac{-8x - 24}{(x-1)^3}$$ (Zusammenfassen, zur Kontrolle gegeben)

Bestimmung der maximalen Monotonieintervalle von G_g

Vorzeichentabelle

x	$x < -3$	$x = -3$	$-3 < x < 1$	$x = 1$	$1 < x$
Zähler: $-8x - 24$	+	0	–	–	–
Nenner: $(x-1)^3$	–	–	–	0	+
g'(x)	–	0	+	n. d.	–
g(x)	↘	TIP	↗	n. d.	↘

Bei maximalen Monotonieintervallen sind die Randpunkte einzuschließen, sofern die Funktion dort definiert ist.

Also ist G_g streng monoton fallend in den Intervallen $]-\infty; -3]$ und $]1; +\infty[$ und streng monoton steigend im Intervall $[-3; 1[$.

Art und Koordinaten des Extrempunktes

Mit $g(-3) = -1$ ergibt sich aus dem Monotonieverhalten der Tiefpunkt $\underline{\underline{TIP(-3; -1)}}$.

1.2.3 **Zeichnung des Graphen G_g und seiner Asymptoten**

Bisherige Ergebnisse: Nullstelle N(–1; 0), Asymptoten: $x=1$ und $y=0$, Tiefpunkt TIP(–3; –1), Randpunkte: $R_1(-6; -0{,}8)$, $R_2(8; 1{,}5)$

Da weitere geeignete Funktionswerte berechnet werden sollen, empfiehlt sich die Erstellung einer Wertetabelle:

x	–6	–5	–3	–2	–1	0	1	3	4	6	8
g(x)	–0,8	–0,9	–1	–0,9	0	8	n.d.	8	4,4	2,2	1,5

Graph G_g

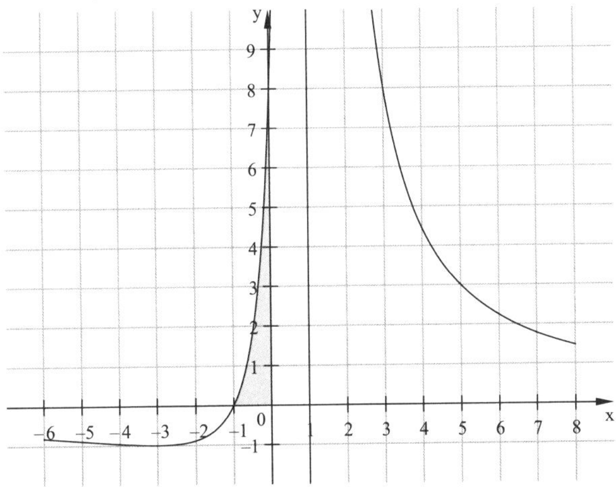

1.2.4 **Berechnung der 1. Ableitung der gegebenen Stammfunktion**

Das unbestimmte Integral $\int g(x)dx$ bezeichnet die Menge aller Stammfunktionen der Funktion g.

$$G(x) = 4\cdot\ln((x-1)^2) - \frac{16}{x-1} + C$$

$$G'(x) = 4\cdot\frac{2\cdot(x-1)}{(x-1)^2} - \frac{-16\cdot 1}{(x-1)^2}$$ (Ketten- und Quotientenregel)

$$G'(x) = \frac{8x-8+16}{(x-1)^2}$$ (Ausmultiplizieren)

$$G'(x) = \frac{8x+8}{(x-1)^2}$$ (Zusammenfassen)

Also gilt: $G'(x) = g(x)$

Berechnung der Flächenmaßzahl

Das beschriebene Flächenstück ist in der grafischen Darstellung von Teilaufgabe 1.2.3 gekennzeichnet. Für seine Flächenmaßzahl A gilt:

$$A = \int_{-1}^{0} g(x)\,dx = \left[4 \cdot \ln((x-1)^2) - \frac{16}{x-1}\right]_{-1}^{0}$$

$$A = (0-(-16)) - (4 \cdot \ln(4) + 8) = 16 - 4 \cdot \ln(4) - 8$$

$$\underline{\underline{A = 8 - 4 \cdot \ln(4) \approx 2{,}45}}$$

2.0 $h\colon x \mapsto 10 \cdot (2-\ln(x))^2;\ D_h \subset \mathbb{R}$

2.1 **Definitionsmenge D_h**

Da die ln-Funktion nur für positive x-Werte definiert ist, gilt: $\underline{\underline{D_h = \mathbb{R}^+}}$.

Nullstelle von h

$h(x)=0;\ 2-\ln(x)=0;\ \ln(x)=2;\ x=e^2$

Wegen des Quadrats besitzt die Funktion h die $\underline{\underline{\text{doppelte Nullstelle } N(e^2; 0)}}$.

Der Graph G_h berührt dort die x-Achse.

Verhalten von h an den Rändern von D_h

$x \xrightarrow{>} 0$: $\ln(x) \to -\infty$; $h(x) \to +\infty$

$x \longrightarrow +\infty$: $\ln(x) \to +\infty$; $h(x) \to +\infty$

2.2 **Begründung für den Tiefpunkt**

Für die Funktionswerte der Funktion $h\colon x \mapsto 10 \cdot (2-\ln(x))^2$ gilt wegen des Quadrats: $h(x) \geq 0$ in D_h

Da die Funktionswerte an der Stelle $x = e^2$ das einzige Mal den Wert null annehmen, ist der Punkt $TIP(e^2; 0)$ absoluter Tiefpunkt des Graphen G_h.

2.3 **Berechnung der 2. Ableitung von h**

$$h(x) = 10 \cdot (2-\ln(x))^2$$

$$h'(x) = 10 \cdot 2 \cdot (2-\ln(x)) \cdot \left(-\frac{1}{x}\right)$$ (Kettenregel)

$$h'(x) = -20 \cdot \frac{2-\ln(x)}{x}$$

$$h''(x) = -20 \cdot \frac{-\frac{1}{x} \cdot x - (2-\ln(x)) \cdot 1}{x^2}$$ (Quotientenregel)

$$h''(x) = -20 \cdot \frac{\ln(x)-3}{x^2}$$ (Ausmultiplizieren und Zusammenfassen, zur Kontrolle gegeben)

Ermittlung der Koordinaten des Wendepunktes

$h''(x)=0;\ \ln(x)-3=0;\ \ln(x)=3;\ x=e^3$

Da es sich um eine einfache Nullstelle von h'' handelt, liegt dort ein Wendepunkt vor. Mit $h(e^3) = 10 \cdot (2-\ln(e^3))^2 = 10 \cdot (2-3)^2 = 10$ ergibt sich der Wendepunkt $\underline{\underline{WEP(e^3; 10)}}$.

2.4 **Skizze des Graphen G_h**

Bisherige Ergebnisse: Nullstelle und absoluter Tiefpunkt $TIP(e^2; 0)$, senkrechte Asymptote: $x = 0$, Wendepunkt $WEP(e^3; 0)$

Beachten Sie den vorgegebenen Maßstab.

Graph G_h

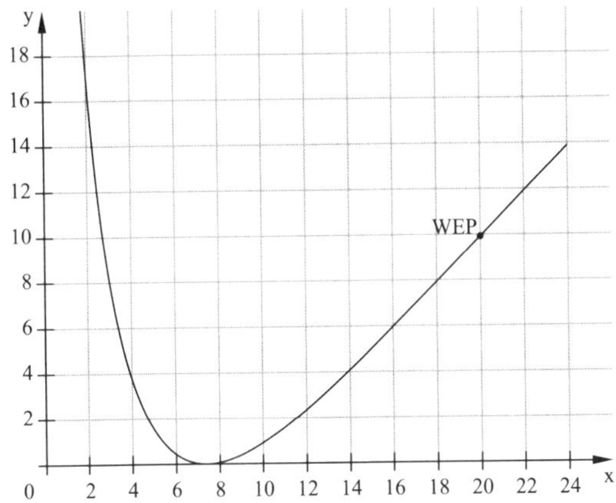

3.0 Teetemperatur $T(t) = 18 + a \cdot e^{-c \cdot t}$; $t \geq 0$; $a, c > 0$

3.1 **Berechnung der Konstanten a und c**

Da der Abkühlvorgang um 7:00 Uhr zum Zeitpunkt $t = 0$ beginnt, entspricht der Zeitpunkt $t = 2$ der Uhrzeit 7:02 Uhr und der Zeitpunkt $t = 25$ der Uhrzeit 7:25 Uhr.

Es ist die Teetemperatur für $t = 2$ und $t = 25$ gegeben. Durch Einsetzen der Werte in $T(t)$ erhält man:

(I) $T(2) = 74;\quad 18 + a \cdot e^{-2c} = 74;\quad a \cdot e^{-2c} = 56;\quad a = 56 \cdot e^{2c}$

(II) $T(25) = 28;\quad 18 + a \cdot e^{-25c} = 28;\quad a \cdot e^{-25c} = 10;\quad a = 10 \cdot e^{25c}$

Durch Gleichsetzen ergibt sich:

$$56 \cdot e^{2c} = 10 \cdot e^{25c}$$

$$\frac{56}{10} = e^{25c - 2c}$$

$$5{,}6 = e^{23c}$$

$$\ln 5{,}6 = 23c$$

$$c = \frac{\ln 5{,}6}{23}$$

$$\underline{\underline{c \approx 0{,}075}}$$

Durch Einsetzen von $c = 0{,}075$ in (II) erhält man:

$$a = 10 \cdot e^{25 \cdot 0{,}075}$$

$$\underline{\underline{a \approx 65}}$$

3.2 **Teetemperatur um 7:00 Uhr**

Mit $T(t) = 18 + 65 \cdot e^{-0{,}075 \cdot t}$ erhält man:
$T(0) = 18 + 65 \cdot e^{-0{,}075 \cdot 0} = 18 + 65 = 83$
Die Teetemperatur um 7:00 Uhr beträgt 83 Grad Celsius.

Langfristige Endtemperatur des Tees

Die Formulierung „langfristig" und „Endtemperatur" weist auf eine Grenzwertbetrachtung hin.

$$\lim_{t \to +\infty} T(t) = \lim_{t \to +\infty} (18 + \underbrace{65 \cdot e^{-0{,}075 \cdot t}}_{\to 0}) = 18$$

Der Tee wird sich langfristig auf eine Endtemperatur von 18 Grad Celsius abkühlen.

Bedeutung der Endtemperatur im Sachzusammenhang

Langfristig kühlt der Tee auf eine konstante Endtemperatur ab, diese entspricht der Umgebungstemperatur.

3.3 **Berechnung der 1. Ableitung von T**

$\dot{T}(t) = 65 \cdot e^{-0{,}075 \cdot t} \cdot (-0{,}075)$ (Kettenregel)
$\dot{T}(t) = -4{,}875 \cdot e^{-0{,}075 \cdot t}$

Berechnung von $\dot{T}(3)$ und $\dot{T}(25)$

$\dot{T}(3) = -4{,}875 \cdot e^{-0{,}075 \cdot 3}$; $\underline{\underline{\dot{T}(3) \approx -3{,}9}}$

$\dot{T}(25) = -4{,}875 \cdot e^{-0{,}075 \cdot 25}$; $\underline{\underline{\dot{T}(25) \approx -0{,}75}}$

Erläuterung der Werte im Sachzusammenhang

Der Tee kühlt nach 3 Minuten um etwa 3,9 Grad Celsius pro Minute ab, nach 25 Minuten um ungefähr 0,75 Grad Celsius pro Minute, d. h., der Tee kühlt anfangs schneller ab als später.

3.4 **Berechnung des Zeitpunkts t_0, zu dem der Abkühlvorgang abgeschlossen ist**

Der Ansatz kann über eine Ungleichung oder über eine Gleichung erfolgen.
$T(t_0) = 19$; $18 + 65 \cdot e^{-0{,}075 \cdot t_0} = 19$

$$e^{-0{,}075 \cdot t_0} = \frac{19-18}{65}$$

$$-0{,}075 \cdot t_0 = \ln\left(\frac{1}{65}\right)$$

$$t_0 = \frac{\ln\left(\frac{1}{65}\right)}{-0{,}075}$$

$$t_0 \approx 56$$

Nach etwa 56 Minuten, also um 7:56 Uhr, ist der Abkühlvorgang abgeschlossen.

Bayern – FOS · BOS 13 – Abiturprüfung 2013
Mathematik (Nichttechnische Ausbildungsrichtungen) – Aufgabengruppe B 1

1 Im $\mathbb{R}^3$ sind die Vektoren $\vec{a}=\begin{pmatrix}2\\-2\\0\end{pmatrix}$, $\vec{b}=\begin{pmatrix}-3\\4\\5\end{pmatrix}$ und $\vec{c}_k=\begin{pmatrix}-1\\k+2\\k+3\end{pmatrix}$ mit $k\in\mathbb{R}$ gegeben.
Untersuchen Sie, für welche Werte von k die Vektoren $\vec{a}$, $\vec{b}$ und $\vec{c}_k$ eine Basis des $\mathbb{R}^3$ bilden. (4 BE)

2.0 Im $\mathbb{R}^3$ sind die Geraden $g\colon \vec{x}=\begin{pmatrix}9\\1\\2\end{pmatrix}+r\cdot\begin{pmatrix}3\\0\\-2\end{pmatrix}$ und $h\colon \vec{x}=\begin{pmatrix}3\\1\\4\end{pmatrix}+s\cdot\begin{pmatrix}5\\1\\4\end{pmatrix}$ mit $r, s\in\mathbb{R}$
sowie der Punkt $A(10|2|8)$ gegeben.

2.1 Zeigen Sie, dass die Geraden g und h windschief zueinander verlaufen. (4 BE)

2.2 Die Ebene E wird durch den Punkt A und die Gerade g aufgespannt.
Ermitteln Sie eine Gleichung der Ebene E in Parameter- und in Koordinatenform.
(mögliches Teilergebnis: E: $2x_1-20x_2+3x_3-4=0$) (5 BE)

2.3 Skizzieren Sie die Ebene E, die Geraden g und h sowie den Punkt A in eine Zeichnung. (3 BE)

2.4 Bestimmen Sie die Koordinaten des Schnittpunktes P der Ebene E mit der Geraden h. Begründen Sie, dass die Gerade j, die durch A verläuft und die Geraden g und h schneidet, in E liegt.
Stellen Sie eine Gleichung dieser Geraden j auf und zeichnen Sie die Gerade und den Punkt P in die Zeichnung von 2.3 ein. (6 BE)

3.0 Die drei Sektoren R, S und T eines Unternehmens sind untereinander und mit dem Markt nach dem Leontief-Modell verflochten. Die Gesamtproduktion beträgt im Sektor R 240 ME, im Sektor S 150 ME und im Sektor T 220 ME.
Die Inputmatrix A ist gegeben durch $A=\begin{pmatrix}0{,}4 & 0{,}5 & 0{,}1\\0{,}1 & 0{,}2 & 0{,}2\\0 & 0{,}6 & 0{,}4\end{pmatrix}$.

3.1 Erstellen Sie die Input-Output-Tabelle. (4 BE)

3.2 Die Produktion soll aufgrund von Umbaumaßnahmen im Sektor T um 20 ME verringert werden, im Sektor R aber konstant bleiben.
Wegen langfristiger Verträge muss die Marktabgabe in den Sektoren R und T jeweils mindestens 30 ME betragen. Die gesamte Marktabgabe darf 153 ME nicht überschreiten, da zusätzlich logistische Probleme aufgetreten sind.
Bestimmen Sie den Bereich, in dem die Produktion des Sektors S möglich ist. (8 BE)

3.3 Es wird ein neues Produktionsverfahren im Sektor T eingeführt. Dies hat die neue Inputmatrix $A_{neu}=\begin{pmatrix}0{,}4 & 0{,}5 & 0{,}09\\0{,}1 & 0{,}2 & 0{,}18\\0 & 0{,}6 & 0{,}4\end{pmatrix}$ zur Folge.
Berechnen Sie den Produktionsvektor $\vec{x}$, wenn erwartet wird, dass die Sektoren R 51 ME, S 60 ME und T 30 ME an den Markt abgeben.
Interpretieren Sie die prozentualen Veränderungen der Einträge a_{13} und a_{23} der Matrix A_{neu} gegenüber den entsprechenden Einträgen der Matrix A. (6 BE)

(40 BE)

Tipps zur Lösung von Aufgabe B 1

Teilaufgabe 1
Die drei Vektoren bilden eine Basis des $\mathbb{R}^3$, wenn sie linear unabhängig sind.

Teilaufgabe 2.1
Untersuchen Sie zuerst die Richtungsvektoren der beiden Geraden auf Kollinearität.

Teilaufgabe 2.2
Stellen Sie zuerst die Parameterform der Ebenengleichung auf.

Teilaufgabe 2.3
Der Punkt A und die Gerade g liegen in der Ebene E.

Teilaufgabe 2.4
Setzen Sie die Parameterform von h in die Koordinatenform von E ein.

Teilaufgabe 3.1
Berechnen Sie zuerst den Marktvektor $\vec{y}$.

Teilaufgabe 3.2
Stellen Sie zuerst einen neuen Produktionsvektor mit variabler x_2-Koordinate auf.

Teilaufgabe 3.3
Stellen Sie die Grundgleichung des Leontief-Modells mit der neuen Inputmatrix und dem neuen Marktvektor auf.

Lösung

1 Vektoren $\vec{a} = \begin{pmatrix} 2 \\ -2 \\ 0 \end{pmatrix}, \vec{b} = \begin{pmatrix} -3 \\ 4 \\ 5 \end{pmatrix}$ und $\vec{c}_k = \begin{pmatrix} -1 \\ k+2 \\ k+3 \end{pmatrix}$ mit $k \in \mathbb{R}$

Untersuchung der Vektoren $\vec{a}, \vec{b}$ und $\vec{c}_k$ auf lineare Abhängigkeit

$$r \cdot \vec{a} + s \cdot \vec{b} + t \cdot \vec{c}_k = \vec{0} \Rightarrow \left(\begin{array}{ccc|c} 2 & -3 & -1 & 0 \\ -2 & 4 & k+2 & 0 \\ 0 & 5 & k+3 & 0 \end{array}\right) \xrightarrow{\text{II}+\text{I}} \left(\begin{array}{ccc|c} 2 & -3 & -1 & 0 \\ 0 & 1 & k+1 & 0 \\ 0 & 5 & k+3 & 0 \end{array}\right)$$

$$\xrightarrow{\text{III}-5\cdot\text{II}} \left(\begin{array}{ccc|c} 2 & -3 & -1 & 0 \\ 0 & 1 & k+1 & 0 \\ 0 & 0 & -4k-2 & 0 \end{array}\right)$$

$-4k - 2 = 0;\ 4k = -2;\ k = -\dfrac{1}{2}$

Für $\underline{\underline{k \in \mathbb{R} \setminus \{-\frac{1}{2}\}}}$ sind die Vektoren $\vec{a}, \vec{b}$ und $\vec{c}_k$ linear unabhängig und bilden somit eine Basis des $\mathbb{R}^3$.

2.0 Geraden g: $\vec{x} = \begin{pmatrix} 9 \\ 1 \\ 2 \end{pmatrix} + r \cdot \begin{pmatrix} 3 \\ 0 \\ -2 \end{pmatrix}$ und h: $\vec{x} = \begin{pmatrix} 3 \\ 1 \\ 4 \end{pmatrix} + s \cdot \begin{pmatrix} 5 \\ 1 \\ 4 \end{pmatrix}$ mit $r, s \in \mathbb{R}$,

Punkt $A(10|2|8)$

2.1 **Untersuchung der Richtungsvektoren auf Kollinearität**

$$\vec{u}_g = k \cdot \vec{u}_h;\ \begin{pmatrix} 3 \\ 0 \\ -2 \end{pmatrix} = k \cdot \begin{pmatrix} 5 \\ 1 \\ 4 \end{pmatrix} \Rightarrow \left\{ \begin{array}{lll} 3 = 5k & \Rightarrow & k = \frac{3}{5} \\ 0 = k & \Rightarrow & k = 0 \\ -2 = 4k & & \end{array} \right.$$

Es ergibt sich ein Widerspruch, also sind $\vec{u}_g$ und $\vec{u}_h$ nicht kollinear und die Geraden g und h sind weder parallel noch identisch.

Untersuchung, ob sich g und h schneiden

Gleichsetzen: $\begin{pmatrix} 9 \\ 1 \\ 2 \end{pmatrix} + r \cdot \begin{pmatrix} 3 \\ 0 \\ -2 \end{pmatrix} = \begin{pmatrix} 3 \\ 1 \\ 4 \end{pmatrix} + s \cdot \begin{pmatrix} 5 \\ 1 \\ 4 \end{pmatrix} \Rightarrow \begin{array}{ll} \text{I} & 3r - 5s = 3 - 9 \\ \text{II} & -s = 1 - 1 \\ \text{III} & -2r - 4s = 4 - 2 \end{array}$

1. Weg: Einsetzverfahren
Aus II: $s = 0$ in I
$3r = -6;\ r = -2$ in III
$4 = 2$ Widerspruch

2. Weg: Gauß-Algorithmus

$$\left(\begin{array}{cc|c} 3 & -5 & -6 \\ 0 & -1 & 0 \\ -2 & -4 & 2 \end{array}\right) \xrightarrow{3\cdot\text{III}+2\cdot\text{I}} \left(\begin{array}{cc|c} 3 & -5 & -6 \\ 0 & -1 & 0 \\ 0 & -22 & -6 \end{array}\right) \xrightarrow{\text{III}-22\cdot\text{II}} \left(\begin{array}{cc|c} 3 & -5 & -6 \\ 0 & -1 & 0 \\ 0 & 0 & -6 \end{array}\right) \text{ Widerspruch}$$

Also besitzen die Geraden g und h keinen gemeinsamen Punkt und sind wegen der nicht kollinearen Richtungsvektoren somit windschief zueinander.

2.2 **Gleichung der Ebene E in Parameterform**

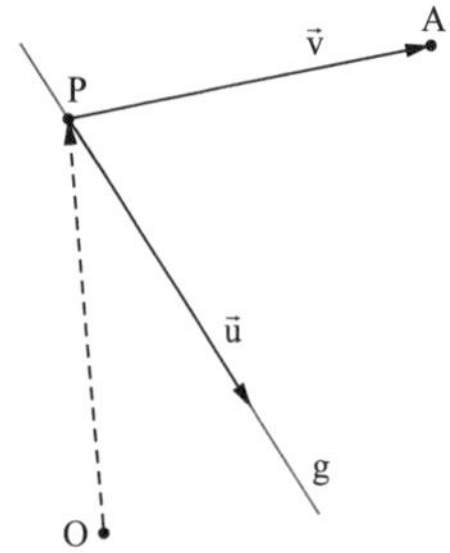

Aus der Skizze ergibt sich als Gleichung der Ebene E in Parameterform:

$$E: \vec{x} = \overrightarrow{OP} + k \cdot \vec{u} + \ell \cdot \vec{v}$$

$$E: \vec{x} = \begin{pmatrix} 9 \\ 1 \\ 2 \end{pmatrix} + k \cdot \begin{pmatrix} 3 \\ 0 \\ -2 \end{pmatrix} + \ell \cdot \begin{pmatrix} 10-9 \\ 2-1 \\ 8-2 \end{pmatrix}$$

$$E: \vec{x} = \begin{pmatrix} 9 \\ 1 \\ 2 \end{pmatrix} + k \cdot \begin{pmatrix} 3 \\ 0 \\ -2 \end{pmatrix} + \ell \cdot \begin{pmatrix} 1 \\ 1 \\ 6 \end{pmatrix}; \; k, \ell \in \mathbb{R}$$

Umwandlung in Koordinatenform

1. Weg: Mithilfe des Gauß-Algorithmus

$$E: \begin{array}{l} x_1 = 9 + 3k + \ell \\ x_2 = 1 + \phantom{3k+{}} \ell \\ x_3 = 2 - 2k + 6\ell \end{array} \quad \Leftrightarrow \quad \begin{array}{r} 3k + \ell = x_1 - 9 \\ \ell = x_2 - 1 \\ -2k + 6\ell = x_3 - 2 \end{array}$$

Gauß-Algorithmus

$$\left(\begin{array}{rr|l} 3 & 1 & x_1 - 9 \\ 0 & 1 & x_2 - 1 \\ -2 & 6 & x_3 - 2 \end{array}\right) \xrightarrow{3 \cdot \text{III} + 2 \cdot \text{I}} \left(\begin{array}{rr|r} 3 & 1 & x_1 - 9 \\ 0 & 1 & x_2 - 1 \\ 0 & 20 & 2x_1 + 3x_3 - 24 \end{array}\right)$$

$$\xrightarrow{\text{III} - 20 \cdot \text{II}} \left(\begin{array}{rr|r} 3 & 1 & x_1 - 9 \\ 0 & 1 & x_2 - 1 \\ 0 & 0 & 2x_1 - 20x_2 + 3x_3 - 4 \end{array}\right)$$

$\Rightarrow$ $E: 2x_1 - 20x_2 + 3x_3 - 4 = 0$ (zur Kontrolle gegeben)

2. Weg: Durch Eliminieren der Parameter

$$\begin{array}{ll} \text{I} & x_1 = 9 + 3k + \ell \\ \text{II} & x_2 = 1 + \ell \\ \text{III} & x_3 = 2 - 2k + 6\ell \end{array}$$

aus II: $\ell = x_2 - 1$ in I und III

$$\begin{array}{ll} \text{I'} & x_1 = 9 + 3k + x_2 - 1 \\ \text{III'} & x_3 = 2 - 2k + 6 \cdot (x_2 - 1) \end{array}$$

$$\begin{array}{ll} \text{I'} & x_1 = x_2 + 8 + 3k \\ \text{III'} & x_3 = 6x_2 - 4 - 2k \end{array}$$

aus III': $2k = 6x_2 - x_3 - 4$; $k = 3x_2 - \frac{1}{2}x_3 - 2$ in I'

$$E: x_1 = x_2 + 8 + 3 \cdot \left(3x_2 - \frac{1}{2}x_3 - 2\right)$$

$$E: x_1 = x_2 + 8 + 9x_2 - \frac{3}{2}x_3 - 6$$

$$E: x_1 - 10x_2 + \frac{3}{2}x_3 - 2 = 0 \qquad | \cdot 2$$

$$E: 2x_1 - 20x_2 + 3x_3 - 4 = 0$$

2.3 **Skizze der Ebene E, der Geraden g und h und des Punktes A**
Zeichnung für die Teilaufgaben 2.3 und 2.4

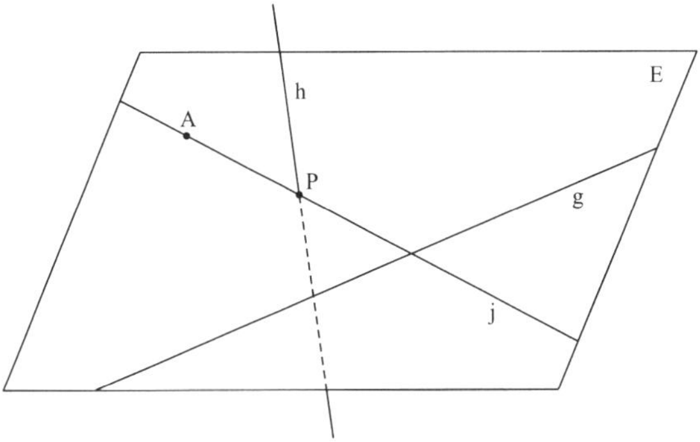

Da erst in Teilaufgabe 2.4 nachgewiesen wird, dass sich die Gerade h und die Ebene E schneiden, könnte hier die Gerade h auch parallel zur Ebene E gezeichnet werden.

2.4 **Koordinaten des Schnittpunktes P von h und E**

$$\text{h:}\ \begin{aligned} x_1 &= 3 + 5s \\ x_2 &= 1 + s \\ x_3 &= 4 + 4s \end{aligned} \quad \text{eingesetzt in die Koordinatenform von E}$$

$$\begin{aligned} \Rightarrow\ 2\cdot(3+5s)-20\cdot(1+s)+3\cdot(4+4s)-4&=0 \\ 6+10s-20-20s+12+12s-4&=0 \\ 2s-6&=0 \\ s&=3 \quad \text{in h} \end{aligned}$$

$$\Rightarrow\ \overrightarrow{OP}=\begin{pmatrix}3+15\\1+3\\4+12\end{pmatrix}=\begin{pmatrix}18\\4\\16\end{pmatrix};\ \underline{\underline{P(18\,|\,4\,|\,16)}}$$

Alternativ dazu hätte man auch die Parameterformen von h und E gleichsetzen können. Wegen des hohen Rechenaufwands wird auf die Darstellung dieses Lösungsweges hier verzichtet.

Begründung für die Lage der Geraden j und Geradengleichung von j
Der Punkt A und die Gerade g liegen in der Ebene E, wobei gilt $A \notin g$. Da die Gerade j durch den Punkt A verläuft und die Gerade g schneiden soll, muss auch diese Gerade in der Ebene E liegen. Die Gerade j muss die Gerade h im Punkt P schneiden, also gilt:

$$\text{j:}\ \vec{x}=\overrightarrow{OA}+\lambda\cdot\overrightarrow{AP};\ \underline{\underline{\vec{x}=\begin{pmatrix}10\\2\\8\end{pmatrix}+\lambda\cdot\begin{pmatrix}8\\2\\8\end{pmatrix}}};\ \lambda\in\mathbb{R}$$

Die Gerade j und der Punkt P sind in der Skizze von Teilaufgabe 2.3 eingezeichnet.

3.0 Leontief-Modell für die Sektoren R, S und T eines Unternehmens mit Inputmatrix

$A = \begin{pmatrix} 0{,}4 & 0{,}5 & 0{,}1 \\ 0{,}1 & 0{,}2 & 0{,}2 \\ 0 & 0{,}6 & 0{,}4 \end{pmatrix}$ und Produktionsvektor $\vec{x} = \begin{pmatrix} 240 \\ 150 \\ 220 \end{pmatrix}$.

3.1 **Berechnung des Marktvektors $\vec{y}$**

Mit der Grundgleichung des Leontief-Modells ergibt sich:

$$\vec{y} = (E - A) \cdot \vec{x} = \begin{pmatrix} 0{,}6 & -0{,}5 & -0{,}1 \\ -0{,}1 & 0{,}8 & -0{,}2 \\ 0 & -0{,}6 & 0{,}6 \end{pmatrix} \cdot \begin{pmatrix} 240 \\ 150 \\ 220 \end{pmatrix} = \begin{pmatrix} 47 \\ 52 \\ 42 \end{pmatrix}$$

Bestimmung der Input-Output-Tabelle

Nun müssen die Koeffizienten der gegebenen Inputmatrix A mit den Koordinaten des Produktionsvektors multipliziert werden. Daraus ergibt sich die Input-Output-Tabelle:

	R	S	T	Markt	Produktion
R	96	75	22	47	240
S	24	30	44	52	150
T	0	90	88	42	220

3.2 **Berechnung des neuen Marktvektors**

Aus der Angabe erhält man als neuen Produktionsvektor $\vec{x} = \begin{pmatrix} 240 \\ x_2 \\ 200 \end{pmatrix}$.

Damit ergibt sich für den neuen Marktvektor $\vec{y}$:

$$\vec{y} = (E - A) \cdot \vec{x} = \begin{pmatrix} 0{,}6 & -0{,}5 & -0{,}1 \\ -0{,}1 & 0{,}8 & -0{,}2 \\ 0 & -0{,}6 & 0{,}6 \end{pmatrix} \cdot \begin{pmatrix} 240 \\ x_2 \\ 200 \end{pmatrix} = \begin{pmatrix} 124 - 0{,}5x_2 \\ -64 + 0{,}8x_2 \\ 120 - 0{,}6x_2 \end{pmatrix}$$

Berechnung des möglichen Bereichs für x_2

Als Einschränkungen für den neuen Marktvektor sind gegeben:

$y_1 \geq 30,\ y_3 \geq 30,\ y_1 + y_2 + y_3 \leq 153$

Da zudem $y_2 \geq 0$ vorausgesetzt werden kann, gilt insgesamt:

I $\quad 124 - 0{,}5x_2 \geq 30; \quad -0{,}5x_2 \geq -94; \quad x_2 \leq 188$

II $\quad -64 + 0{,}8x_2 \geq 0; \quad 0{,}8x_2 \geq 64; \quad x_2 \geq 80$

III $\quad 120 - 0{,}6x_2 \geq 30; \quad -0{,}6x_2 \geq -90; \quad x_2 \leq 150$

IV $\quad y_1 + y_2 + y_3 \leq 153; \quad 180 - 0{,}3x_2 \leq 153; \quad x_2 \geq 90$

Damit muss gelten: $\underline{\underline{90 \leq x_2 \leq 150}}$

3.3 **Berechnung des neuen Produktionsvektors**

Der neue Marktvektor ist nun $\vec{y} = \begin{pmatrix} 51 \\ 60 \\ 30 \end{pmatrix}$.

Den neuen Produktionsvektor erhält man aus der Grundgleichung des Leontief-Modells:

$$(E - A_{neu}) \cdot \vec{x} = \vec{y}$$

$$\begin{pmatrix} 0{,}6 & -0{,}5 & -0{,}09 \\ -0{,}1 & 0{,}8 & -0{,}18 \\ 0 & -0{,}6 & 0{,}6 \end{pmatrix} \cdot \begin{pmatrix} x_1 \\ x_2 \\ x_3 \end{pmatrix} = \begin{pmatrix} 51 \\ 60 \\ 30 \end{pmatrix}$$

Gauß-Algorithmus

$$\left(\begin{array}{ccc|c} 0,6 & -0,5 & -0,09 & 51 \\ -0,1 & 0,8 & -0,18 & 60 \\ 0 & -0,6 & 0,6 & 30 \end{array}\right) \xrightarrow{6 \cdot II + I} \left(\begin{array}{ccc|c} 0,6 & -0,5 & -0,09 & 51 \\ 0 & 4,3 & -1,17 & 411 \\ 0 & -0,6 & 0,6 & 30 \end{array}\right)$$

$$\xrightarrow{4,3 \cdot III + 0,6 \cdot II} \left(\begin{array}{ccc|c} 0,6 & -0,5 & -0,09 & 51 \\ 0 & 4,3 & -1,17 & 411 \\ 0 & 0 & 1,878 & 375,6 \end{array}\right)$$

Aus III: $1,878x_3 = 375,6;\ x_3 = 200$

Aus II: $4,3x_2 - 1,17 \cdot 200 = 411;\ 4,3x_2 = 645;\ x_2 = 150$

Aus I: $0,6x_1 - 0,5 \cdot 150 - 0,09 \cdot 200 = 51;\ 0,6x_1 = 144;\ x_1 = 240$

Der neue Produktionsvektor ist $\underline{\underline{\vec{x} = \begin{pmatrix} 240 \\ 150 \\ 200 \end{pmatrix}}}$.

Interpretation der prozentualen Veränderung bei a_{13} und a_{23}

Die Koeffizienten a_{13} und a_{23} haben sich gegenüber der ursprünglichen Inputmatrix wie folgt verändert:

a_{13}: $0,1 \rightarrow 0,09;\ \dfrac{0,09}{0,1} = 0,9;$ Abnahme um 10 %

a_{23}: $0,2 \rightarrow 0,18;\ \dfrac{0,18}{0,2} = 0,9;$ Abnahme um 10 %

Für die Produktion einer ME im Sektor T werden damit jetzt je 10 % weniger Produkte der Sektoren R und S benötigt.

Bayern – FOS · BOS 13 – Abiturprüfung 2013
Mathematik (Nichttechnische Ausbildungsrichtungen) – Aufgabengruppe B 2

1.0 Die drei Fertigungsbereiche M, B und C eines Unternehmens sind untereinander und mit dem Markt nach dem Leontief-Modell verflochten. Die nebenstehende Input-Output-Tabelle

	M	B	C	Markt	Produktion
M	20	40	20	20	100
B	a	100	10	b	200
C	80	40	40	c	d

und die zugehörige Inputmatrix $A = \begin{pmatrix} 0{,}2 & 0{,}2 & 0{,}1 \\ 0{,}8 & 0{,}5 & e \\ 0{,}8 & 0{,}2 & 0{,}2 \end{pmatrix}$ geben eine Übersicht über die Verflechtungen (Angaben in Mengeneinheiten (ME), a, b, c, d, $e \in \mathbb{R}^+$).

1.1 Berechnen Sie die Variablen a, b, c, d und e und erläutern Sie die Bedeutung des Wertes a_{21} der Inputmatrix. (6 BE)

1.2.0 Für die nachfolgenden Aufgaben gilt: $e = 0{,}05$.

1.2.1 Im kommenden Produktionszeitraum wird $\vec{y} = (48 \quad 72 \quad 24)^T$ als Marktvektor zugrunde gelegt. Berechnen Sie den zugehörigen Produktionsvektor. (5 BE)

1.2.2 Für einen zukünftigen Produktionszeitraum sollen folgende Rahmenbedingungen gelten:
- Die Produktion des Bereichs B ist doppelt so groß wie die Produktion in M.
- Bereich C gibt keine Güter an den Markt ab.
- Die Produktion von Fertigungsbereich C beträgt 120 ME.

Berechnen Sie den Produktions- und den Marktabgabevektor für diese Planung und wie viel Prozent ihrer Produktion M und B jeweils an den Markt abgeben. (8 BE)

2.0 In einem Koordinatensystem des $\mathbb{R}^3$ sind die Punkte $A(1|-2|1)$, $B(-2|2|2)$, $C(-1|4|0)$ und $S_k(7-k|k-3|k)$ mit $k \in \mathbb{R}$ gegeben.

2.1 Ermitteln Sie, für welche Werte von k die Vektoren $\overrightarrow{AB}$, $\overrightarrow{AC}$ und $\overrightarrow{AS_k}$ linear unabhängig sind, und geben Sie an, was dies für die Lage der Punkte A, B, C und S_k bedeutet. (7 BE)

2.2 Bestimmen Sie eine Gleichung der Geraden h, welche durch den Punkt S_5 (also $k = 5$) sowie den Mittelpunkt M der Strecke [BC] verläuft. (3 BE)

2.3 Die Punkte A, B und C liegen in der Ebene E. Geben Sie eine Gleichung der Ebene E in Parameterform an und bestimmen Sie die zugehörige Koordinatenform.
(Mögliches Teilergebnis: E: $2x_1 + x_2 + 2x_3 = 2$) (4 BE)

2.4 Ermitteln Sie eine Gleichung einer Ebene F, die parallel zu E verläuft und den Punkt S_5 enthält.
Erstellen Sie eine Skizze, die die Ebenen E, F, die Punkte A, B, C, M und S_5 und die Gerade h enthält, und folgern Sie daraus die gegenseitige Lage der Geraden h und AC. (7 BE)

(40 BE)

Tipps zur Lösung von Aufgabe B 2

Teilaufgabe 1.1
Der letzte Zahlenwert einer Zeile der Input-Output-Tabelle ist jeweils die Summe der ersten vier Zahlenwerte dieser Zeile.

Teilaufgabe 1.2.1
Stellen Sie die Grundgleichung des Leontief-Modells auf.

Teilaufgabe 1.2.2
Stellen Sie mithilfe der gegebenen Rahmenbedingungen einen neuen Marktvektor und einen neuen Produktionsvektor mit geeigneten Variablen auf.

Teilaufgabe 2.1
Berechnen Sie die Vektoren $\overrightarrow{AB}$, $\overrightarrow{AC}$ und $\overrightarrow{AS_k}$.

Teilaufgabe 2.2
Berechnen Sie zuerst die Koordinaten des Mittelpunktes M der Strecke [BC].

Teilaufgabe 2.3
Die Richtungsvektoren $\overrightarrow{AB}$ und $\overrightarrow{AC}$ der Ebene E sind bereits in Teilaufgabe 2.1 berechnet worden.

Teilaufgabe 2.4
Für die Parameterform der Ebene F können wieder die Richtungsvektoren der Ebene E verwendet werden.

Lösung

1.0 Leontief-Modell für drei Fertigungsbereiche M, B, C gemäß nebenstehender Input-Output-Tabelle, Inputmatrix

$$A = \begin{pmatrix} 0{,}2 & 0{,}2 & 0{,}1 \\ 0{,}8 & 0{,}5 & e \\ 0{,}8 & 0{,}2 & 0{,}2 \end{pmatrix}.$$

	M	B	C	Markt	Produktion
M	20	40	20	20	100
B	a	100	10	b	200
C	80	40	40	c	d

1.1 **Berechnung von a, b, c, d und e**
Für den Koeffizienten a_{21} der Inputmatrix A gilt:

$$a_{21} = \frac{a}{100} = 0{,}8;\quad \underline{\underline{a = 80}}$$

Aus Zeile 2 der Input-Output-Tabelle ergibt sich damit:

$$80 + 100 + 10 + b = 200;\quad 190 + b = 200;\quad \underline{\underline{b = 10}}$$

Für den Koeffizienten a_{33} der Inputmatrix A gilt:

$$a_{33} = \frac{40}{d} = 0{,}2;\quad \underline{\underline{d = 200}}$$

Aus Zeile 3 der Input-Output-Tabelle erhält man:

$80+40+40+c=200;\ 160+c=200;\ \underline{\underline{c=40}}$

Und für den Koeffizienten a_{23} der Inputmatrix A gilt:

$a_{23}=e=\frac{10}{200};\ \underline{\underline{e=0,05}}$

Bedeutung des Wertes a_{21} der Inputmatrix

$a_{21}=0,8$ bedeutet, dass der Fertigungsbereich M 0,8 Mengeneinheiten (ME) vom Fertigungsbereich B benötigt, um 1 ME produzieren zu können.

1.2.0 Für die nachfolgenden Aufgaben gilt: $e=0,05$.

1.2.1 **Berechnung des Produktionsvektors $\vec{x}$**

Die Zeilenschreibweise $\vec{y}=(48\ \ 72\ \ 24)^T$ für den Marktvektor ist eine Alternative zur üblichen Spaltenschreibweise $\vec{y}=\begin{pmatrix}48\\72\\24\end{pmatrix}$.

Mit der Grundgleichung des Leontief-Modells erhält man:

$$(E-A)\cdot\vec{x}=\vec{y}$$

$$\begin{pmatrix}0,8 & -0,2 & -0,1\\ -0,8 & 0,5 & -0,05\\ -0,8 & -0,2 & 0,8\end{pmatrix}\cdot\begin{pmatrix}x_1\\x_2\\x_3\end{pmatrix}=\begin{pmatrix}48\\72\\24\end{pmatrix}$$

Gauß-Algorithmus

$$\left(\begin{array}{ccc|c}0,8 & -0,2 & -0,1 & 48\\ -0,8 & 0,5 & -0,05 & 72\\ -0,8 & -0,2 & 0,8 & 24\end{array}\right)\xrightarrow[\text{III}+\text{I}]{\text{II}+\text{I}}\left(\begin{array}{ccc|c}0,8 & -0,2 & -0,1 & 48\\ 0 & 0,3 & -0,15 & 120\\ 0 & -0,4 & 0,7 & 72\end{array}\right)$$

$$\xrightarrow{3\cdot\text{III}+4\cdot\text{II}}\left(\begin{array}{ccc|c}0,8 & -0,2 & -0,1 & 48\\ 0 & 0,3 & -0,15 & 120\\ 0 & 0 & 1,5 & 696\end{array}\right)$$

Aus III: $1,5x_3=696;\ x_3=464$

Aus II: $0,3x_2-0,15\cdot 464=120;\ 0,3x_2=189,6;\ x_2=632$

Aus I: $0,8x_1-0,2\cdot 632-0,1\cdot 464=48;\ 0,8x_1=220,8;\ x_1=276$

Der Produktionsvektor lautet $\underline{\underline{\vec{x}=\begin{pmatrix}276\\632\\464\end{pmatrix}}}$.

1.2.2 **Berechnung des neuen Produktionsvektors und des neuen Marktvektors**

Die gegebenen Rahmenbedingungen führen zu folgenden neuen Vektoren für die Marktabgabe und die Produktion:

Produktionsvektor $\vec{x}=\begin{pmatrix}x_1\\2x_1\\120\end{pmatrix}$, Marktvektor $\vec{y}=\begin{pmatrix}y_1\\y_2\\0\end{pmatrix}$

Aus der Grundgleichung des Leontief-Modells ergibt sich mit gleicher Inputmatrix A:

$$\vec{y} = (E - A) \cdot \vec{x}$$

$$\begin{pmatrix} y_1 \\ y_2 \\ 0 \end{pmatrix} = \begin{pmatrix} 0,8 & -0,2 & -0,1 \\ -0,8 & 0,5 & -0,05 \\ -0,8 & -0,2 & 0,8 \end{pmatrix} \cdot \begin{pmatrix} x_1 \\ 2x_1 \\ 120 \end{pmatrix} \quad \Rightarrow$$

I $\quad y_1 = 0,8 \cdot x_1 - 0,2 \cdot 2 \cdot x_1 - 0,1 \cdot 120; \quad y_1 = 0,4x_1 - 12$

II $\quad y_2 = -0,8 \cdot x_1 + 0,5 \cdot 2 \cdot x_1 - 0,05 \cdot 120; \quad y_2 = 0,2x_1 - 6$

III $\quad 0 = -0,8 \cdot x_1 - 0,2 \cdot 2 \cdot x_1 + 0,8 \cdot 120; \quad 0 = -1,2x_1 + 96$

Aus III: $1,2x_1 = 96;\ x_1 = 80$ in I und II

Aus II: $y_2 = 0,2 \cdot 80 - 6;\ y_2 = 10$

Aus I: $y_1 = 0,4 \cdot 80 - 12;\ y_1 = 20$

Damit ist der neue Produktionsvektor $\underline{\underline{\vec{x} = \begin{pmatrix} 80 \\ 160 \\ 120 \end{pmatrix}}}$ und der neue Marktvektor $\underline{\underline{\vec{y} = \begin{pmatrix} 20 \\ 10 \\ 0 \end{pmatrix}}}$.

Berechnung der prozentualen Marktabgabe der Bereiche M und B

Aus den entsprechenden Koeffizienten der soeben berechneten Vektoren erhält man:

Bereich	Marktabgabe	Produktion	Quotient
M	20	80	$\frac{20}{80} = 0,25$
B	10	160	$\frac{10}{160} = 0,0625$

Der Bereich M gibt 25 % seiner Produktion an den Markt ab, der Bereich B nur 6,25 %.

2.0 Punkte $A(1\,|\,-2\,|\,1)$, $B(-2\,|\,2\,|\,2)$, $C(-1\,|\,4\,|\,0)$ und $S_k(7-k\,|\,k-3\,|\,k)$ mit $k \in \mathbb{R}$

2.1 **Untersuchung der Vektoren $\overrightarrow{AB}$, $\overrightarrow{AC}$ und $\overrightarrow{AS_k}$ auf lineare Unabhängigkeit**

Es gilt: $\overrightarrow{AB} = \begin{pmatrix} -2-1 \\ 2+2 \\ 2-1 \end{pmatrix} = \begin{pmatrix} -3 \\ 4 \\ 1 \end{pmatrix}$, $\overrightarrow{AC} = \begin{pmatrix} -1-1 \\ 4+2 \\ 0-1 \end{pmatrix} = \begin{pmatrix} -2 \\ 6 \\ -1 \end{pmatrix}$ und $\overrightarrow{AS_k} = \begin{pmatrix} 7-k-1 \\ k-3+2 \\ k-1 \end{pmatrix} = \begin{pmatrix} 6-k \\ k-1 \\ k-1 \end{pmatrix}$

1. Weg: Die drei Vektoren sind linear unabhängig, wenn das Gleichungssystem $r \cdot \overrightarrow{AB} + s \cdot \overrightarrow{AC} + t \cdot \overrightarrow{AS_k} = 0$ nur die Lösung $r = s = t = 0$ besitzt:

$$r \cdot \begin{pmatrix} -3 \\ 4 \\ 1 \end{pmatrix} + s \cdot \begin{pmatrix} -2 \\ 6 \\ -1 \end{pmatrix} + t \cdot \begin{pmatrix} 6-k \\ k-1 \\ k-1 \end{pmatrix} = 0$$

Gauß-Algorithmus

$$\left(\begin{array}{ccc|c} -3 & -2 & 6-k & 0 \\ 4 & 6 & k-1 & 0 \\ 1 & -1 & k-1 & 0 \end{array}\right) \xrightarrow[3 \cdot III + I]{3 \cdot II + 4 \cdot I} \left(\begin{array}{ccc|c} -3 & -2 & 6-k & 0 \\ 0 & 10 & 21-k & 0 \\ 0 & -5 & 2k+3 & 0 \end{array}\right)$$

$$\xrightarrow{2 \cdot III + II} \left(\begin{array}{ccc|c} -3 & -2 & 6-k & 0 \\ 0 & 10 & 21-k & 0 \\ 0 & 0 & 3k+27 & 0 \end{array}\right); \quad 3k + 27 = 0; \quad k = -9$$

Für $k = -9$ besitzt dieses Gleichungssystem unendlich viele Lösungen und die Vektoren sind linear abhängig.

Damit sind die Vektoren $\overrightarrow{AB}$, $\overrightarrow{AC}$ und $\overrightarrow{AS_k}$ für $k \in \mathbb{R} \setminus \{-9\}$ linear unabhängig.

2. Weg: Keiner der drei Vektoren darf als Linearkombination der anderen beiden darstellbar sein, d. h. – unter der offensichtlich erfüllten Voraussetzung, dass $\overrightarrow{AB}$ und $\overrightarrow{AC}$ linear unabhängig sind – das Gleichungssystem $\lambda \cdot \overrightarrow{AB} + \mu \cdot \overrightarrow{AC} = \overrightarrow{AS_k}$ darf keine Lösung besitzen:

$$\lambda \cdot \begin{pmatrix} -3 \\ 4 \\ 1 \end{pmatrix} + \mu \cdot \begin{pmatrix} -2 \\ 6 \\ -1 \end{pmatrix} = \begin{pmatrix} 6-k \\ k-1 \\ k-1 \end{pmatrix}$$

Gauß-Algorithmus

$$\left(\begin{array}{cc|c} -3 & -2 & 6-k \\ 4 & 6 & k-1 \\ 1 & -1 & k-1 \end{array}\right) \xrightarrow[3 \cdot \text{III} + \text{I}]{3 \cdot \text{II} + 4 \cdot \text{I}} \left(\begin{array}{cc|c} -3 & -2 & 6-k \\ 0 & 10 & 21-k \\ 0 & -5 & 2k+3 \end{array}\right)$$

$$\xrightarrow{2 \cdot \text{III} + \text{II}} \left(\begin{array}{cc|c} -3 & -2 & 6-k \\ 0 & 10 & 21-k \\ 0 & 0 & 3k+27 \end{array}\right)$$

Die letzte Zeile führt genau dann auf einen Widerspruch, wenn $k \neq -9$ ist. Damit sind die Vektoren $\overrightarrow{AB}$, $\overrightarrow{AC}$ und $\overrightarrow{AS_k}$ linear unabhängig für $k \in \mathbb{R} \setminus \{-9\}$.

Bedeutung für die Lage der Punkte A, B, C und S_k

Wenn die Vektoren $\overrightarrow{AB}$, $\overrightarrow{AC}$ und $\overrightarrow{AS_k}$ linear unabhängig sind, erzeugen sie eine dreiseitige Pyramide oder ein Tetraeder, d. h., die Punkte A, B, C und S_k liegen nicht in einer Ebene.

2.2 **Mittelpunkt der Strecke [BC]**

Für den Mittelpunkt M der Strecke [BC] gilt (siehe Skizze):

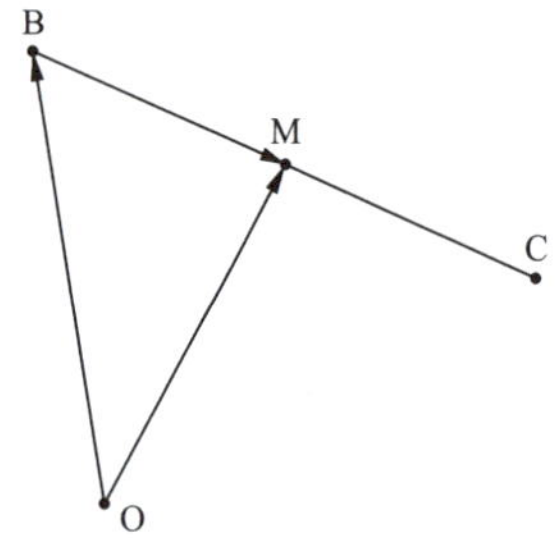

$$\overrightarrow{OM} = \overrightarrow{OB} + \frac{1}{2} \cdot \overrightarrow{BC}$$

$$\overrightarrow{OM} = \begin{pmatrix} -2 \\ 2 \\ 2 \end{pmatrix} + \frac{1}{2} \cdot \begin{pmatrix} -1+2 \\ 4-2 \\ 0-2 \end{pmatrix}$$

$$\overrightarrow{OM} = \begin{pmatrix} -1{,}5 \\ 3 \\ 1 \end{pmatrix}; \; M(-1{,}5 \,|\, 3 \,|\, 1)$$

Bestimmung einer Gleichung der Geraden h

Die Gerade h enthält die Punkte $S_5(2\,|\,2\,|\,5)$ und $M(-1{,}5\,|\,3\,|\,1)$. Damit gilt:

$$h\colon \vec{x} = \begin{pmatrix} 2 \\ 2 \\ 5 \end{pmatrix} + r \cdot \begin{pmatrix} 2+1{,}5 \\ 2-3 \\ 5-1 \end{pmatrix}$$

$$h\colon \vec{x} = \begin{pmatrix} 2 \\ 2 \\ 5 \end{pmatrix} + r \cdot \begin{pmatrix} 3{,}5 \\ -1 \\ 4 \end{pmatrix}; \; r \in \mathbb{R}$$

2.3 **Gleichung von E in Parameterform**

$$E:\ \vec{x} = \overrightarrow{OA} + k \cdot \overrightarrow{AB} + \ell \cdot \overrightarrow{AC}$$

$$E:\ \vec{x} = \begin{pmatrix} 1 \\ -2 \\ 1 \end{pmatrix} + k \cdot \begin{pmatrix} -3 \\ 4 \\ 1 \end{pmatrix} + \ell \cdot \begin{pmatrix} -2 \\ 6 \\ -1 \end{pmatrix};\ k, \ell \in \mathbb{R}$$

Umwandlung in Koordinatenform

1. Weg: Mithilfe des Gauß-Algorithmus

$$E:\ \begin{aligned} x_1 &= 1 - 3k - 2\ell \\ x_2 &= -2 + 4k + 6\ell \\ x_3 &= 1 + k - \ell \end{aligned} \quad \Leftrightarrow \quad \begin{aligned} -3k - 2\ell &= x_1 - 1 \\ 4k + 6\ell &= x_2 + 2 \\ k - \ell &= x_3 - 1 \end{aligned}$$

Gauß-Algorithmus

$$\left(\begin{array}{cc|c} -3 & -2 & x_1 - 1 \\ 4 & 6 & x_2 + 2 \\ 1 & -1 & x_3 - 1 \end{array}\right) \xrightarrow[3 \cdot III + I]{3 \cdot II + 4 \cdot I} \left(\begin{array}{cc|c} -3 & -2 & x_1 - 1 \\ 0 & 10 & 4x_1 + 3x_2 + 2 \\ 0 & -5 & x_1 + 3x_3 - 4 \end{array}\right)$$

$$\xrightarrow{2 \cdot III + II} \left(\begin{array}{cc|c} -3 & -2 & x_1 - 1 \\ 0 & 10 & 4x_1 + 3x_2 + 2 \\ 0 & 0 & 6x_1 + 3x_2 + 6x_3 - 6 \end{array}\right)$$

$\Rightarrow$ E: $6x_1 + 3x_2 + 6x_3 - 6 = 0$ oder $E:\ 2x_1 + x_2 + 2x_3 = 2$ (zur Kontrolle gegeben)

Die Koordinatengleichung einer Ebene darf mit einer beliebigen reellen Zahl ungleich null multipliziert bzw. dividiert werden.

2. Weg: Durch Eliminieren der Parameter

$$\begin{aligned} &\text{I} && x_1 = 1 - 3k - 2\ell \\ &\text{II} && x_2 = -2 + 4k + 6\ell \\ &\text{III} && x_3 = 1 + k - \ell \quad \text{aus III: } k = x_3 + \ell - 1 \text{ in I und II} \end{aligned}$$

$$\begin{aligned} &\text{I'} && x_1 = 1 - 3 \cdot (x_3 + \ell - 1) - 2\ell \\ &\text{II'} && x_2 = -2 + 4 \cdot (x_3 + \ell - 1) + 6\ell \end{aligned}$$

$$\begin{aligned} &\text{I'} && x_1 = -3x_3 + 4 - 5\ell \quad \text{aus I': } 5\ell = -x_1 - 3x_3 + 4 \text{ in II'} \\ &\text{II'} && x_2 = 4x_3 - 6 + 10\ell \end{aligned}$$

$$E:\ x_2 = 4x_3 - 6 + 2 \cdot (-x_1 - 3x_3 + 4)$$

$$E:\ x_2 = 4x_3 - 6 - 2x_1 - 6x_3 + 8$$

$$E:\ 2x_1 + x_2 + 2x_3 = 2$$

2.4 **Gleichung der Ebene F**

Da die Art der Ebenengleichung nicht angegeben ist, kann eine Gleichung der Ebene F in Parameterform oder in Koordinatenform bestimmt werden.

1. Weg: Für die Parameterform können wegen der Parallelität von E und F dieselben Richtungsvektoren wie bei E verwendet werden, Aufpunkt ist der Punkt $S_5(2\,|\,2\,|\,5)$:

$$F:\ \vec{x} = \begin{pmatrix} 2 \\ 2 \\ 5 \end{pmatrix} + s \cdot \begin{pmatrix} -3 \\ 4 \\ 1 \end{pmatrix} + t \cdot \begin{pmatrix} -2 \\ 6 \\ -1 \end{pmatrix};\ s, t \in \mathbb{R}$$

2. Weg: Die Ebenengleichung in Koordinatenform $Ax_1 + Bx_2 + Cx_3 + D = 0$ unterscheidet sich bei zwei parallelen Ebenen nur in der additiven Konstanten D. Damit gilt für die Ebene F: $2x_1 + x_2 + 2x_3 + D = 0$.

Setzt man den Punkt $S_5(2\,|\,2\,|\,5)$ ein, erhält man:

$2 \cdot 2 + 2 + 2 \cdot 5 + D = 0;\;\; 16 + D = 0;\;\; D = -16$

Damit ergibt sich für die Ebene F die Gleichung $\underline{\underline{F\colon 2x_1 + x_2 + 2x_3 - 16 = 0}}$.

Skizze der Ebenen E und F mit den Punkten A, B, C, M und S_5 sowie der Geraden h

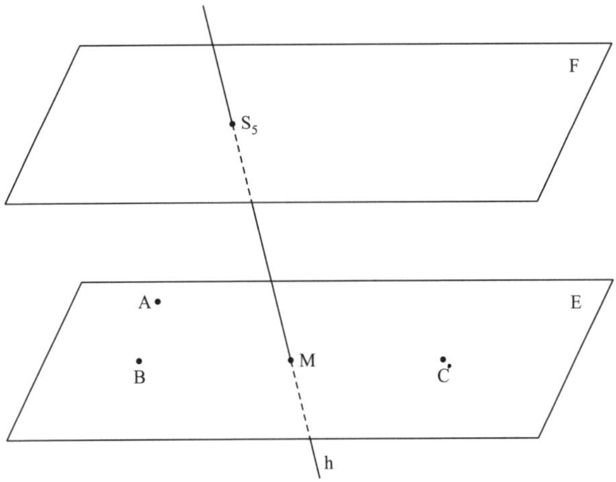

Gegenseitige Lage der Geraden h und AC

Aus der Skizze ist direkt ersichtlich, dass die Geraden h und AC windschief zueinander sind.

Leerseiten verbilligen in diesem Fall die Herstellung des Buches!

Bayern – FOS · BOS 13 – Abiturprüfung 2014
Mathematik (Nichttechnische Ausbildungsrichtungen) – Aufgabengruppe A 1

1.0 Gegeben ist die Funktion $f: x \mapsto \left(\frac{1}{4}x^2 + x + 2\right) \cdot e^{-0{,}5x}$ mit $D_f = \mathbb{R}$. Ihr Graph wird mit G_f bezeichnet.

1.1 Untersuchen Sie f auf Nullstellen und das Verhalten von f(x) für $x \to \pm\infty$. (3 BE)

1.2 Bestimmen Sie die maximalen Monotonieintervalle von G_f sowie Art und Koordinaten der Punkte mit horizontalen Tangenten.
Untersuchen Sie G_f auch auf Wendepunkte.
(Teilergebnis: $f'(x) = -\frac{1}{8}x^2 e^{-0{,}5x}$) (10 BE)

1.3 Bestimmen Sie die Gleichung der Tangente t an den Graphen G_f im Punkt $P(-2 \mid f(-2))$.
(Ergebnis: t: $y = -0{,}5e \cdot x$) (3 BE)

1.4 Zeichnen Sie G_f und die Tangente aus 1.3 unter Verwendung der bisherigen Ergebnisse für $-3 \le x \le 7$ in ein kartesisches Koordinatensystem. (1 LE = 1 cm) (5 BE)

1.5.1 Berechnen Sie die reellen Werte von a und b so, dass die Funktion $F: x \mapsto (-0{,}5x^2 + ax + b) \cdot e^{-0{,}5x}$ mit $D_F = \mathbb{R}$ eine Stammfunktion von f wird.
(Ergebnis: $a = -4$; $b = -12$) (5 BE)

1.5.2 Die Tangente t aus 1.3, der Graph G_f und die y-Achse schließen im II. Quadranten ein Flächenstück ein. Kennzeichnen Sie das Flächenstück in der Zeichnung von 1.4 und berechnen Sie die exakte Maßzahl des Flächeninhalts. (5 BE)

2.0 In der nebenstehenden Zeichnung ist der Graph einer gebrochen-rationalen Funktion $h: x \mapsto h(x)$ dargestellt. Für die Funktion g gilt: $g(x) = \ln(h(x))$.

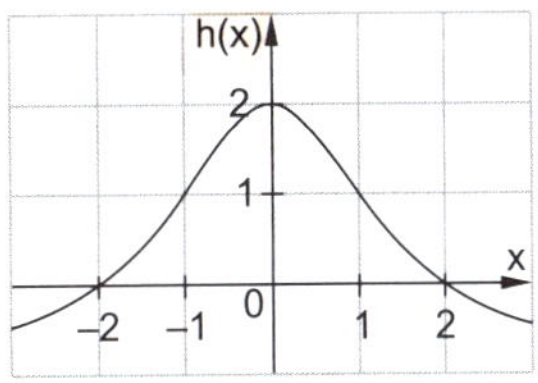

2.1 Bestimmen Sie aus der Zeichnung die maximale Definitionsmenge $D_g \subset \mathbb{R}$ von g und geben Sie das Verhalten von g(x) an den Rändern von D_g sowie die Nullstellen von g(x) an. (5 BE)

2.2 Untersuchen Sie den Graphen von g auf Extrempunkte und geben Sie deren Art und Koordinaten an. (4 BE)

3.0 Der Sauerstoffgehalt S von Gewässern, der in mg/ℓ (Milligramm pro Liter) angegeben wird, lässt Rückschlüsse auf den Fischbestand der Gewässer zu. Ertragreiche Fischgewässer haben einen Sauerstoffgehalt von mehr als 6 mg/ℓ. Dieser hängt unter anderem von der Wassertemperatur und dem Grad der Verunreinigung des Wassers ab.
Ein Bach wird zum Zeitpunkt $t=0$ durch Einleiten von organischen Abfällen an einer Stelle verunreinigt. Bei annähernd konstanter Temperatur beschreibt folgende Funktion modellhaft den Sauerstoffgehalt in der Nähe der Einleitungsstelle in den Tagen nach der Verunreinigung:

$$S:\ t \mapsto S(t) = \frac{-36t}{t^2+16} + 6 \quad (t \geq 0 \text{ in Tagen})$$

Bei den Rechnungen kann auf Einheiten verzichtet werden. Runden Sie Ergebnisse auf zwei Nachkommastellen.

3.1 Geben Sie den Sauerstoffgehalt S zu Beginn der Schadstoffeinleitung an und ermitteln Sie den Wert, auf den sich S langfristig einstellen wird. (3 BE)

3.2 Ermitteln Sie die Zeitintervalle, in denen der Sauerstoffgehalt steigt bzw. fällt, und bestimmen Sie damit die Koordinaten des Extrempunktes von S. Interpretieren Sie die Koordinaten des Extrempunktes im Sachzusammenhang.
(Zur Kontrolle: $\dot{S}(t) = 36 \cdot \frac{t^2-16}{(t^2+16)^2}$) (8 BE)

3.3 Zeichnen Sie den Verlauf des Sauerstoffgehalts für die ersten 12 Tage in ein geeignetes Koordinatensystem. (4 BE)

3.4 Unterhalb eines Werts von 3 mg/ℓ können Fische nicht überleben. Untersuchen Sie rechnerisch, ab welchem Zeitpunkt ein Fischsterben wegen Sauerstoffmangel zu erwarten ist und ab welchem Zeitpunkt der Sauerstoffgehalt ein Überleben der Fische wieder ermöglicht. (5 BE)

(60 BE)

Tipps zur Lösung von Aufgabe A 1

Teilaufgabe 1.1

Zur Bestimmung der Nullstellen muss nur der quadratische Term in der Klammer null gesetzt werden.

Teilaufgabe 1.2

Bilden Sie die 1. und 2. Ableitung mit Produkt- und Kettenregel.

Teilaufgabe 1.3

$f'(-2)$ gibt die Steigung der Tangente an.

Teilaufgabe 1.4

Zur Sicherheit kann für die Funktion f eine Wertetabelle angefertigt werden.

Teilaufgabe 1.5.1

Bilden Sie zur gegebenen Funktion F die 1. Ableitung.

Teilaufgabe 1.5.2

Berechnen Sie zunächst die Fläche unter G_f im Bereich $-2 \leq x \leq 0$.

Teilaufgabe 2.1

Aus dem bei 2.0 abgebildeten Graphen kann das Vorzeichenverhalten der Funktion h abgelesen werden.

Teilaufgabe 2.2

Bilden Sie allgemein die 1. Ableitung von g.

Teilaufgabe 3.1

Der Sauerstoffgehalt zu Beginn der Schadstoffeinleitung ist $S(0)$.

Teilaufgabe 3.2

Bilden Sie die 1. Ableitung $\dot{S}(t)$ mit der Quotientenregel.

Teilaufgabe 3.3

Fertigen Sie eine Wertetabelle an.

Teilaufgabe 3.4

Berechnen Sie die Zeitpunkte, für die gilt $S(t) = 3$.

Lösung

1.0 $f\colon x \mapsto \left(\frac{1}{4}x^2 + x + 2\right) \cdot e^{-0,5x};\ D_f = \mathbb{R}$

1.1 **Nullstellen**

$\left(\frac{1}{4}x^2 + x + 2\right) \cdot e^{-0,5x} = 0;\ e^{-0,5x} > 0$ für $x \in \mathbb{R}$

$\frac{1}{4}x^2 + x + 2 = 0;\ D = 1^2 - 4 \cdot \frac{1}{4} \cdot 2;\ D = -1;$

$D < 0$, also hat die Funktion f keine Nullstellen.

Verhalten von f(x) für $x \to \pm\infty$

$x \to -\infty$: $\underbrace{\left(\frac{1}{4}x^2 + x + 2\right)}_{\to +\infty} \cdot \underbrace{e^{-0,5x}}_{\to +\infty} \to +\infty$

$x \to +\infty$: $\lim\limits_{x \to +\infty} \underbrace{\left(\frac{1}{4}x^2 + x + 2\right)}_{\to +\infty} \cdot \underbrace{e^{-0,5x}}_{\to 0} = \lim\limits_{x \to +\infty} \frac{\overbrace{\left(\frac{1}{4}x^2 + x + 2\right)}^{\to +\infty}}{\underbrace{e^{0,5x}}_{\to +\infty}}$

$\overset{\text{l'Hospital}}{=} \lim\limits_{x \to +\infty} \frac{\overbrace{\frac{1}{2}x + 1}^{\to +\infty}}{\underbrace{\frac{1}{2}e^{0,5x}}_{\to +\infty}} \overset{\text{l'Hospital}}{=} \lim\limits_{x \to +\infty} \frac{\frac{1}{2}}{\underbrace{\frac{1}{4}e^{0,5x}}_{\to +\infty}} = 0$

Der letzte Grenzwert kann auch direkt mit dem Überwiegen der e-Funktion begründet werden.

1.2 **Berechnung der 1. Ableitung**

$f'(x) = (0,5x + 1)e^{-0,5x} + (0,25x^2 + x + 2)e^{-0,5x} \cdot (-0,5)$ (Produkt- und Kettenregel)

$f'(x) = (0,5x + 1 - 0,125x^2 - 0,5x - 1)e^{-0,5x}$ ($e^{-0,5x}$ ausklammern)

$f'(x) = -0,125x^2 \cdot e^{-0,5x}$ (zusammenfassen, zur Kontrolle gegeben)

Ermittlung der Stellen mit waagrechter (horizontaler) Tangente

$f'(x) = 0;\ -0,125x^2 = 0\ \ (e^{-0,5x} > 0);\ x_{1,2} = 0$

Bestimmung der maximalen Monotonieintervalle von G_f

$f'(x) = \underbrace{-0,125}_{<0} \cdot \underbrace{x^2}_{x \geq 0} \cdot \underbrace{e^{-0,5x}}_{>0} \leq 0$

Also ist G_f streng monoton fallend in $\mathbb{R}$.

Art und Koordinaten des Punktes mit horizontaler Tangente
Bei $x_{1,2}=0$ liegt eine doppelte Nullstelle der 1. Ableitung vor, somit hat f'(x) dort keinen Vorzeichenwechsel und f keine Monotonieänderung. Mit $f(0)=2$ gilt:
Terrassenpunkt TEP(0; 2)

Untersuchung von G_f auf Wendepunkte

$f''(x)=-0,25x\cdot e^{-0,5x}-0,125x^2\cdot e^{-0,5x}\cdot(-0,5)$ (Produkt- und Kettenregel)

$f''(x)=(-0,25x+0,0625x^2)\cdot e^{-0,5x}$ ($e^{-0,5x}$ ausklammern)

$f''(x)=(0,0625x^2-0,25x)\cdot e^{-0,5x}$ (nach Potenzen von x geordnet)

$f''(x)=0;\ 0,0625x^2-0,25x=0\ (e^{-0,5x}>0);\ x\cdot(0,0625x-0,25)=0;\ x_1=0;\ x_3=4$

Die Lösung $x_1=0$ ergibt sich hier zwangsläufig, da der oben bestimmte Terrassenpunkt auch ein Wendepunkt ist.

$x_1=0$ und $x_3=4$ sind einfache Nullstellen der 2. Ableitung mit Vorzeichenwechsel, also Wendepunkte. Mit $f(4)=10\cdot e^{-2}\approx 1,4$ gilt:
$WEP_1(0;2)$ und $WEP_2(4;10e^{-2})$

Der Existenznachweis für die Wendepunkte kann auch mithilfe der 3. Ableitung und der Bedingung $f'''(x_0)\neq 0$ erbracht werden.

1.3 **Bestimmung der Tangentengleichung**
$f(-2)=e;\ f'(-2)=-0,5e$
Durch Einsetzen in die Punkt-Steigungsform der Geradengleichung erhält man als Tangentengleichung:
t: $y=-0,5e\cdot(x+2)+e$
t: $y=-0,5e\cdot x$ (zur Kontrolle gegeben)

1.4 **Zeichnung des Graphen G_f und der Tangente t**
Bisherige Ergebnisse: TEP(0; 2), WEP_2(4; 1,4), Tangente t: $y=-1,4x$ im Punkt P(–2; 2,71)

Obwohl keine Berechnung weiterer Punkte verlangt ist, sollte für eine saubere Zeichnung eine Wertetabelle erstellt werden.

x	–3	–2	–1	0	1	2	3	4	5	6	7
f(x)	5,6	2,7	2,1	2	1,97	1,8	1,6	1,4	1,1	0,8	0,6
		P		TEP WEP_1				WEP_2			

Graph G_f und Tangente t

Es ist sinnvoll, zuerst die Tangente t zu zeichnen.

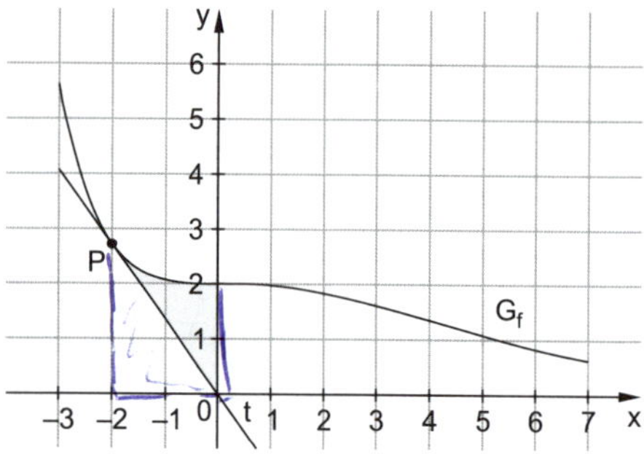

1.5.1 **Bestimmung der Parameter a und b**

Wenn F Stammfunktion von f sein soll, muss $F'(x) = f(x)$ gelten.

$F'(x) = (-x + a) \cdot e^{-0,5x} - 0,5 \cdot (-0,5x^2 + ax + b) \cdot e^{-0,5x}$ (Produkt- und Kettenregel)

$F'(x) = (-x + a + 0,25x^2 - 0,5ax - 0,5b) \cdot e^{-0,5x}$ ($e^{-0,5x}$ ausklammern)

$F'(x) = (0,25x^2 + x \cdot (-1 - 0,5a) + a - 0,5b) \cdot e^{-0,5x}$

$f(x) = (0,25x^2 + x \cdot 1 + 2) \cdot e^{-0,5x}$ (zum Vergleich)

$F'(x) = f(x)$ ist genau dann erfüllt, wenn alle Koeffizienten der quadratischen Terme übereinstimmen (Koeffizientenvergleich).

Also muss gelten: (I) $-1 - 0,5a = 1 \;\Leftrightarrow\; \underline{\underline{a = -4}}$ in II

(II) $a - 0,5b = 2 \;\Rightarrow\; -4 - 0,5b = 2;\; \underline{\underline{b = -12}}$

$\Rightarrow\; F(x) = (-0,5x^2 - 4x - 12) \cdot e^{-0,5x}$ ist Stammfunktion von f.

1.5.2 **Berechnung der Maßzahl des Flächeninhalts**

Die beschriebene Fläche ist im Schaubild von Teilaufgabe 1.4 gekennzeichnet. Die Maßzahl A des Flächeninhalts ergibt sich als Differenz der Fläche unter G_f im Bereich $-2 \le x \le 0$ und der Fläche des Dreiecks PQO mit P aus Teilaufgabe 1.3, Q(–2; 0) und dem Koordinatenursprung O. Somit gilt:

$$A = \int_{-2}^{0} f(x)\,dx - A_\Delta$$

$$A = [F(x)]_{-2}^{0} - \frac{1}{2} \cdot 2 \cdot e$$

$$A = [(-0,5x^2 - 4x - 12) \cdot e^{-0,5x}]_{-2}^{0} - e$$

$$A = -12 - (-6e) - e$$

$$\underline{\underline{A = 5e - 12}}$$

2.1 **Definitionsmenge D_g**

Wegen $g(x) = \ln(h(x))$ muss gelten: $h(x) > 0$.
Aus der Darstellung des Graphen der Funktion h bei 2.0 ergibt sich:
$h(x) > 0$ für $x \in]-2; 2[\quad \Rightarrow \quad \underline{\underline{D_g =]-2; 2[}}$

Verhalten von g(x) an den Rändern von D_g

$x \xrightarrow{<} 2$: $\quad h(x) \to 0^+$; $\quad g(x) \to -\infty$
$x \xrightarrow{>} -2$: $\quad h(x) \to 0^+$; $\quad g(x) \to -\infty$

Nullstellen von g(x)

$g(x) = 0$; $h(x) = 1$
Da der Graph der Funktion h offensichtlich die Punkte A(1; 1) und B(–1; 1) enthält, liegen die Nullstellen von g(x) bei $\underline{\underline{x_1 = -1}}$ und $\underline{\underline{x_2 = 1}}$.

2.2 **Art und Koordinaten der Extrempunkte des Graphen von g**

Es gilt:

$$g'(x) = \frac{1}{h(x)} \cdot h'(x) \qquad \text{(Kettenregel)}$$

$$g'(x) = \frac{h'(x)}{h(x)}$$

Da $h(x) > 0$ für $x \in D_g$, besitzen g'(x) und h'(x) dasselbe Vorzeichenverhalten und dieselben Nullstellen. Damit sind die x-Koordinate und die Art des Extrempunktes der Graphen von g und h gleich.
Somit hat der Graph von H den Hochpunkt $\underline{\underline{HOP(0; \ln(2))}}$.

3.0 Sauerstoffgehalt eines Baches: $S(t) = \frac{-36t}{t^2+16} + 6$; $t \geq 0$

3.1 **Sauerstoffgehalt S zu Beginn und langfristig**

Zu Beginn der Schadstoffeinleitung ist $t = 0$:
$\underline{\underline{S(0) = 6}}$

Den Wert, auf den sich S langfristig einstellen wird, erhält man als Grenzwert $\lim\limits_{t \to +\infty} S(t)$.

$t \to +\infty$: $\frac{-36t}{t^2+16} \to 0$, da der Nennergrad höher ist als der Zählergrad.

Damit gilt: $\underline{\underline{\lim\limits_{t \to +\infty} S(t) = 6}}$

3.2 **Bestimmung der Zeitintervalle mit steigendem bzw. fallendem Sauerstoffgehalt**
Die Änderungsrate des Sauerstoffgehalts S(t) wird von der 1. Ableitung $\dot{S}(t)$ beschrieben.

$$\dot{S}(t) = \frac{(t^2+16)\cdot(-36)-(-36t)\cdot 2t}{(t^2+16)^2}$$ (Quotientenregel)

$$\dot{S}(t) = \frac{36\cdot(-t^2-16+2t^2)}{(t^2+16)^2}$$ (36 ausklammern)

$$\dot{S}(t) = 36\cdot\frac{t^2-16}{(t^2+16)^2}$$ (zur Kontrolle gegeben)

Wegen $(t^2+16)^2>0$ und $36>0$ wird das Vorzeichen von $\dot{S}(t)$ allein bestimmt vom Zählerterm t^2-16. Dieser beschreibt eine nach oben geöffnete Parabel mit folgenden Nullstellen:
$t^2-16=0;\ t^2=16;\ t_1=4;\ t_2=-4$

Wegen $t\geq 0$ ist nur die Nullstelle $t_1=4$ relevant. Dort ändern der Zählerterm und damit $\dot{S}(t)$ das Vorzeichen von – nach +.
Damit ist S(t) fallend für $t\in[0;4]$ und steigend für $t\in[4;+\infty[$.

Koordinaten und Interpretation des Extrempunktes
Aus dem Monotonieverhalten von S ergibt sich ein Tiefpunkt bei $t_1=4$ mit $S(4)=1{,}5$.
Damit ist der Sauerstoffgehalt nach 4 Tagen am geringsten und beträgt 1,5 mg/ℓ.

3.3 **Graph der Funktion S**

Für eine saubere Zeichnung sollte eine Wertetabelle erstellt werden.

x	0	1	2	3	4	5	6	8	10	12
S(t)	6	3,9	2,4	1,7	1,5	1,6	1,8	2,4	2,9	3,3
					TIP					

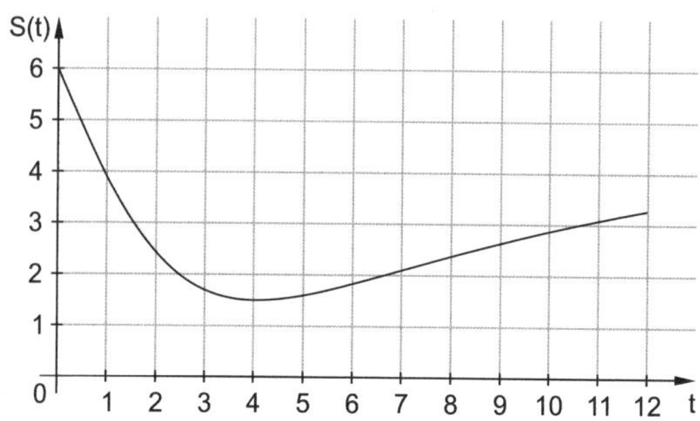

3.4 **Berechnung der Zeitpunkte mit $S(t) = 3$**

$$S(t) = 3$$

$$\frac{-36t}{t^2+16} + 6 = 3$$

$$\frac{-36t}{t^2+16} = -3$$

$$-36t = -3t^2 - 48$$

$$3t^2 - 36t + 48 = 0 \qquad |:3$$

$$t^2 - 12t + 16 = 0$$

$$t_{1,2} = \frac{12 \pm \sqrt{144 - 4 \cdot 16}}{2}$$

$$t_{1,2} = \frac{12 \pm 4\sqrt{5}}{2}$$

$$t_{1,2} = 6 \pm 2\sqrt{5}$$

$$\underline{\underline{t_1 \approx 1{,}5}}; \quad \underline{\underline{t_2 \approx 10{,}5}}$$

Interpretation der Zeitpunkte

Da S nach 1,5 Tagen abnehmend ist, ist ab diesem Zeitpunkt ein Fischsterben zu erwarten. Nach 10,5 Tagen hat sich der Bach so weit erholt, dass die Fische wieder überleben können.

Bayern – FOS · BOS 13 – Abiturprüfung 2014
Mathematik (Nichttechnische Ausbildungsrichtungen) – Aufgabengruppe A 2

1.0 Gegeben ist die gebrochen-rationale Funktion $f: x \mapsto \frac{x^3+3x^2}{2(x+2)^2}$ in ihrer maximalen Definitionsmenge $D_f \subseteq \mathbb{R}$. Ihr Graph ist G_f.

1.1 Geben Sie D_f und die Art der Definitionslücke an und bestimmen Sie die Nullstellen von f. Ermitteln Sie das Verhalten der Funktionswerte von f bei Annäherung an die Definitionslücke. (5 BE)

1.2 Zeigen Sie, dass sich die Funktionsgleichung von f auch darstellen lässt durch $f(x) = \frac{1}{2}x - \frac{1}{2} + \frac{2}{(x+2)^2}$.

Geben Sie die Gleichungen aller Asymptoten von G_f an und untersuchen Sie rechnerisch, für welche Werte von x der Graph G_f oberhalb bzw. unterhalb der schiefen Asymptote verläuft. (6 BE)

1.3 Ermitteln Sie die maximalen Monotonieintervalle von G_f und bestimmen Sie daraus die Art und die Koordinaten des Extrempunktes von G_f.

(Mögliches Teilergebnis: $f'(x) = \frac{x^3+6x^2+12x}{2(x+2)^3}$) (9 BE)

1.4 Zeichnen Sie die Asymptoten von G_f für $-5 \le x \le 4$ in ein Koordinatensystem und skizzieren Sie G_f in die Zeichnung. (5 BE)

1.5 G_f, die x-Achse, die schiefe Asymptote und die Gerade mit der Gleichung $x = u$ mit $u > 1$ schließen ein Flächenstück ein. Schraffieren Sie das Flächenstück für $u = 3$ in der Zeichnung von Aufgabe 1.4 und ermitteln Sie die Maßzahl A(u) des Flächeninhalts in Abhängigkeit von u.
Untersuchen Sie rechnerisch, ob A(u) für $u \to \infty$ endlich ist. (7 BE)

2 Gegeben ist die reelle Funktion h durch $h(x) = \ln(g(x))$ mit $x \in D_h$. Dabei ist g eine quadratische Funktion, deren Graph eine nach oben geöffnete Parabel ist, die zwei verschiedene Schnittpunkte mit der x-Achse besitzt.
Entscheiden Sie, ob die nachfolgenden Aussagen wahr oder falsch sind, und begründen Sie jeweils Ihre Aussagen.

a) Für die Definitionsmenge gilt: $D_h = \mathbb{R}$.

b) Die Funktion h besitzt genau zwei Nullstellen.

c) Der Graph von h besitzt genau einen Extrempunkt. (6 BE)

3 Für Ausdauersportler ist die Laktatkonzentration L im Blut (in mmol/ℓ) ein Indikator für die Ausdauerleistungsfähigkeit. Bei Läufern wird auf dem Laufband die Laktatkonzentration in Abhängigkeit von der Geschwindigkeit v des Läufers (in km/h) gemessen.
Die Messwerte von Läufer Max bei einem Laktattest lassen vermuten, dass die Werte nach einer Funktion der Form $L(v) = (0{,}02v - 0{,}25) \cdot e^{a \cdot v} + b$ für $0 \le v \le 19$ verlaufen.
Bei den Rechnungen kann auf Benennungen verzichtet werden. Die Ergebnisse sind gegebenenfalls auf zwei Nachkommastellen zu runden.

3.1 Berechnen Sie die Werte für a und b, wenn die Laktatkonzentration bei Max in Ruhe 0,95 mmol/ℓ und bei einer Geschwindigkeit von 7 km/h 0,65 mmol/ℓ beträgt.
(Ergebnis: $a \approx 0{,}23$; $b = 1{,}20$) (4 BE)

3.2 Untersuchen Sie mithilfe der 1. Ableitung von L den Verlauf der Laktatkonzentration im Blut von Max und interpretieren Sie die Koordinaten des Extrempunktes im Sachzusammenhang.
(Teilergebnis: $L'(v) = (0{,}0046v - 0{,}0375) \cdot e^{0{,}23v}$) (8 BE)

3.3 Zeichnen Sie die Laktatkurve für $0 \le v \le 19$ in ein Koordinatensystem.
(Maßstab: 1 cm $\hat{=}$ 2 km/h; 1 cm $\hat{=}$ 1 mmol/ℓ) (4 BE)

3.4 Der Laktattest dient auch dazu, die persönliche anaerobe Schwelle des Läufers zu ermitteln. Bei der anaeroben Schwelle reicht der aufgenommene Sauerstoff gerade noch aus, um den Energiebedarf in der Muskulatur zu decken.
Zur Bestimmung der anaeroben Schwelle gibt es unterschiedliche Modelle:

a) Die Steigung der Laktatkurve hat den Wert 1.

b) Die Laktatkonzentration im Blut beträgt 4 mmol/ℓ.

Bestimmen Sie die anaerobe Schwelle für Max nach beiden Modellen und vergleichen Sie die Werte. Verwenden Sie dazu für a) als Näherungsfunktion für die Laktatkonzentration $N(v) = e^{0{,}5v-7} + 1$ und lesen Sie den Wert für b) aus der Zeichnung von 3.3 ab. (6 BE)

(60 BE)

Tipps zur Lösung von Aufgabe A 2

Teilaufgabe 1.1
Zur Bestimmung von D_f setzen Sie den Nennerterm gleich null.

Teilaufgabe 1.2
Formen Sie den Funktionsterm der Funktion f durch Polynomdivision um.

Teilaufgabe 1.3
Bilden Sie die 1. Ableitung mit der Quotientenregel.

Teilaufgabe 1.4
Zeichnen Sie zuerst die Asymptoten des Graphen G_f ein.

Teilaufgabe 1.5
Verwenden Sie den Funktionsterm in der Form von Teilaufgabe 1.2.

Teilaufgabe 2
Das Argument der ln-Funktion muss positiv sein, es muss also $g(x) > 0$ gelten.

Teilaufgabe 3.1
Setzen Sie die gegebenen Wertepaare in L(v) ein.

Teilaufgabe 3.2
Bilden Sie die 1. Ableitung der Funktion L mit Produkt- und Kettenregel.

Teilaufgabe 3.3
Zur Sicherheit kann eine Wertetabelle erstellt werden.

Teilaufgabe 3.4
Berechnen Sie die 1. Ableitung der gegebenen Näherungsfunktion N(v).

Lösung

1.0 f: $x \mapsto \frac{x^3+3x^2}{2(x+2)^2}$; $D_f \subseteq \mathbb{R}$

1.1 **Definitionsmenge D_f**

Nenner: $2(x+2)^2=0$; $x+2=0$; $x_1=-2 \Rightarrow \underline{\underline{D_f = \mathbb{R} \setminus \{-2\}}}$

Über die Art der Definitionslücke kann erst entschieden werden, wenn auch die Nullstellen berechnet worden sind.

Nullstellen

Zähler: $x^3+3x^2=0$; $x^2 \cdot (x+3)=0$; $x_{2,3}=0$; $x_4=-3$

$\Rightarrow$ Nullstellen bei $\underline{\underline{x_{2,3}=0}}$ und $\underline{\underline{x_4=-3}}$

Bei der doppelten Nullstelle $x_{2,3}=0$ berührt der Graph G_f die x-Achse. Dort liegt somit ein Extrempunkt von G_f (siehe Teilaufgabe 1.3).

Art der Definitionslücke

Da der Zähler an der Stelle $x_1=-2$ nicht null wird und der Linearfaktor $(x+2)$ im Nenner im Quadrat steht, liegt bei $x_1=-2$ eine Unendlichkeitsstelle oder Polstelle 2. Ordnung (ohne Vorzeichenwechsel) vor.

Verhalten von f(x) für $x \mapsto -2$

$$x \xrightarrow[<]{>} -2: \quad \frac{\overbrace{x^2 \cdot (x+3)}^{\to 4}}{\underbrace{2(x+2)^2}_{\to 0^+}} \to +\infty; \quad \text{also } \underline{\underline{x \to -2: \ f(x) \to +\infty}}$$

1.2 **Nachweis des alternativen Funktionsterms**

$$f(x) = \frac{x^3+3x^2}{2(x+2)^2}$$

1. Weg: Polynomdivision

Der Nennerterm muss zuerst ausmultipliziert werden:

$2 \cdot (x+2)^2 = 2 \cdot (x^2+4x+4) = 2x^2+8x+8$

$$\begin{array}{l} (x^3+3x^2):(2x^2+8x+8) = \frac{1}{2}x - \frac{1}{2} + \frac{4}{2(x+2)^2} \\ \underline{-(x^3+4x^2+4x)} \\ \quad -x^2-4x \\ \quad \underline{-(-x^2-4x-4)} \\ \qquad\qquad +4 \end{array}$$

Also gilt: $f(x) = \frac{1}{2}x - \frac{1}{2} + \frac{2}{(x+2)^2}$

2. Weg: Erweitern des gegebenen Funktionsterms

$$\frac{1}{2}x-\frac{1}{2}+\frac{2}{(x+2)^2}=\frac{x-1}{2}+\frac{2}{(x+2)^2}=\frac{(x-1)(x+2)^2}{2\cdot(x+2)^2}+\frac{2\cdot 2}{2\cdot(x+2)^2}$$

$$=\frac{(x-1)(x^2+4x+4)+4}{2(x+2)^2}=\frac{x^3+4x^2+4x-x^2-4x-4+4}{2(x+2)^2}$$

$$=\frac{x^3+3x^2}{2(x+2)^2}=f(x) \qquad \text{(wie in 1.0 gegeben)}$$

Gleichungen aller Asymptoten von G_f

Aus der neuen Darstellung des Funktionsterms erkennt man die Gleichung der schiefen Asymptote $\underline{\underline{y=\frac{1}{2}x-\frac{1}{2}}}$ sowie die Gleichung der senkrechten Asymptote $\underline{\underline{x=-2}}$.

Verlauf von G_f oberhalb der schiefen Asymptote

Am Funktionsterm in der Darstellung

$$f(x)=\frac{1}{2}x-\frac{1}{2}+\frac{2}{(x+2)^2}$$

erkennt man, dass zu den Funktionswerten der schiefen Asymptote mit $y=\frac{1}{2}x-\frac{1}{2}$ immer positive Werte addiert werden (wegen $\frac{2}{(x+2)^2}>0$).

Damit verläuft G_f für alle $x\in D_f$ oberhalb der schiefen Asymptote.

1.3 **Berechnung der 1. Ableitung von f**

$$f'(x)=\frac{1}{2}\cdot\frac{(3x^2+6x)\cdot(x+2)^2-(x^3+3x^2)\cdot 2\cdot(x+2)}{(x+2)^4} \qquad \text{(Quotienten- und Kettenregel)}$$

$$f'(x)=\frac{1}{2}\cdot\frac{(x+2)\cdot((3x^2+6x)\cdot(x+2)-(x^3+3x^2)\cdot 2)}{(x+2)^4} \qquad \text{((x+2) ausklammern)}$$

$$f'(x)=\frac{1}{2}\cdot\frac{3x^3+6x^2+6x^2+12x-2x^3-6x^2}{(x+2)^3} \qquad \text{((x+2) kürzen und im Zähler ausmultiplizieren)}$$

$$f'(x)=\frac{1}{2}\cdot\frac{x^3+6x^2+12x}{(x+2)^3} \qquad \text{(zusammenfassen)}$$

$$f'(x)=\frac{x^3+6x^2+12x}{2(x+2)^3} \qquad \text{(zur Kontrolle gegeben)}$$

Ermittlung der Stellen mit waagrechter Tangente

$f'(x)=0;\ \ x\cdot(x^2+6x+12)=0;\ \ x_1=0$

$x^2+6x+12=0;\ \ D=36-4\cdot 12;\ \ D<0$

Also ist bei $x_1=0$ die einzige Stelle mit waagrechter Tangente.

Bestimmung der maximalen Monotonieintervalle von G_f

Vorzeichentabelle für $f'(x)=\dfrac{x\cdot(x^2+6x+12)}{2(x+2)^3}$

Da die Gleichung $x^2+6x+12=0$ keine Lösung besitzt, ist der Term $x^2+6x+12$ immer positiv. Das Vorzeichen des Zählers von f'(x) wird also allein vom Faktor x bestimmt.

x	$x<-2$	$x=-2$	$-2<x<0$	$x=0$	$0<x$
Zähler: x	–	–	–	0	+
Nenner: $2(x+2)^3$	–	0	+	+	+
f'(x)	+	n. d.	–	0	+
f(x)	↗	n. d.	↘	TIP	↗

Bei maximalen Monotonieintervallen sind die Randpunkte einzuschließen, sofern die Funktion dort definiert ist.

Also ist G_f streng monoton steigend in den Intervallen $]-\infty; -2[$ und $[0; +\infty[$ und streng monoton fallend im Intervall $]-2; 0]$.

Art und Koordinaten des Extrempunktes von G_f
Mit $f(0)=0$ aus Teilaufgabe 1.1 ergibt sich der Tiefpunkt TIP(0; 0).

1.4 **Zeichnung des Graphen G_f und seiner Asymptoten**
Bisherige Ergebnisse: Asymptoten $x=-2$ und $y=\frac{1}{2}x-\frac{1}{2}$, Tiefpunkt TIP(0; 0), weitere Nullstelle: $x_4=-3$

Obwohl nur eine Skizze von G_f verlangt ist, kann zur Sicherheit auch eine vollständige Wertetabelle erstellt werden.

x	–5	–4	–3	–2	–1	0	1	2	3	4
f(x)	–2,8	–2	0	n. d.	1	0	0,2	0,6	1,1	1,6
			N			TIP				

Graph G_f

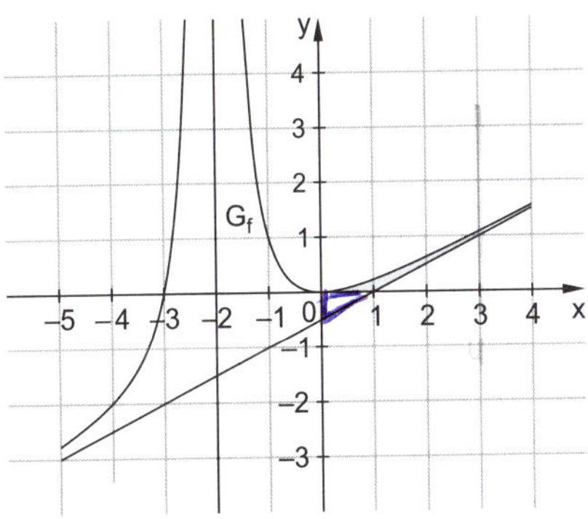

1.5 **Ermitteln der Maßzahl A(u) des Flächeninhalts**
Die beschriebene Fläche ist für den Sonderfall $u=3$ im Schaubild von Teilaufgabe 1.4 gekennzeichnet. Die Maßzahl A soll jedoch allgemein in Abhängigkeit von u ($u \in \mathbb{R}$ und $u>1$) berechnet werden. Dazu muss von der Fläche $A_1(u)$ zwischen G_f und seiner schiefen Asymptote im Bereich $0 \le x \le u$ die Fläche A_2 des Dreiecks abgezogen werden, welches die schiefe Asymptote mit den Koordinatenachsen im IV. Quadranten einschließt.

Es gilt:

$$A_1(u) = \int_0^u (f(x) - g(x))\,dx = \int_0^u \left(\frac{1}{2}x - \frac{1}{2} + \frac{2}{(x+2)^2} - \left(\frac{1}{2}x - \frac{1}{2}\right)\right) dx = \int_0^u \left(\frac{2}{(x+2)^2}\right) dx$$

$$= \left[-\frac{2}{(x+2)}\right]_0^u = \left(-\frac{2}{u+2}\right) - (-1) = 1 - \frac{2}{u+2}$$

$$A_2 = \frac{1}{2} \cdot \frac{1}{2} \cdot 1 = \frac{1}{4}$$

$$\Rightarrow \quad A(u) = A_1(u) - A_2; \quad \underline{\underline{A(u) = \frac{3}{4} - \frac{2}{u+2}}} \qquad (u > 1)$$

Verhalten von A(u) für $u \to +\infty$

$$u \to +\infty: \ \frac{2}{u+2} \to 0 \quad \Rightarrow \quad \underline{\underline{\lim_{u \to +\infty} A(u) = \frac{3}{4}}}$$

Damit strebt A(u) für $u \to +\infty$ gegen den endlichen Wert $\frac{3}{4}$.

2 a) Die Aussage $D_h = \mathbb{R}$ ist falsch.
Da der Graph der Funktion g eine nach oben geöffnete Parabel ist, die zwei Nullstellen besitzt, gilt zwischen diesen Nullstellen $g(x) < 0$. Die Funktion $g(x) = \ln(g(x))$ ist jedoch nur dort definiert, wo $g(x) > 0$ gilt.

b) Die Aussage, dass die Funktion h genau zwei Nullstellen besitzt, ist richtig.
Da die von g beschriebene Parabel nach oben geöffnet ist, gibt es zwei Stellen mit $g(x) = 1$ und damit $h(x) = \ln(1) = 0$.

c) Die Aussage, dass der Graph von h genau einen Extrempunkt besitzt, ist falsch.
Der Extrempunkt von h müsste wegen $h'(x) = \frac{g'(x)}{g(x)}$ an der gleichen Stelle liegen wie der Scheitel von g. Dieser liegt jedoch zwischen den Nullstellen von g, wo h nicht definiert ist.

3.0 Laktatkonzentration $L(v) = (0{,}02v - 0{,}25) \cdot e^{a \cdot v} + b$ mit $0 \le v \le 19$

3.1 **Berechnung der Parameterwerte a und b**
Es sind die Laktatkonzentrationen in Ruhe, das heißt für $v = 0$, und für $v = 7$ gegeben. Durch Einsetzen der Werte in L(v) erhält man:

(I) $L(0) = 0{,}95; \quad -0{,}25 \cdot \underbrace{e^{a \cdot 0}}_{=1} + b = 0{,}95 \quad \Leftrightarrow \quad \underline{\underline{b = 1{,}2}}$ in II

(II) $L(7) = 0{,}65; \quad (0{,}02 \cdot 7 - 0{,}25) \cdot e^{7a} + b = 0{,}65 \quad \Rightarrow \quad -0{,}11 \cdot e^{7a} + 1{,}2 = 0{,}65$

$$-0{,}11 \cdot e^{7a} = -0{,}55$$

$$e^{7a} = 5$$

$$7a = \ln(5)$$

$$a = \frac{1}{7} \cdot \ln(5)$$

$$\underline{\underline{a \approx 0{,}23}}$$

Damit gilt: $L(v) = (0{,}02v - 0{,}25) \cdot e^{0{,}23v} + 1{,}2$

3.2 **Verlauf der Laktatkonzentration**

Mithilfe der 1. Ableitung $\frac{dL(v)}{dv}$ oder L'(v) erhält man das Monotonieverhalten der Funktion L, das bedeutet in diesem Zusammenhang die Bereiche, in denen die Laktatkonzentration steigt oder fällt.

$L'(v) = 0{,}02 \cdot e^{0{,}23v} + (0{,}02v - 0{,}25) \cdot e^{0{,}23v} \cdot 0{,}23$ (Produkt- und Kettenregel)

$L'(v) = (0{,}02 + 0{,}23 \cdot (0{,}02v - 0{,}25)) \cdot e^{0{,}23v}$ ($e^{0{,}23v}$ ausklammern)

$L'(v) = (0{,}0046v - 0{,}0375) \cdot e^{0{,}23v}$ (zusammenfassen, zur Kontrolle gegeben)

$L'(v) = 0;\ 0{,}0046v - 0{,}0375 = 0;\ v_1 \approx 8{,}15$ ($e^{0{,}23v} > 0$)

Der Linearfaktor (0,0046v – 0,0375) beschreibt eine steigende Gerade und bestimmt wegen $e^{0{,}23v} > 0$ das Vorzeichen von L'(v). L'(v) wechselt das Vorzeichen an der Stelle $v_1 \approx 8{,}15$ von minus nach plus. Demnach nimmt die Laktatkonzentration im Bereich $0 \le v \le 8{,}15$ ab und steigt für $v \ge 8{,}15$ an.

Koordinaten und Interpretation des Extrempunktes

Mit $L(8{,}15) \approx 0{,}63$ und dem Monotonieverhalten ergibt sich der Tiefpunkt TIP(8,15; 0,63). Die Laktatkonzentration hat also bei einer Geschwindigkeit von etwa 8,15 km/h ihren minimalen Wert von ca. 0,63 mmol/ℓ.

3.3 **Zeichnung der Laktatkurve**

Zu den bereits bekannten Funktionswerten sollten für eine saubere Zeichnung einige zusätzliche Werte im Bereich $0 \le v \le 19$ berechnet werden.

x	0	2	5	7	8,15	10	12	15	19
L(v)	0,95	0,87	0,73	0,65	0,63	0,70	1,04	2,78	11,48
					TIP				

Beachten Sie für die Zeichnung die angegebenen Maßstäbe.

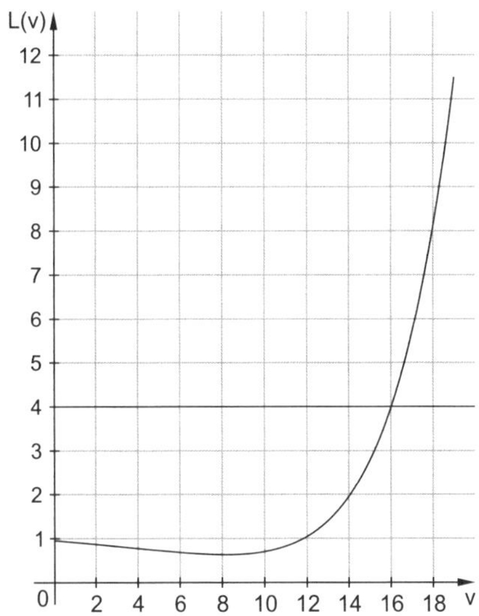

3.4 **Berechnung der anaeroben Schwelle im Modell a**

$N'(v) = 0{,}5 \cdot e^{0{,}5v-7}$; $N'(v) = 1$; $0{,}5 \cdot e^{0{,}5v-7} = 1$; $e^{0{,}5v-7} = 2$; $0{,}5v - 7 = \ln(2)$;

$v = 2(\ln(2) + 7)$; $\underline{\underline{v_2 \approx 15{,}39}}$

Ablesen der anaeroben Schwelle im Modell b

Die Hilfsgerade $L = 4$ erleichtert das Ablesen des zugehörigen Geschwindigkeitswertes. Sie ist im Schaubild von Teilaufgabe 3.3 eingezeichnet.

$L(v) = 4 \;\Rightarrow\; \underline{\underline{v_3 \approx 16}}$

Vergleich der beiden Näherungswerte

Die beiden Näherungswerte unterscheiden sich nur geringfügig, beide Modelle führen zu ähnlichen Werten.

1.0 Die drei Sektoren U, V und W eines Unternehmens sind nach dem Leontief-Modell gemäß nachstehender Tabelle miteinander und mit dem Markt verflochten.
Die Zahlenangaben erfolgen in Mengeneinheiten (ME).

	U	V	W	Markt	Produktion
U	90	20	12	a	150
V	0	b	12	28	200
W	c	0	84	6	120

1.1 Bestimmen Sie die Werte a, b und c und geben Sie deren Bedeutung an. (4 BE)

1.2 Berechnen Sie mithilfe der Inputmatrix A die Marktabgaben der einzelnen Sektoren bei einer Produktion von 100 ME im Sektor U, 150 ME im Sektor V und 80 ME im Sektor W. (3 BE)

1.3 Aufgrund von veränderten wirtschaftlichen Rahmenbedingungen entsteht die folgende Situation:
- Die Marktabgabe von Sektor V sinkt auf 10 ME,
- die gesamte Produktion von Sektor U verbleibt im Unternehmen,
- die Sektoren V und W produzieren gleich viel.

Ermitteln Sie den neuen Konsumvektor und den neuen Produktionsvektor. (5 BE)

1.4 Aufgrund neuer technischer Entwicklungen entsteht für die Produktion eine neue Technologie. Dies führt zu einer gänzlich neuen Inputmatrix, bei der zwei Einträge aufgrund nicht abgeschlossener Umstrukturierungen noch variabel sind:

$$A_{neu} = \begin{pmatrix} 0{,}2 & 0{,}1 & t \\ 0{,}1 & 0{,}1 & 0 \\ 0{,}05 & t-0{,}5 & 0{,}3 \end{pmatrix} \text{ mit } t \in \mathbb{R} \text{ und } t \geq 0;$$

es wird die Produktion $\vec{x} = \begin{pmatrix} 100 \\ 200 \\ 100 \end{pmatrix}$ angestrebt.

Ermitteln Sie hierfür das größtmögliche Intervall der t-Werte. (7 BE)

2.0 In einem Koordinatensystem des $\mathbb{R}^3$ sind die Punkte $A(-4\,|\,0\,|\,0)$, $B(-1\,|\,-1\,|\,1)$ und $C(0\,|\,-3\,|\,1)$ sowie die Ebenenschar F_a: $-2x_1 + ax_2 + 5x_3 + 8 = 0$ mit $a \in \mathbb{R}$ gegeben.

2.1 Die drei Punkte A, B und C spannen die Ebene E auf. Bestimmen Sie je eine Gleichung der Ebene E in Parameter- und Koordinatenform.
(Mögliches Teilergebnis: E: $4x_1 + 2x_2 - 10x_3 + 16 = 0$) (5 BE)

2.2 Ermitteln Sie die gegenseitige Lage der Ebenen E und F_a in Abhängigkeit von a. (4 BE)

2.3 Bestimmen Sie den Wert a so, dass die zugehörige Ebene F_a den Punkt $Z(-2\,|\,1\,|\,-3)$ enthält. (2 BE)

2.4.0 Im Folgenden gilt: $a = 3$.
Die zugehörige Ebene F_3 lautet somit: $F_3: -2x_1 + 3x_2 + 5x_3 + 8 = 0$.

2.4.1 Ermitteln Sie eine Gleichung der Schnittgeraden s der Ebenen E und F_3.
(Mögliches Ergebnis: $s: \vec{x} = \begin{pmatrix} -2 \\ -4 \\ 0 \end{pmatrix} + t \cdot \begin{pmatrix} 5 \\ 0 \\ 2 \end{pmatrix};\ t \in \mathbb{R}$) (4 BE)

2.4.2 Der Punkt A' entsteht durch Spiegelung des Punktes A am Punkt Z aus 2.3.
Berechnen Sie die Koordinaten von A'. (2 BE)

2.4.3 Die Ebene J wird durch die Gerade s und den Punkt $A'(0|2|-6)$ festgelegt. Geben Sie eine Gleichung von J an.
Die nebenstehende Skizze zeigt die Ebenen E und J.
Übertragen Sie die Zeichnung auf Ihr Blatt und ergänzen Sie die Zeichnung durch die Ebene F_3 sowie die Punkte A, A' und Z.

(4 BE)
(40 BE)

Tipps zur Lösung von Aufgabe B 1

Teilaufgabe 1.1
Der letzte Zahlenwert einer Zeile der Input-Output-Tabelle ist jeweils die Summe der ersten vier Zahlenwerte dieser Zeile.

Teilaufgabe 1.2
Berechnen Sie zuerst die Inputmatrix A zur gegebenen Input-Output-Tabelle.

Teilaufgabe 1.3
Stellen Sie mithilfe der gegebenen Rahmenbedingungen einen neuen Marktvektor und einen neuen Produktionsvektor mit geeigneten Variablen auf.

Teilaufgabe 1.4
Verwenden Sie zuerst die Bedingung, dass die Koeffizienten der Inputmatrix nicht negativ sein dürfen.

Teilaufgabe 2.1
Stellen Sie zunächst die Parameterform der Ebenengleichung auf.

Teilaufgabe 2.2
Addieren Sie die beiden Koordinatengleichungen der Ebenen E und F_a.

Teilaufgabe 2.3
Setzen Sie die Koordinaten des Punktes Z in die Koordinatengleichung der Ebene F_a ein.

Teilaufgabe 2.4.1

Setzen Sie die Parameterform der Ebenengleichung von E in die Koordinatenform von F_3 ein.

Teilaufgabe 2.4.2

A' und A liegen von Z gleich weit entfernt.

Teilaufgabe 2.4.3

Mit s und A' kann eine Gleichung der Ebene J in Parameterform aufgestellt werden.

Lösung

1 Leontief-Modell für die Sektoren U, V und W eines Unternehmens mit folgender Input-Output-Tabelle:

	U	V	W	Markt	Produktion
U	90	20	12	a	150
V	0	b	12	28	200
W	c	0	84	6	120

1.1 **Berechnung der Werte a, b und c**

$90+20+12+a=150;\ \ 122+a+150;\ \ \underline{\underline{a=28}}$

$0+b+12+28=200;\ \ b+40=200;\ \ \underline{\underline{b=160}}$

$c+0+84+6=120;\ \ c+90=120;\ \ \underline{\underline{c=30}}$

Bedeutung dieser Zahlenwerte

Die Marktabgabe des Sektors U beträgt 28 Mengeneinheiten (ME), der Eigenverbrauch des Sektors V beträgt 160 ME und der Sektor W liefert 30 ME an den Sektor U.

1.2 **Berechnung der Inputmatrix A**

Zur Berechnung der Koeffizienten der Inputmatrix A müssen die Zahlenwerte der Input-Output-Tabelle durch die entsprechende Koordinate des Produktionsvektors dividiert werden, z. B. $a_{11}=\frac{90}{150}=0{,}6$ oder $a_{23}=\frac{12}{120}=0{,}1$. Damit erhält man:

$$A=\begin{pmatrix} 0{,}6 & 0{,}1 & 0{,}1 \\ 0 & 0{,}8 & 0{,}1 \\ 0{,}2 & 0 & 0{,}7 \end{pmatrix}$$

Berechnung des neuen Marktvektors

Der neue Marktvektor $\vec{y}$ wird mithilfe der Grundgleichung des Leontief-Modells und mit dem neuen Produktionsvektor $\vec{x}=\begin{pmatrix} 100 \\ 150 \\ 80 \end{pmatrix}$ berechnet.

$$\vec{y}=(E-A)\cdot\vec{x}$$

$$\vec{y}=\begin{pmatrix} 0{,}4 & -0{,}1 & -0{,}1 \\ 0 & 0{,}2 & -0{,}1 \\ -0{,}2 & 0 & 0{,}3 \end{pmatrix}\cdot\begin{pmatrix} 100 \\ 150 \\ 80 \end{pmatrix}$$

$$\vec{y}=\begin{pmatrix} 17 \\ 22 \\ 4 \end{pmatrix}$$

Sektor U gibt 17 ME, Sektor V 22 ME und Sektor W 4 ME an den Markt ab.

1.3 **Berechnung des neuen Produktionsvektors und des neuen Marktvektors**

Die veränderten Rahmenbedingungen führen zu folgenden neuen Vektoren für die Marktabgabe (oder den Konsum) und die Produktion:

Produktionsvektor $\vec{x} = \begin{pmatrix} x_1 \\ x_2 \\ x_2 \end{pmatrix}$, Marktvektor $\vec{y} = \begin{pmatrix} 0 \\ 10 \\ y_3 \end{pmatrix}$

Aus der Grundgleichung des Leontief-Modells ergibt sich mit unveränderter Inputmatrix A:

$$\vec{y} = (E - A) \cdot \vec{x}$$

$$\begin{pmatrix} 0 \\ 10 \\ y_3 \end{pmatrix} = \begin{pmatrix} 0{,}4 & -0{,}1 & -0{,}1 \\ 0 & 0{,}2 & -0{,}1 \\ -0{,}2 & 0 & 0{,}3 \end{pmatrix} \cdot \begin{pmatrix} x_1 \\ x_2 \\ x_2 \end{pmatrix} \Rightarrow$$

$$\begin{array}{lrl} \text{I} & 0 = & 0{,}4 \cdot x_1 - 0{,}1 \cdot x_2 - 0{,}1 \cdot x_2 \\ \text{II} & 10 = & 0{,}2 \cdot x_2 - 0{,}1 \cdot x_2 \\ \text{III} & y_3 = & -0{,}2 \cdot x_1 + 0{,}3 \cdot x_2 \end{array}$$

Aus II: $0{,}1x_2 = 10$; $x_2 = 100$ in I und III

Aus I: $0{,}4x_1 = 0{,}2 \cdot 100$; $x_1 = 50$ in III

Aus III: $y_3 = -0{,}2 \cdot 50 + 0{,}3 \cdot 100$; $y_3 = 20$

Damit ist der neue Produktionsvektor $\vec{x} = \begin{pmatrix} 50 \\ 100 \\ 100 \end{pmatrix}$ und der neue Marktvektor $\vec{y} = \begin{pmatrix} 0 \\ 10 \\ 20 \end{pmatrix}$.

1.4 **Berechnung des größtmöglichen Intervalls der t-Werte**

Da die Koeffizienten der Inputmatrix nicht negativ sein dürfen, muss gelten:

$t - 0{,}5 \geq 0 \Rightarrow t \geq 0{,}5$ (1)

Für den neuen Marktvektor gilt:

$$\vec{y} = (E - A) \cdot \vec{x} = \begin{pmatrix} 0{,}8 & -0{,}1 & -t \\ -0{,}1 & 0{,}9 & 0 \\ -0{,}05 & -(t - 0{,}5) & 0{,}7 \end{pmatrix} \cdot \begin{pmatrix} 100 \\ 200 \\ 100 \end{pmatrix} = \begin{pmatrix} 80 - 20 - 100t \\ -10 + 180 \\ -5 - (t - 0{,}5) \cdot 200 + 70 \end{pmatrix}$$

$$= \begin{pmatrix} 60 - 100t \\ 170 \\ 165 - 200t \end{pmatrix}$$

Da auch die Komponenten des Marktvektors nicht negativ sein dürfen, muss gelten:

$60 - 100t \geq 0$; $100t \leq 60$; $t \leq 0{,}6$ (2)

$165 - 200t \geq 0$; $200t \leq 165$; $t \leq 0{,}825$ (3)

Aus den Bedingungen (1), (2) und (3) ergibt sich als größtmögliches Intervall der t-Werte: $t \in [0{,}5; 0{,}6]$

2.0 Punkte $A(-4|0|0)$, $B(-1|-1|1)$ und $C(0|-3|1)$ sowie Ebenenschar F_a: $-2x_1 + ax_2 + 5x_3 + 8 = 0$ mit $a \in \mathbb{R}$.

2.1 **Gleichung der Ebene E in Parameterform**

$$E: \vec{x} = \overrightarrow{OA} + k \cdot \overrightarrow{AB} + \ell \cdot \overrightarrow{AC}$$

$$E: \vec{x} = \begin{pmatrix} -4 \\ 0 \\ 0 \end{pmatrix} + k \cdot \begin{pmatrix} 3 \\ -1 \\ 1 \end{pmatrix} + \ell \cdot \begin{pmatrix} 4 \\ -3 \\ 1 \end{pmatrix}; \; k, \ell \in \mathbb{R}$$

Umwandlung in Koordinatenform

1. Weg: Mithilfe des Gauß-Algorithmus

$$\text{E: } \begin{aligned} x_1 &= -4 + 3k + 4\ell \\ x_2 &= \quad\ \ -k - 3\ell \\ x_3 &= \qquad k + \ell \end{aligned} \quad \Leftrightarrow \quad \begin{aligned} 3k + 4\ell &= x_1 + 4 \\ -k - 3\ell &= x_2 \\ k + \ell &= x_3 \end{aligned}$$

Gauß-Algorithmus

$$\left(\begin{array}{rr|r} 3 & 4 & x_1+4 \\ -1 & -3 & x_2 \\ 1 & 1 & x_3 \end{array}\right) \xrightarrow[3\cdot \text{III} - \text{I}]{3\cdot \text{II} + \text{I}} \left(\begin{array}{rr|r} 3 & 4 & x_1+4 \\ 0 & -5 & x_1+3x_2+4 \\ 0 & -1 & -x_1+3x_3-4 \end{array}\right)$$

$$\xrightarrow{5\cdot \text{III} - \text{II}} \left(\begin{array}{rr|r} 3 & 4 & x_1+4 \\ 0 & -5 & x_1+3x_2+4 \\ 0 & 0 & -6x_1-3x_2+15x_3-24 \end{array}\right)$$

$\Rightarrow$ E: $-6x_1-3x_2+15x_3-24=0$ oder E: $-2x_1-x_2+5x_3-8=0$ oder
E: $4x_1+2x_2-10x_3+16=0$ (zur Kontrolle gegeben)

Die Koordinatengleichung einer Ebene darf mit einer beliebigen reellen Zahl ungleich null multipliziert bzw. durch eine beliebige reelle Zahl ungleich null dividiert werden.

2. Weg: Durch Eliminieren der Parameter

$$\begin{aligned} &\text{I} & x_1 &= -4 + 3k + 4\ell \\ &\text{II} & x_2 &= \quad -k - 3\ell \\ &\text{III} & x_3 &= \quad\ \ k + \ell \end{aligned}$$

aus III: $k = x_3 - \ell$ in I und II

$$\begin{aligned} &\text{I}' & x_1 &= -4 + 3\cdot(x_3-\ell) + 4\ell \\ &\text{II}' & x_2 &= -(x_3-\ell) - 3\ell \end{aligned}$$

$$\begin{aligned} &\text{I}' & x_1 &= 3x_3 + \ell - 4 \\ &\text{II}' & x_2 &= -x_3 - 2\ell \end{aligned}$$

aus I': $\ell = x_1 - 3x_3 + 4$ in II'

E: $x_2 = -x_3 - 2\cdot(x_1 - 3x_3 + 4)$

E: $x_2 = -x_3 - 2x_1 + 6x_3 - 8$

E: $2x_1 + x_2 - 5x_3 + 8 = 0$ oder E: $4x_1 + 2x_2 - 10x_3 + 16 = 0$

2.2 **Gegenseitige Lage der Ebenen E und F_a**

$$\begin{aligned} &\text{E:} & 2x_1 + x_2 - 5x_3 + 8 &= 0 \\ &F_a: & -2x_1 + ax_2 + 5x_3 + 8 &= 0 \\ \hline &E + F_a: & (1+a)x_2 + 16 &= 0 \end{aligned}$$

$$x_2 = \frac{-16}{1+a} \quad \text{für } a \neq -1$$

Für $a=-1$ ergibt sich somit ein Widerspruch, d. h., es gibt keinen Punkt, der auf beiden Ebenen liegt, E und F_{-1} sind daher parallel.
Für $a \in \mathbb{R} \setminus \{-1\}$ besitzen die Ebenen gemeinsame Punkte. Ein Vergleich der Koeffizienten ohne Parameter zeigt, dass sie nicht identisch sein können. Also schneiden sie sich in einer Geraden.

Alternative Lösungswege wie etwa das Einsetzen der Ebene E in Parameterform in die Koordinatengleichung von F_a führen zu aufwendigen Rechnungen mit Fallunterscheidungen und sind daher hier nicht dargestellt.

2.3 **Berechnung von a für $Z \in F_a$**

$Z(-2\,|\,1\,|\,-3)$ in F_a eingesetzt:

$$\begin{aligned} -2\cdot(-2)+a\cdot 1+5\cdot(-3)+8&=0\\ 4+a-15+8&=0\\ a-3&=0\\ \underline{\underline{a}}&\underline{\underline{=3}} \end{aligned}$$

2.4.0 $a=3 \;\Rightarrow\; F_3\colon\ -2x_1+3x_2+5x_3+8=0$

2.4.1 **Gleichung der Schnittgeraden s von E und F_3**

1. Weg: Einsetzen der Ebene E in Parameterform in die Koordinatengleichung von F_3

$$E\colon \begin{pmatrix} x_1\\ x_2\\ x_3 \end{pmatrix}=\begin{pmatrix} -4\\ 0\\ 0 \end{pmatrix}+k\cdot\begin{pmatrix} 3\\ -1\\ 1 \end{pmatrix}+\ell\cdot\begin{pmatrix} 4\\ -3\\ 1 \end{pmatrix}$$ (aus Teilaufgabe 2.1) in F_3:

$$\begin{aligned} -2\cdot(-4+3k+4\ell)+3(-k-3\ell)+5(k+\ell)+8&=0\\ 8-6k-8\ell-3k-9\ell+5k+5\ell+8&=0\\ -4k-12\ell+16&=0\\ -4k&=12\ell-16\\ k&=-3\ell+4 \quad \text{in E} \end{aligned}$$

$$\Rightarrow\ s\colon\ \vec{x}=\begin{pmatrix} -4\\ 0\\ 0 \end{pmatrix}+(4-3\ell)\cdot\begin{pmatrix} 3\\ -1\\ 1 \end{pmatrix}+\ell\cdot\begin{pmatrix} 4\\ -3\\ 1 \end{pmatrix}$$

$$s\colon\ \vec{x}=\begin{pmatrix} -4\\ 0\\ 0 \end{pmatrix}+4\cdot\begin{pmatrix} 3\\ -1\\ 1 \end{pmatrix}+\ell\cdot\left(-3\cdot\begin{pmatrix} 3\\ -1\\ 1 \end{pmatrix}+\begin{pmatrix} 4\\ -3\\ 1 \end{pmatrix}\right)$$

$$\underline{\underline{s\colon\ \vec{x}=\begin{pmatrix} 8\\ -4\\ 4 \end{pmatrix}+\ell\cdot\begin{pmatrix} -5\\ 0\\ -2 \end{pmatrix};\ \ell\in\mathbb{R}}}$$

2. Weg: Mithilfe der Koordinatengleichungen von E und F_3

Die ersten Rechenschritte sind hier bereits in Teilaufgabe 2.2 durchgeführt worden.

$$\begin{array}{lrl} E\colon & 2x_1+x_2-5x_3+8&=0\\ F_3\colon & -2x_1+3x_2+5x_3+8&=0\\ \hline E+F_3\colon & 4x_2\quad\quad+16&=0\\ & x_2&=-4 \end{array}$$

Eine Koordinate darf nun frei gewählt werden, z. B. $x_3=t$.

Einsetzen in E:

$$\begin{aligned} 2x_1-4-5t+8&=0\\ 2x_1&=-4+5t\\ x_1&=-2+\frac{5}{2}t \end{aligned}$$

Damit gilt:

$$\left.\begin{aligned} x_1 &= -2+\frac{5}{2}t \\ x_2 &= -4 \\ x_3 &= t \end{aligned}\right\} \Rightarrow \quad s\colon\ \vec{x} = \begin{pmatrix} -2 \\ -4 \\ 0 \end{pmatrix} + t\cdot \begin{pmatrix} \frac{5}{2} \\ 0 \\ 1 \end{pmatrix};\ t\in\mathbb{R}$$

Die beiden hier ermittelten Gleichungen für s und das zur Kontrolle gegebene Ergebnis beschreiben dieselbe Gerade mit teilweise unterschiedlichen Aufpunkten und verschiedenen, aber kollinearen Richtungsvektoren.

2.4.2 Koordinaten des Spiegelpunktes A'

Da A' und A von Z gleich weit entfernt sind, ergibt sich aus der Skizze:

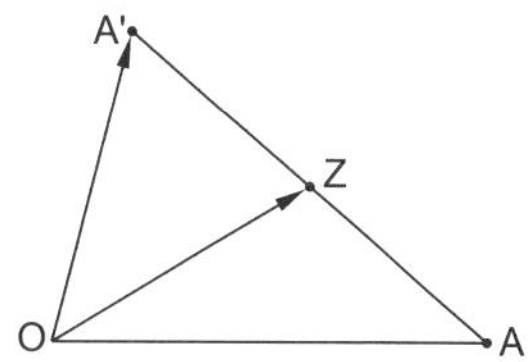

$$\overrightarrow{OA'} = \overrightarrow{OZ} + \overrightarrow{AZ} = \begin{pmatrix} -2 \\ 1 \\ -3 \end{pmatrix} + \begin{pmatrix} 2 \\ 1 \\ -3 \end{pmatrix} = \begin{pmatrix} 0 \\ 2 \\ -6 \end{pmatrix}$$

$\Rightarrow \quad A'(0\,|\,2\,|\,-6)$

2.4.3 Gleichung der Ebene J

Wegen $A' \in J$ und $s \subset J$ ergibt sich aus der Skizze als Gleichung der Ebene J in Parameterform:

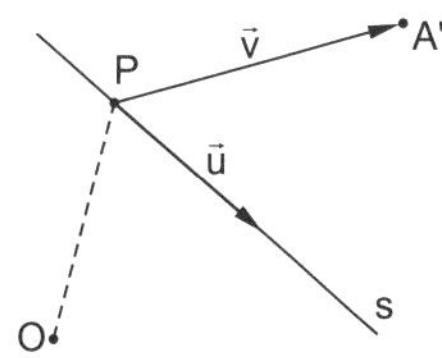

$$J\colon\ \vec{x} = \overrightarrow{OP} + r\cdot\vec{u} + s\cdot\vec{v}$$

$$J\colon\ \vec{x} = \begin{pmatrix} -2 \\ -4 \\ 0 \end{pmatrix} + r\cdot\begin{pmatrix} 5 \\ 0 \\ 2 \end{pmatrix} + s\cdot\begin{pmatrix} 2 \\ 6 \\ -6 \end{pmatrix};\ r,s\in\mathbb{R}$$

Skizze der Ebenen E, J und F_3 sowie der Punkte A, A' und Z

Die Ebenen E, J und F_3 haben die Gerade s gemeinsam. Zusätzlich ist $A\in E$ (siehe Teilaufgabe 2.1), $Z\in F_3$ (siehe Teilaufgabe 2.3) und $A'\in J$ (siehe Teilaufgabe 2.4.3). Damit ergibt sich folgendes Bild:

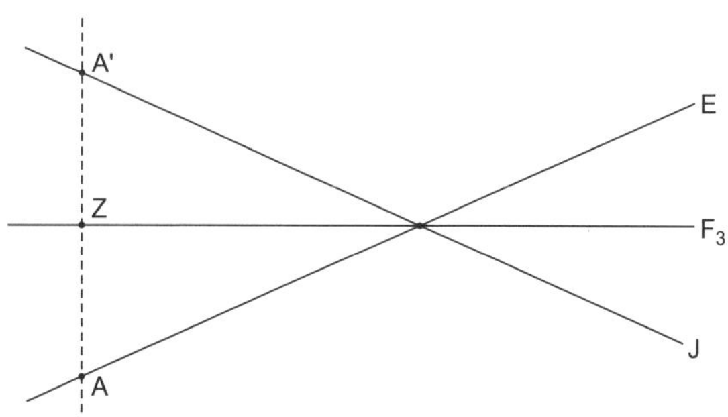

Bayern – FOS · BOS 13 – Abiturprüfung 2014
Mathematik (Nichttechnische Ausbildungsrichtungen) – Aufgabengruppe B 2

1.0 In einem Koordinatensystem des $\mathbb{R}^3$ sind die Punkte $A(3|2|-4)$, $B_b(b-2|8|-12)$ und $C_c(2|-1|c-2)$ mit $b, c \in \mathbb{R}$ sowie die Ebene $E: 2x_1 + 2x_2 - x_3 - 6 = 0$ und die Geradenschar

$$g_m: \vec{x} = \begin{pmatrix} 4 \\ 2 \\ 4 \end{pmatrix} + r \cdot \begin{pmatrix} 2 \\ m \\ -2 \end{pmatrix}$$

mit $r, m \in \mathbb{R}$ gegeben.

1.1 Untersuchen Sie, für welche $b, c \in \mathbb{R}$ die Punkte A, B und C keine Ebene aufspannen. (5 BE)

1.2 Ermitteln Sie eine Gleichung der Ebene F in Koordinatenform, welche durch die Punkte A, B_{-1} und C_2 (also $b = -1$ und $c = 2$) aufgespannt wird, und geben Sie die besondere Lage von F im Koordinatensystem an.
(Mögliches Ergebnis: $F: 4x_2 + 3x_3 + 4 = 0$) (5 BE)

1.3 Bestimmen Sie eine Gleichung der Schnittgeraden s von E und F. (4 BE)

1.4 Bestimmen Sie die Lage von g_m gegenüber E in Abhängigkeit von m.
(Teilergebnis: $r = \frac{-1}{3+m}$) (5 BE)

1.5 Ermitteln Sie m so, dass der Schnittpunkt von g_m und E in der x_2x_3-Ebene liegt, und berechnen Sie die Koordinaten des Schnittpunktes. (4 BE)

2.0 Die drei Abteilungen Kunststofftechnik (K), Elektrotechnik (E) und Leichtbau (L) eines Betriebes sind untereinander und mit dem Markt nach dem Leontief-Modell mit der Inputmatrix $A = \begin{pmatrix} 0{,}2 & 0 & 0{,}6 \\ 0 & 0{,}8 & 0{,}2 \\ 0{,}2 & 0{,}05 & 0{,}55 \end{pmatrix}$ verflochten.

2.1 In der momentanen Abrechnungsperiode produziert die Kunststofftechnik 120 Mengeneinheiten (ME), die Elektrotechnik 180 ME und der Leichtbau 140 ME.
Berechnen Sie, welche Mengen an die Konsumenten geliefert werden. (3 BE)

2.2 In einem zukünftigen Zeitraum wird damit gerechnet, dass die Abteilungen K und L gleich viel produzieren. Zudem beliefern K und E den Markt in gleichem Umfang. L gibt 42 ME an den Markt ab. Berechnen Sie unter diesen Voraussetzungen den Produktions- und Marktvektor. (7 BE)

2.3.0 Für einen anderen Produktionszeitraum ist der Produktionsvektor

$$\vec{x}(t) = \begin{pmatrix} 120 \\ 60 \cdot t \\ 140 \end{pmatrix}$$

vorgesehen, wobei die reelle Zahl t ($t \geq 0$) eine konjunkturabhängige Größe ist.

2.3.1 Ermitteln Sie die Marktabgaben in Abhängigkeit von t und damit das Intervall der zulässigen Werte für t. (4 BE)

2.3.2 Nun sei $t \in [3; 13]$. Bestimmen Sie denjenigen Wert für t, für den die Summe der Marktabgaben maximal wird. (3 BE)

(40 BE)

Tipps zur Lösung von Aufgabe B 2

Teilaufgabe 1.1

Die Punkte A, B und C spannen keine Ebene auf, wenn sie auf einer Geraden liegen.

Teilaufgabe 1.2

Stellen Sie zuerst eine Gleichung der Ebene F in Parameterform auf.

Teilaufgabe 1.3

Setzen Sie die Gleichung von F in Parameterform aus Teilaufgabe 1.2 in die Koordinatengleichung von E ein.

Teilaufgabe 1.4

Setzen Sie die Gleichung der Geradenschar g_m in die Koordinatengleichung von E ein.

Teilaufgabe 1.5

Für alle Punkte der x_2-x_3-Ebene gilt $x_1 = 0$.

Teilaufgabe 2.1

Berechnen Sie den Marktvektor $\vec{y}$ mithilfe der Grundgleichung des Leontief-Modells.

Teilaufgabe 2.2

Stellen Sie mithilfe der gegebenen Bedingungen einen neuen Marktvektor und einen neuen Produktionsvektor mit geeigneten Variablen auf.

Teilaufgabe 2.3.1

Berechnen Sie den neuen Marktvektor $\vec{y}(t)$ mithilfe der Grundgleichung des Leontief-Modells.

Teilaufgabe 2.3.2

Addieren Sie die Komponenten des neuen Marktvektors.

Lösung

1.0 Punkte $A(3\,|\,2\,|\,-4)$, $B_b(b-2\,|\,8\,|\,-12)$, $C_c(2\,|\,-1\,|\,c-2)$ mit $b, c \in \mathbb{R}$,
Ebene E: $2x_1 + 2x_2 - x_3 - 6 = 0$,

Geradenschar $g_m: \vec{x} = \begin{pmatrix} 4 \\ 2 \\ 4 \end{pmatrix} + r \cdot \begin{pmatrix} 2 \\ m \\ -2 \end{pmatrix}$; $r, m \in \mathbb{R}$

1.1 **Berechnung von b und c so, dass A, B_b und C_c keine Ebene aufspannen**

Die Punkte A, B_b und C_c spannen genau dann keine Ebene auf, wenn A, B_b und C_c auf einer Geraden liegen, d. h., wenn die Vektoren $\overrightarrow{AB_b}$ und $\overrightarrow{AC_c}$ kollinear sind.

$$\overrightarrow{AB_b} = k \cdot \overrightarrow{AC_c} \;\Rightarrow\; \begin{pmatrix} b-5 \\ 6 \\ -8 \end{pmatrix} = k \cdot \begin{pmatrix} -1 \\ -3 \\ c+2 \end{pmatrix} \;\Rightarrow\; \left\{ \begin{array}{ll} \text{I} & b-5=-k \\ \text{II} & 6=-3k \\ \text{III} & -8=k\cdot(c+2) \end{array} \right.$$

Aus II: $k=-2$ in I und III

I' $\quad b-5=2 \;\Leftrightarrow\; \underline{\underline{b=7}}$

III' $\quad -8=-2\cdot(c+2);\; 4=c+2 \;\Leftrightarrow\; \underline{\underline{c=2}}$

Für $b=7$ und $c=2$ spannen die Punkte A, B_b und C_c keine Ebene auf.

1.2 **Gleichung der Ebene F in Parameterform**

F: $\vec{x} = \overrightarrow{OA} + t\cdot\overrightarrow{AB_{-1}} + s\cdot\overrightarrow{AC_2}$

$$\text{F: } \vec{x} = \begin{pmatrix} 3 \\ 2 \\ -4 \end{pmatrix} + t\cdot\begin{pmatrix} -3-3 \\ 8-2 \\ -12+4 \end{pmatrix} + s\cdot\begin{pmatrix} 2-3 \\ -1-2 \\ 0+4 \end{pmatrix}$$

$$\text{F: } \vec{x} = \begin{pmatrix} 3 \\ 2 \\ -4 \end{pmatrix} + t\cdot\begin{pmatrix} -6 \\ 6 \\ -8 \end{pmatrix} + s\cdot\begin{pmatrix} -1 \\ -3 \\ 4 \end{pmatrix};\; t, s \in \mathbb{R}$$

Da bei einer Ebenengleichung in Parameterform die Richtungsvektoren beliebig verkürzt oder verlängert werden können, könnte hier der erste Richtungsvektor $\begin{pmatrix} -6 \\ 6 \\ -8 \end{pmatrix}$ zum Beispiel ersetzt werden durch $\begin{pmatrix} 3 \\ -3 \\ 4 \end{pmatrix}$.

Umwandlung in Koordinatenform

1. Weg: Mithilfe des Gauß-Algorithmus

$$\text{F: } \begin{array}{l} x_1 = 3-6t-s \\ x_2 = 2+6t-3s \\ x_3 = -4-8t+4s \end{array} \;\Leftrightarrow\; \begin{array}{r} -6t-s=x_1-3 \\ 6t-3s=x_2-2 \\ -8t+4s=x_3+4 \end{array}$$

Gauß-Algorithmus

$$\left(\begin{array}{rr|l} -6 & -1 & x_1-3 \\ 6 & -3 & x_2-2 \\ -8 & 4 & x_3+4 \end{array}\right) \xrightarrow[3\cdot\text{III}-4\cdot\text{I}]{\text{II}+\text{I}} \left(\begin{array}{rr|r} -6 & -1 & x_1-3 \\ 0 & -4 & x_1+x_2-5 \\ 0 & 16 & -4x_1+3x_3+24 \end{array}\right)$$

$$\xrightarrow[\text{III}+4\cdot\text{II}]{} \left(\begin{array}{rr|r} -6 & -1 & x_1-3 \\ 0 & -4 & x_1+x_2-5 \\ 0 & 0 & 4x_2+3x_3+4 \end{array}\right)$$

$\Rightarrow \;\underline{\underline{\text{F: } 4x_2+3x_3+4=0}}$ (zur Kontrolle gegeben)

2. Weg: Durch Eliminieren der Parameter

$$\begin{array}{lll} \text{I} & x_1 = 3-6t-s & \text{aus I: } s=3-6t-x_1 \text{ in II und III} \\ \text{II} & x_2 = 2+6t-3s & \\ \text{III} & x_3 = -4-8t+4s & \end{array}$$

$$\begin{array}{ll} \text{II'} & x_2 = 2+6t-3\cdot(3-6t-x_1) \\ \text{III'} & x_3 = -4-8t+4\cdot(3-6t-x_1) \end{array}$$

$$\begin{array}{lll} \text{II'} & x_2 = -7+24t+3x_1 & |\cdot 4 \\ \text{III'} & x_3 = 8-32t-4x_1 & |\cdot 3 \end{array}$$

$$\begin{array}{ll} \text{II'} & 4x_2 = -28+96t+12x_1 \\ \text{III'} & 3x_3 = 24-96t-12x_1 \end{array}$$

$$\text{II'+III'}: \quad 4x_2+3x_3=-4 \quad \Rightarrow \quad \underline{\underline{F: \ 4x_2+3x_3+4=0}}$$

Besondere Lage von F im Koordinatensystem

Da der Koeffizient bei x_1 den Wert null besitzt, ist die Ebene F parallel zur x_1-Achse. Da die Ebene F den Koordinatenursprung nicht enthält, ist sie echt parallel zur x_1-Achse.

1.3 Gleichung der Schnittgeraden s von E und F

1. Weg: Parameterform von F in Koordinatengleichung von E einsetzen

$$F: \left.\begin{array}{l} x_1 = 3-6t-s \\ x_2 = 2+6t-3s \\ x_3 = -4-8t+4s \end{array}\right\} \text{ in E: } 2x_1+2x_2-x_3-6=0$$

$$\Rightarrow \quad 2\cdot(3-6t-s)+2\cdot(2+6t-3s)-(-4-8t+4s)-6=0$$

$$6-12t-2s+4+12t-6s+4+8t-4s-6=0$$

$$8t-12s+8=0 \qquad |:4$$

$$2t-3s+2=0$$

$$2t=3s-2$$

$$t=\frac{3}{2}s-1$$

In F eingesetzt ergibt die Gleichung der Schnittgeraden s:

$$s: \ \vec{x}=\begin{pmatrix} 3\\ 2\\ -4 \end{pmatrix}+\left(\frac{3}{2}s-1\right)\cdot\begin{pmatrix} -6\\ 6\\ -8 \end{pmatrix}+s\cdot\begin{pmatrix} -1\\ -3\\ 4 \end{pmatrix}$$

$$s: \ \vec{x}=\begin{pmatrix} 3\\ 2\\ -4 \end{pmatrix}+s\cdot\begin{pmatrix} -9\\ 9\\ -12 \end{pmatrix}-\begin{pmatrix} -6\\ 6\\ -8 \end{pmatrix}+s\cdot\begin{pmatrix} -1\\ -3\\ 4 \end{pmatrix}$$

$$\Rightarrow \quad s: \ \vec{x}=\begin{pmatrix} 9\\ -4\\ 4 \end{pmatrix}+s\cdot\begin{pmatrix} -10\\ 6\\ -8 \end{pmatrix}; \ s\in\mathbb{R} \quad \text{oder} \quad \underline{\underline{s: \ \vec{x}=\begin{pmatrix} 9\\ -4\\ 4 \end{pmatrix}+t\cdot\begin{pmatrix} 5\\ -3\\ 4 \end{pmatrix}; \ t\in\mathbb{R}}}$$

Der Richtungsvektor darf in einer Geradengleichung beliebig verkürzt oder verlängert werden.

2. Weg: Mithilfe der Koordinatengleichungen von E und F

$$\begin{array}{ll} E: & 2x_1 + 2x_2 - x_3 - 6 = 0 \\ F: & \quad\; 4x_2 + 3x_3 + 4 = 0 \end{array}$$

Eine Koordinate darf nun frei gewählt werden, z. B. $x_3 = k$.
Einsetzen in F:

$$4x_2 + 3k + 4 = 0$$
$$4x_2 = -4 - 3k$$
$$x_2 = -1 - \frac{3}{4}k \quad \text{in E}$$
$$\Rightarrow \quad 2x_1 + 2\left(-1 - \frac{3}{4}k\right) - k - 6 = 0$$
$$2x_1 - \frac{5}{2}k - 8 = 0$$
$$2x_1 = 8 + \frac{5}{2}k$$
$$x_1 = 4 + \frac{5}{4}k$$

Damit gilt:

$$\left.\begin{array}{l} x_1 = 4 + \frac{5}{4}k \\ x_2 = -1 - \frac{3}{4}k \\ x_3 = k \end{array}\right\} \Rightarrow \quad s: \vec{x} = \begin{pmatrix} 4 \\ -1 \\ 0 \end{pmatrix} + k \cdot \begin{pmatrix} \frac{5}{4} \\ -\frac{3}{4} \\ 1 \end{pmatrix} \quad \text{oder} \quad \underline{\underline{s: \vec{x} = \begin{pmatrix} 4 \\ -1 \\ 0 \end{pmatrix} + r \cdot \begin{pmatrix} 5 \\ -3 \\ 4 \end{pmatrix};\ r \in \mathbb{R}}}$$

Die beiden ermittelten Gleichungen für s unterscheiden sich in den Aufpunkten.

1.4 Gegenseitige Lage von g_m und E

$$g_m: \left.\begin{array}{l} x_1 = 4 + 2r \\ x_2 = 2 + m \cdot r \\ x_3 = 4 - 2r \end{array}\right\} \text{eingesetzt in die Koordinatengleichung von E}$$

$$\Rightarrow \quad 2 \cdot (4 + 2r) + 2 \cdot (2 + m \cdot r) - (4 - 2r) - 6 = 0$$
$$8 + 4r + 4 + 2mr - 4 + 2r - 6 = 0$$
$$2mr + 6r + 2 = 0 \qquad |:2$$
$$mr + 3r + 1 = 0$$
$$r \cdot (m + 3) + 1 = 0$$

1. Fall: $m = -3$
Damit ergibt sich ein Widerspruch $(1 = 0)$. Somit hat die zugehörige Gerade g_{-3} keinen Punkt mit E gemeinsam. g_{-3} ist also echt parallel zu E.

2. Fall: $m \neq -3$
Nun kann die Gleichung nach r aufgelöst werden:

$$r = \frac{-1}{m + 3} \qquad \text{(als Teilergebnis gegeben)}$$

Damit schneiden sich g_m und E für $m \in \mathbb{R} \setminus \{-3\}$ in einem Punkt.

1.5 **Berechnung von m so, dass sich g_m und E in der x_2-x_3-Ebene schneiden**

Für die Punkte der x_2-x_3-Ebene gilt $x_1=0$. Mit dem Teilergebnis von Teilaufgabe 1.4 und der x_1-Koordinate von g_m erhält man:

$$0=4+\frac{-1}{3+m}\cdot 2$$

$$-4=\frac{-1}{3+m}\cdot 2 \qquad |:(-2)$$

$$2=\frac{1}{3+m} \qquad |\cdot(3+m)$$

$$6+2m=1$$

$$2m=-5$$

$$\underline{\underline{m=-2,5}}$$

Berechnung der Koordinaten des Schnittpunktes

Mit $m=-2,5$ und $r=\frac{-1}{3-2,5}$, also $r=-2$, ergibt sich aus der Gleichung von g_m:

$$\overrightarrow{OS}=\begin{pmatrix}4\\2\\4\end{pmatrix}-2\cdot\begin{pmatrix}2\\-2,5\\-2\end{pmatrix};\ \overrightarrow{OS}=\begin{pmatrix}0\\7\\8\end{pmatrix}$$

Damit ergibt sich als Schnittpunkt $\underline{\underline{S(0|7|8)}}$.

2.0 Leontief-Modell für die Abteilungen K, E und L eines Betriebes mit der Inputmatrix:

$$A=\begin{pmatrix}0,2 & 0 & 0,6\\0 & 0,8 & 0,2\\0,2 & 0,05 & 0,55\end{pmatrix}$$

2.1 **Berechnung des Markt- oder Konsumvektors $\vec{y}$**

Mit dem gegebenen Produktionsvektor $\vec{x}=\begin{pmatrix}120\\180\\140\end{pmatrix}$ und der Grundgleichung des Leontief-Modells erhält man:

$$\vec{y}=(E-A)\cdot\vec{x}=\begin{pmatrix}0,8 & 0 & -0,6\\0 & 0,2 & -0,2\\-0,2 & -0,05 & 0,45\end{pmatrix}\cdot\begin{pmatrix}120\\180\\140\end{pmatrix}$$

$$=\begin{pmatrix}0,8\cdot 120-0,6\cdot 140\\0,2\cdot 180-0,2\cdot 140\\-0,2\cdot 120-0,05\cdot 180+0,45\cdot 140\end{pmatrix}=\begin{pmatrix}12\\8\\30\end{pmatrix}$$

Also liefert Abteilung K 12 Mengeneinheiten (ME) an die Konsumenten, Abteilung E 8 ME und Abteilung L 30 ME.

2.2 **Berechnung des neuen Marktvektors und des neuen Produktionsvektors**

Die Rahmenbedingungen für den zukünftigen Zeitraum führen zu folgenden neuen Vektoren für Produktion und Marktabgabe:

Produktionsvektor $\vec{x}=\begin{pmatrix}x_1\\x_2\\x_1\end{pmatrix}$, Marktvektor $\vec{y}=\begin{pmatrix}y_1\\y_1\\42\end{pmatrix}$

Es folgt aus der Grundgleichung des Leontief-Modells mit unveränderter Inputmatrix A:

$$\vec{y} = (E - A) \cdot \vec{x}$$

$$\begin{pmatrix} y_1 \\ y_1 \\ 42 \end{pmatrix} = \begin{pmatrix} 0,8 & 0 & -0,6 \\ 0 & 0,2 & -0,2 \\ -0,2 & -0,05 & 0,45 \end{pmatrix} \cdot \begin{pmatrix} x_1 \\ x_2 \\ x_1 \end{pmatrix} \Rightarrow$$

I $\quad y_1 = 0,8 \cdot x_1 - 0,6 \cdot x_1; \qquad y_1 = 0,2x_1$

II $\quad y_1 = 0,2 \cdot x_2 - 0,2 \cdot x_1; \qquad y_1 = -0,2x_1 + 0,2x_2$

III $\quad 42 = -0,2 \cdot x_1 - 0,05 \cdot x_2 + 0,45 \cdot x_1; \quad 42 = 0,25x_1 - 0,05x_2$

Aus I: $\quad x_1 = 5y_1$ in II und III

Aus II: $\quad y_1 = -0,2 \cdot 5y_1 + 0,2x_2; \; 2y_1 = 0,2x_2; \; x_2 = 10y_1$ in III

Aus III: $\quad 42 = 0,25 \cdot 5y_1 - 0,05 \cdot 10y_1; \; 42 = 0,75y_1; \; y_1 = 56$

$\Rightarrow \quad x_1 = 5 \cdot y_1 = 280; \; x_2 = 10 \cdot y_1 = 560$

Damit ist der neue Produktionsvektor $\underline{\underline{\vec{x} = \begin{pmatrix} 280 \\ 560 \\ 280 \end{pmatrix}}}$ und der neue Marktvektor $\underline{\underline{\vec{y} = \begin{pmatrix} 56 \\ 56 \\ 42 \end{pmatrix}}}$.

2.3.0 Neuer Produktionsvektor $\vec{x}(t) = \begin{pmatrix} 120 \\ 60 \cdot t \\ 140 \end{pmatrix}$ mit $t \in \mathbb{R}$ und $t \geq 0$

2.3.1 **Berechnung des Marktvektors $\vec{y}(t)$**

Mithilfe der Grundgleichung des Leontief-Modells erhält man:

$$\vec{y}(t) = (E - A) \cdot \vec{x}(t) = \begin{pmatrix} 0,8 & 0 & -0,6 \\ 0 & 0,2 & -0,2 \\ -0,2 & -0,05 & 0,45 \end{pmatrix} \cdot \begin{pmatrix} 120 \\ 60t \\ 140 \end{pmatrix}$$

$$= \begin{pmatrix} 0,8 \cdot 120 - 0,6 \cdot 140 \\ 0,2 \cdot 60t - 0,2 \cdot 140 \\ -0,2 \cdot 120 - 0,05 \cdot 60t + 0,45 \cdot 140 \end{pmatrix} = \begin{pmatrix} 12 \\ 12t - 28 \\ 39 - 3t \end{pmatrix}$$

Berechnung des Intervalls der zulässigen Werte für t

Die Komponenten des Marktvektors $\vec{y}(t)$ dürfen nicht negativ sein. Es muss also gelten:

I $\quad 12t - 28 \geq 0; \; 12t \geq 28; \; t \geq \frac{7}{3}$

II $\quad 39 - 3t \geq 0; \; 39 \geq 3t; \; t \leq 13$

Damit sind für t Werte aus dem Intervall $\left[\frac{7}{3}; 13\right]$ zulässig.

2.3.2 **Berechnung von t so, dass die Summe der Marktabgaben maximal wird**

Für die Summe s der Marktabgaben sind die Komponenten des Marktvektors $\vec{y}(t)$ zu addieren. Man erhält:

$s(t) = 12 + 12t - 28 + 39 - 3t$

$s(t) = 9t + 23$ mit $t \in [3; 13]$

s(t) beschreibt eine steigende Gerade. Somit wird der größte Wert am rechten Rand des Intervalls erreicht. Die Summe der Marktabgaben ist also für $t = 13$ maximal.

Bayern – FOS · BOS 13 – Abiturprüfung 2015
Mathematik (Nichttechnische Ausbildungsrichtungen) – Aufgabengruppe A 1

1.0 Im Jahre 2012 ist die Gasförderung im Feld „*Clipper South*" in der südlichen britischen Nordsee angelaufen. Eine Planung für die kommenden Jahre sieht folgende Förderraten g(t) vor:

t	0	5	10	15	20
g(t)	108	156	220	300	400

Dabei ist t die Zeit in Jahren seit Förderbeginn und g(t) die Förderrate in Millionen m^3 pro Jahr.
Bis zum vollständigen Abbau des Erdgasfeldes soll sich die Förderrate modellhaft durch die Funktion g mit $g(t) = (a - 2{,}7 \cdot t) \cdot e^{b \cdot t}$, $a, b \in \mathbb{R}$, beschreiben lassen.
Bei den Rechnungen kann auf die Verwendung von Einheiten verzichtet werden. Runden Sie Ihre Ergebnisse sinnvoll.

1.1 Bestimmen Sie die Parameter a und b mithilfe der Planungsdaten für $t = 0$ und $t = 10$ und interpretieren Sie den Wert von a im Sachzusammenhang.
(Teilergebnis: $a = 108$; $b = 0{,}1$) (4 BE)

1.2 Ermitteln Sie das Jahr, in dem die Förderrate nach dem Modell auf den Wert 0 abgesunken und damit das Feld vollständig abgebaut sein wird. (3 BE)

1.3 Berechnen Sie, in welchem Jahr die Förderrate am größten sein wird, und geben Sie diese an.
(Teilergebnis: $\dot{g}(t) = (8{,}1 - 0{,}27t) \cdot e^{0{,}1t}$) (6 BE)

1.4 Zeichnen Sie den Graphen der Funktion g in ein geeignetes Koordinatensystem. (4 BE)

1.5 Zeigen Sie, dass die Funktion G mit $G(t) = (1\,350 - 27t) \cdot e^{0{,}1t}$ eine Stammfunktion von g ist, und berechnen Sie das Integral $\int_0^{40} g(t)\,dt$. Interpretieren Sie das Ergebnis im Sachzusammenhang. (5 BE)

2.0 Gegeben ist die gebrochen-rationale Funktion $h\colon x \mapsto \frac{(x-1)(3x-0{,}5x^2)}{x^2-1}$ in ihrer maximalen Definitionsmenge $D_h \subset \mathbb{R}$.

2.1 Bestimmen Sie D_h sowie die Nullstellen von h und geben Sie die Art der Definitionslücken von h an. (6 BE)

2.2.0 Im Folgenden wird die stetige Fortsetzung $f\colon x \mapsto \frac{-0{,}5x^2+3x}{x+1}$, $D_f = \mathbb{R} \setminus \{-1\}$ der Funktion h betrachtet (Nachweis nicht erforderlich). Ihr Graph ist G_f.

2.2.1 Zeigen Sie, dass sich der Funktionsterm von f durch $f(x) = -\frac{1}{2}x + \frac{7}{2} - \frac{3{,}5}{x+1}$ darstellen lässt, und geben Sie die Gleichungen und die Art aller Asymptoten von G_f an. (4 BE)

2.2.2 Ermitteln Sie die Art und die Koordinaten der relativen Extrempunkte von G_f. Runden Sie die Koordinaten auf zwei Nachkommastellen.

(Teilergebnis: $f'(x) = \frac{-0{,}5x^2 - x + 3}{(x+1)^2}$) (8 BE)

2.2.3 Zeichnen Sie die Asymptoten und G_f unter Verwendung der bisherigen Ergebnisse für $-6 \le x \le 8$ in ein Koordinatensystem. (5 BE)

2.2.4 G_f, die schiefe Asymptote und die beiden Koordinatenachsen schließen im ersten Quadranten ein Flächenstück ein. Kennzeichnen Sie dieses Flächenstück in der Zeichnung von 2.2.3 und ermitteln Sie seine Flächenmaßzahl auf zwei Nachkommastellen gerundet. (7 BE)

3.0 Gegeben ist die Funktion $g: x \mapsto \ln(ax^2 + bx)$ in ihrer maximalen Definitionsmenge $D_g \subset \mathbb{R}$. g besitzt eine Nullstelle $x_N = 2$ und eine Extremstelle $x_E = 3$.

3.1 Berechnen Sie die Werte a und b.

(Ergebnis: $a = -\frac{1}{8}$; $b = \frac{3}{4}$) (5 BE)

3.2 Bestimmen Sie die Art des Extrempunktes des Graphen von g. (3 BE)

(60 BE)

Tipps zur Lösung von Aufgabe A 1

Teilaufgabe 1.1
Setzen Sie die gegebenen Wertepaare in g(t) ein.

Teilaufgabe 1.2
Setzen Sie g(t) gleich null.

Teilaufgabe 1.3
Berechnen Sie zuerst die 1. Ableitungsfunktion $\dot{g}(t)$ mithilfe der Produkt- und der Kettenregel.

Teilaufgabe 1.4
Ergänzen Sie die Wertetabelle aus 1.0 bis $t = 40$.

Teilaufgabe 1.5
Bilden Sie die 1. Ableitungsfunktion von G(t).

Teilaufgabe 2.1
Zur Bestimmung der Definitionslücken muss der Nennerterm gleich null gesetzt werden.

Teilaufgabe 2.2.1
Formen Sie den Funktionsterm f(x) durch Polynomdivision um.

Teilaufgabe 2.2.2
Bilden Sie die 1. Ableitung mit der Quotientenregel.

Teilaufgabe 2.2.3
Zur Sicherheit kann eine Wertetabelle erstellt werden.

Teilaufgabe 2.2.4
Verwenden Sie für die Integration der Funktion f die Darstellung des Funktionsterms, die sich aus der Polynomdivision von Teilaufgabe 2.2.1 ergeben hat.

Teilaufgabe 3.1
Berechnen Sie zuerst die 1. Ableitungsfunktion $g'(x)$ mit der Kettenregel in Abhängigkeit von a und b.

Teilaufgabe 3.2
Setzen Sie die Werte von a und b in die 1. Ableitungsfunktion $g'(x)$ ein.

Lösung

1.0 Gasförderung mit folgenden Förderraten g(t):

t	0	5	10	15	20
g(t)	108	156	220	300	400

$g(t) = (a - 2{,}7 \cdot t) \cdot e^{b \cdot t}$

1.1 **Berechnung der Parameter a und b**

Es sollen die Planungsdaten (Wertepaare) für $t = 0$ und $t = 10$ aus obiger Tabelle verwendet werden. Durch Einsetzen in g(t) erhält man:

(I) $g(0) = 108;\quad (a - 2{,}7 \cdot 0) \cdot e^{b \cdot 0} = 108;\quad \underline{\underline{a = 108}}$ (Lösung zur Kontrolle gegeben)

(II) $g(10) = 220;\quad (a - 2{,}7 \cdot 10) \cdot e^{b \cdot 10} = 220$ (mit a = 108)

$$(108 - 27) \cdot e^{10b} = 220$$

$$81 \cdot e^{10b} = 220$$

$$e^{10b} = \frac{220}{81}$$

$$10b = \ln\left(\frac{220}{81}\right)$$

$$b = \frac{1}{10} \cdot \ln\left(\frac{220}{81}\right)$$

$$\underline{\underline{b \approx 0{,}1}}$$ (Lösung zur Kontrolle gegeben)

Interpretation des Wertes von a im Sachzusammenhang

Die anfängliche Förderrate beträgt 108 Millionen m^3 (im ersten Jahr).

1.2 **Berechnung des Zeitpunktes mit Förderrate null**

$$g(t) = 0;\quad (108 - 2{,}7 \cdot t) \cdot \underbrace{e^{0{,}1 \cdot t}}_{>0} = 0$$

$$108 - 2{,}7 \cdot t = 0$$

$$108 = 2{,}7 \cdot t$$

$$t = \frac{108}{2{,}7}$$

$$\underline{\underline{t = 40}}$$

Das Erdgasfeld wird nach 40 Jahren, also im Jahr 2052, vollständig abgebaut sein.

1.3 **Berechnung des Zeitpunktes mit maximaler Förderrate**

$\dot{g}(t) = -2{,}7 \cdot e^{0{,}1 \cdot t} + (108 - 2{,}7t) \cdot e^{0{,}1 \cdot t} \cdot 0{,}1$ (Produkt- und Kettenregel)

$\dot{g}(t) = \big(-2{,}7 + (108 - 2{,}7t) \cdot 0{,}1\big) \cdot e^{0{,}1 \cdot t}$ (Ausklammern)

$\dot{g}(t) = (-2{,}7 + 10{,}8 - 0{,}27t) \cdot e^{0{,}1 \cdot t}$ (Ausmultiplizieren)

$\dot{g}(t) = (8{,}1 - 0{,}27t) \cdot e^{0{,}1 \cdot t}$ (Zusammenfassen, zur Kontrolle gegeben)

$\dot{g}(t) = 0;\quad 8{,}1 - 0{,}27t = 0$ (da $e^{0{,}1 \cdot t} > 0$)

$8{,}1 = 0{,}27t$

$\underline{\underline{t = 30}}$

Nachweis des Maximums

1. Weg: Durch Vorzeichenbetrachtung von $\dot{g}(t)$

Da $e^{0{,}1 \cdot t} > 0$ ist, wird das Vorzeichen von $\dot{g}(t)$ allein durch den Term $(8{,}1 - 0{,}27t)$ bestimmt. Dieser beschreibt eine fallende Gerade mit Vorzeichenwechsel von plus nach minus. Somit ist g streng monoton zunehmend für $t \leq 30$ und streng monoton abnehmend für $t \geq 30$. Also liegt bei $t = 30$ ein Hochpunkt vor.

2. Weg: Mithilfe der 2. Ableitung

$\ddot{g}(t) = -0{,}27 \cdot e^{0{,}1 \cdot t} + (8{,}1 - 0{,}27t) \cdot e^{0{,}1 \cdot t} \cdot 0{,}1$ (Produkt- und Kettenregel)

$\ddot{g}(t) = \big(-0{,}27 + (8{,}1 - 0{,}27t) \cdot 0{,}1\big) \cdot e^{0{,}1 \cdot t}$ (Ausklammern)

$\ddot{g}(t) = (-0{,}27 + 0{,}81 - 0{,}027t) \cdot e^{0{,}1 \cdot t}$ (Ausmultiplizieren)

$\ddot{g}(t) = (0{,}54 - 0{,}027t) \cdot e^{0{,}1 \cdot t}$ (Zusammenfassen)

$\ddot{g}(30) = (0{,}54 - 0{,}027 \cdot 30) \cdot e^{0{,}1 \cdot 30}$

$\ddot{g}(30) = -0{,}27 \cdot e^3;\quad \ddot{g}(30) < 0 \quad \Rightarrow$ Hochpunkt

Berechnung der maximalen Förderrate

$g(30) = (108 - 2{,}7 \cdot 30) \cdot e^{0{,}1 \cdot 30}$

$g(30) = 27 \cdot e^3$

$\underline{\underline{g(30) \approx 542{,}3}}$

Die maximale Förderrate wird nach 30 Jahren, also im Jahr 2042, erreicht und beträgt ca. 542 Millionen m^3 pro Jahr.

1.4 **Graph der Funktion g**

Für eine saubere Zeichnung sollte die in 1.0 gegebene Wertetabelle bis $t = 40$ (Ende der Förderung nach Teilaufgabe 1.2) ergänzt werden:

t	25	30	35	40
g(t)	493	542	447	0

Ein sinnvoller Maßstab für die Zeichnung wäre:

t-Achse: 1 cm $\hat{=}$ 5 Jahre

g(t)-Achse: 1 cm $\hat{=}$ 100 Millionen m^3

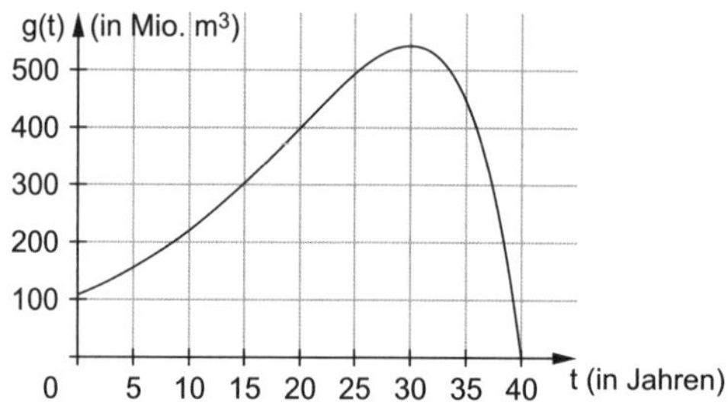

1.5 **Nachweis, dass G(t) Stammfunktion ist**

$\dot{G}(t) = -27 \cdot e^{0,1 \cdot t} + (1\,350 - 27t) \cdot e^{0,1 \cdot t} \cdot 0,1$ (Produkt- und Kettenregel)

$\dot{G}(t) = \left(-27 + (1\,350 - 27t) \cdot 0,1\right) \cdot e^{0,1 \cdot t}$ (Ausklammern)

$\dot{G}(t) = (-27 + 135 - 2,7t) \cdot e^{0,1 \cdot t}$ (Ausmultiplizieren)

$\dot{G}(t) = (108 - 2,7t) \cdot e^{0,1 \cdot t}$ (Zusammenfassen)

Damit gilt: $\dot{G}(t) = g(t)$

Berechnung des Integrals

$$\int_0^{40} g(t)\,dt = \left[G(t)\right]_0^{40} = G(40) - G(0)$$
$$= (1\,350 - 27 \cdot 40) \cdot e^{0,1 \cdot 40} - (1\,350 - 27 \cdot 0) \cdot e^{0,1 \cdot 0}$$
$$= 270 \cdot e^4 - 1\,350 \approx \underline{\underline{13\,392}}$$

Interpretation im Sachzusammenhang

Die über den gesamten Zeitraum von 40 Jahren zu erwartende Fördermenge des Gasfeldes beträgt ca. 13,4 Milliarden m³.

2.0 $h\colon x \mapsto \dfrac{(x-1)(3x-0,5x^2)}{x^2-1};\ D_h \subset \mathbb{R}$

2.1 **Definitionsmenge D_h**

Nenner: $x^2 - 1 = 0;\ x^2 = 1;\ x_1 = 1;\ x_2 = -1 \quad \Rightarrow \quad \underline{\underline{D_h = \mathbb{R} \setminus \{-1; 1\}}}$

Nullstellen und Art der Definitionslücken

Zähler: $(x-1) \cdot (3x - 0,5x^2) = 0$ (x ausklammern)

$(x-1) \cdot x \cdot (3 - 0,5x) = 0$

$\Rightarrow \quad x_3 = 1;\ x_4 = 0;\ x_5 = 6$

Für gebrochen-rationale Funktionen gilt:
Wenn Zählerterm und Nennerterm bei $x = x_0$ eine einfache Nullstelle besitzen, liegt bei $x = x_0$ eine stetig behebbare Definitionslücke vor.

$x_1 = 1$ ist eine stetig behebbare Definitionslücke.
$x_2 = -1$ ist eine Unendlichkeitsstelle oder Polstelle 1. Ordnung (mit Vorzeichenwechsel).
$x_4 = 0$ und $x_5 = 6$ sind Nullstellen.

Der Funktionsterm h(x) lässt sich nunmehr vollständig faktorisiert darstellen:

$$h(x)=\frac{(x-1)\cdot x\cdot(3-0{,}5x)}{(x-1)\cdot(x+1)};\ D_h=\mathbb{R}\setminus\{-1;1\}$$

Durch Kürzen des Linearfaktors $(x-1)$ erhält man den Funktionsterm der stetigen Fortsetzung f der Funktion h, die im Weiteren untersucht wird:

$$f(x)=\frac{x\cdot(3-0{,}5x)}{x+1}=\frac{-0{,}5x^2+3x}{x+1};\ D_f=\mathbb{R}\setminus\{-1\}$$

2.2.0 $f\colon\ x\mapsto\dfrac{-0{,}5x^2+3x}{x+1};\ D_f=\mathbb{R}\setminus\{-1\}$

2.2.1 **Umformung des Funktionsterms f(x)**

Polynomdivision:

$$(-0{,}5x^2+3x):(x+1)=-\frac{1}{2}x+\frac{7}{2}-\frac{3{,}5}{x+1}$$

$$\begin{array}{l}-\left(-\frac{1}{2}x^2-\frac{1}{2}x\right)\\ \hline \qquad\frac{7}{2}x\\ \qquad-\left(\frac{7}{2}x+\frac{7}{2}\right)\\ \hline \qquad\qquad-\frac{7}{2}\end{array}$$

Also gilt: $f(x)=-\dfrac{1}{2}x+\dfrac{7}{2}-\dfrac{3{,}5}{x+1}$

Gleichungen und Art aller Asymptoten des Graphen G_f

Aus Teilaufgabe 2.1 folgt: f besitzt eine Unendlichkeitsstelle bei $x=-1$. $\Rightarrow$ senkrechte Asymptote $\underline{\underline{x=-1}}$

Am Funktionsterm $f(x)=-\frac{1}{2}x+\frac{7}{2}-\frac{3{,}5}{x+1}$ erkennt man die schiefe Asymptote mit der Gleichung $\underline{\underline{y=-\frac{1}{2}x+\frac{7}{2}}}$.

2.2.2 **Berechnung der 1. Ableitung**

$$f'(x)=\frac{(-x+3)\cdot(x+1)-(-0{,}5x^2+3x)\cdot 1}{(x+1)^2}\qquad\text{(Quotientenregel)}$$

$$f'(x)=\frac{-x^2+3x-x+3+0{,}5x^2-3x}{(x+1)^2}\qquad\text{(Ausmultiplizieren)}$$

$$f'(x)=\frac{-0{,}5x^2-x+3}{(x+1)^2}\qquad\text{(Zusammenfassen, zur Kontrolle gegeben)}$$

Ermittlung der Stellen mit waagrechter Tangente

$f'(x) = 0; \quad -0{,}5x^2 - x + 3 = 0;$

$$x_{1,2} = \frac{1 \pm \sqrt{1 - 4 \cdot (-0{,}5) \cdot 3}}{2 \cdot (-0{,}5)} = \frac{1 \pm \sqrt{7}}{-1}$$

$x_1 = -1 + \sqrt{7} \approx 1{,}65; \quad x_2 = -1 - \sqrt{7} \approx -3{,}65$

Art und Koordinaten der relativen Extrempunkte

Da die 2. Ableitung der Funktion f im weiteren Verlauf der Aufgabe nicht benötigt wird, ist es sinnvoll, hier eine Vorzeichenuntersuchung für f'(x) durchzuführen.

1. Weg: Mithilfe einer Vorzeichenuntersuchung für f'(x)
Da der Nenner von f'(x) wegen des Quadrats immer positiv ist, wird das Vorzeichen von f'(x) allein durch die quadratische Zählerfunktion $z(x) = -0{,}5x^2 - x + 3$ bestimmt. Diese beschreibt eine nach unten geöffnete Parabel mit den soeben bestimmten Nullstellen $x_1 \approx 1{,}65$ und $x_2 \approx -3{,}65$.

Vorzeichentabelle:

x	$x < x_2$	$x_2 \approx -3{,}65$	$x_2 < x < x_1$	$x_1 \approx 1{,}65$	$x_1 < x$
f'(x)	–	0	+	0	–
f(x)	↘	TIP	↗	HOP	↘

Zur Ermittlung der y-Koordinaten werden $x_1 \approx 1{,}65$ und $x_2 \approx -3{,}65$ in f(x) eingesetzt:

$f(x_2) \approx 6{,}65 \quad \Rightarrow \quad \underline{\underline{TIP(-3{,}65; 6{,}65)}}$

$f(x_1) \approx 1{,}35 \quad \Rightarrow \quad \underline{\underline{HOP(1{,}65; 1{,}35)}}$

2. Weg: Mithilfe der 2. Ableitung

$$f''(x) = \frac{(-x-1) \cdot (x+1)^2 - (-0{,}5x^2 - x + 3) \cdot 2 \cdot (x+1)}{(x+1)^4}$$ (Quotienten- und Kettenregel)

$$f''(x) = \frac{(x+1) \cdot \big((-x-1) \cdot (x+1) - (-0{,}5x^2 - x + 3) \cdot 2\big)}{(x+1)^4}$$ ((x + 1) ausklammern)

$$f''(x) = \frac{(-x^2 - x - x - 1) - (-x^2 - 2x + 6)}{(x+1)^3}$$ (Kürzen und im Zähler ausmultiplizieren)

$$f''(x) = \frac{-7}{(x+1)^3}$$ (Zähler zusammenfassen)

$f''(x_2) \approx 0{,}38 > 0 \quad \Rightarrow \quad \underline{\underline{TIP(-3{,}65; 6{,}65)}}$

$f''(x_1) \approx -0{,}38 < 0 \quad \Rightarrow \quad \underline{\underline{HOP(1{,}65; 1{,}35)}}$

2.2.3 **Zeichnung des Graphen G_f und seiner Asymptoten**

Bisherige Ergebnisse:
Asymptoten: $x = -1$ und $y = -\frac{1}{2}x + \frac{7}{2}$;

Nullstellen bei $x_4 = 0$ und $x_5 = 6$; TIP(–3,65; 6,65), HOP(1,65; 1,35)

Weitere Funktionswerte:

x	−6	−5	−3,65	−2	−1	0	1,65	3	6	8
f(x)	7,20	6,88	6,65 TIP	8	n. d.	0	1,35 HOP	1,13	0	−0,89

Es ist vorteilhaft, zuerst die Asymptoten in das Koordinatensystem einzuzeichnen und dann G_f zu zeichnen.

Graph G_f

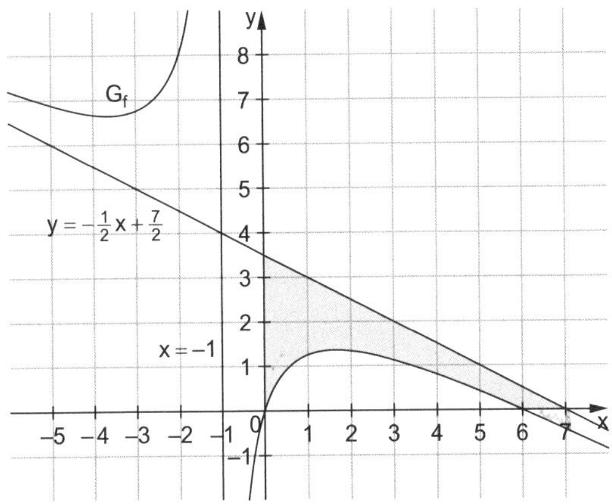

2.2.4 **Berechnung der Flächenmaßzahl**

Das beschriebene Flächenstück ist im Schaubild von Teilaufgabe 2.2.3 gekennzeichnet, es erstreckt sich von $x=0$ bis $x=7$.

Für die Berechnung seiner Flächenmaßzahl gibt es zwei unterschiedliche Lösungswege.

1. Weg:

Von der Dreiecksfläche A_1, die von den Koordinatenachsen und der schiefen Asymptoten im ersten Quadranten begrenzt wird, ist die Fläche A_2 zwischen dem Graphen G_f und der x-Achse abzuziehen.

$$A_1=\frac{1}{2}\cdot g\cdot h=\frac{1}{2}\cdot 7\cdot 3{,}5=12{,}25$$

Eine Stammfunktion zur Funktion f findet man nur mit dem Funktionsterm, der sich aus der Polynomdivision von Teilaufgabe 2.2.1 ergeben hat.

$$A_2=\int_0^6 f(x)\,dx=\int_0^6\left(-\frac{1}{2}x+\frac{7}{2}-\frac{3{,}5}{x+1}\right)dx$$

$$=\left[-\frac{1}{4}x^2+\frac{7}{2}x-3{,}5\cdot\ln|x+1|\right]_0^6$$

Der Betrag darf weggelassen werden, da der Term $x+1$ im Integrationsbereich ein positives Vorzeichen besitzt.

$$A_2 = \left[-\frac{1}{4}x^2 + \frac{7}{2}x - 3{,}5 \cdot \ln(x+1) \right]_0^6 = (-9+21-3{,}5 \cdot \ln(7)) - \underbrace{(-3{,}5 \cdot \ln(1))}_{=0}$$

$$= 12 - 3{,}5 \cdot \ln(7) \approx 5{,}19$$

Damit gilt für die Flächenmaßzahl A:

$$A = A_1 - A_2 \approx 12{,}25 - 5{,}19 = \underline{\underline{7{,}06}}$$

2. Weg:

Zur Fläche A_1 zwischen dem Graphen G_f, seiner schiefen Asymptote, der y-Achse und der Geraden mit der Gleichung $x = 6$ muss die Dreiecksfläche A_2 addiert werden, die von der Geraden mit der Gleichung $x = 6$, der schiefen Asymptote und der x-Achse begrenzt wird.

$$A_1 = \int_0^6 \left(\left(-\frac{1}{2}x + \frac{7}{2} \right) - \left(-\frac{1}{2}x + \frac{7}{2} - \frac{3{,}5}{x+1} \right) \right) dx = \int_0^6 \left(\frac{3{,}5}{x+1} \right) dx = [3{,}5 \cdot \ln|x+1|]_0^6$$

$$= 3{,}5 \cdot \ln|7| - 3{,}5 \cdot \underbrace{\ln|1|}_{=0} = 3{,}5 \cdot \ln(7)$$

$$A_2 = \frac{1}{2} \cdot g \cdot h = \frac{1}{2} \cdot 1 \cdot \left(-\frac{1}{2} \cdot 6 + \frac{7}{2} \right) = \frac{1}{2} \cdot 1 \cdot \frac{1}{2} = \frac{1}{4}$$

Damit gilt für die Flächenmaßzahl A:

$$A = A_1 + A_2 = 3{,}5 \cdot \ln(7) + \frac{1}{4} \approx \underline{\underline{7{,}06}}$$

3.0 $g\colon x \mapsto \ln(ax^2 + bx);\ D_g \subset \mathbb{R}$

3.1 **Berechnung der Werte a und b**

Nullstelle $x_N = 2$: $g(2) = 0$; $\ln(4a + 2b) = 0 \Rightarrow$

(I) $\mathbf{4a + 2b = 1}$

Um die gegebene Extremstelle $x_E = 3$ verwenden zu können, muss die 1. Ableitungsfunktion g' berechnet werden.

$$g'(x) = \frac{2ax + b}{ax^2 + bx}$$ (Kettenregel)

Extremstelle $x_E = 3$: $g'(3) = 0$; $2a \cdot 3 + b = 0 \Rightarrow$

(II) $\mathbf{6a + b = 0}$

Aus II: $b = -6a$, in I:

(I') $4a + 2 \cdot (-6a) = 1;\ -8a = 1;\ \underline{\underline{a = -\frac{1}{8}}}$

$\Rightarrow\ b = -6 \cdot \left(-\frac{1}{8} \right);\ \underline{\underline{b = \frac{3}{4}}}$ (zur Kontrolle gegeben)

3.2 **Art des Extrempunktes des Graphen von g**

1. Weg: Mithilfe der 2. Ableitungsfunktion

Aus Teilaufgabe 3.1 ergibt sich als 1. Ableitungsfunktion der Funktion g:

$$g'(x) = \frac{-\frac{1}{4}x + \frac{3}{4} \quad |\cdot 8}{-\frac{1}{8}x^2 + \frac{3}{4}x \quad |\cdot 8}$$ (Erweitern mit 8)

$$g'(x) = \frac{-2x + 6}{-x^2 + 6x}$$

$$g''(x) = \frac{-2 \cdot (-x^2 + 6x) - (-2x + 6) \cdot (-2x + 6)}{(-x^2 + 6x)^2}$$ (Quotientenregel)

$$g''(x) = \frac{(2x^2 - 12x) - (4x^2 - 24x + 36)}{(-x^2 + 6x)^2}$$ (Klammern ausmultiplizieren)

$$g''(x) = \frac{-2x^2 + 12x - 36}{(-x^2 + 6x)^2}$$ (Zusammenfassen)

$$g''(3) = \frac{-18 + 36 - 36}{(-9 + 18)^2} = \frac{-18}{9^2} < 0 \quad \Rightarrow \quad \text{Hochpunkt bei } x_E = 3$$

2. Weg: Durch eine Vorzeichenbetrachtung von g'(x)

Es gilt:

$$g(x) = \ln(p(x)) \text{ mit } p(x) = -\frac{1}{8}x^2 + \frac{3}{4}x$$

Damit ist:

$$g'(x) = \frac{p'(x)}{p(x)} \text{ und } p(x) > 0 \text{ in } D_g$$

Also hat der Graph von g die gleiche Art von Extrempunkt wie der Graph von p. Der Graph von p ist eine nach unten geöffnete Parabel, hat also einen Hochpunkt. Der Graph von g besitzt somit ebenfalls einen Hochpunkt.

Bayern – FOS · BOS 13 – Abiturprüfung 2015
Mathematik (Nichttechnische Ausbildungsrichtungen) – Aufgabengruppe A 2

1.0 Gegeben ist die reelle Funktion $h\colon x \mapsto \frac{(x^2+1)(1-x)}{x^2-3x+2}$ in der maximalen Definitionsmenge $D_h \subset \mathbb{R}$.

1.1 Bestimmen Sie D_h und geben Sie die Lage und die Art der Definitionslücken von h an. Untersuchen Sie h auf Nullstellen. Geben Sie die Funktionsgleichung der stetigen Fortsetzung von h an. (7 BE)

1.2.0 Betrachtet wird nun die Funktion $f\colon x \mapsto \frac{x^2+1}{2-x}$ in ihrer Definitionsmenge $D_f = \mathbb{R} \setminus \{2\}$. Ihr Graph ist G_f.

1.2.1 Zeigen Sie, dass sich der Funktionsterm von f in der Form $f(x) = -x - 2 + \frac{5}{2-x}$ darstellen lässt.

Geben Sie die Gleichungen und die Art aller Asymptoten von G_f an und untersuchen Sie das Verhalten von f bei Annäherung an die Definitionslücke. (6 BE)

1.2.2 Ermitteln Sie die Art und die Koordinaten der Extrempunkte von G_f. Runden Sie diese auf zwei Nachkommastellen.

(Teilergebnis: $f'(x) = \frac{-x^2+4x+1}{(2-x)^2}$) (8 BE)

1.2.3 Zeichnen Sie die Asymptoten und G_f unter Verwendung der bisherigen Ergebnisse für $-5 \le x \le 8$ in ein kartesisches Koordinatensystem. Verwenden Sie für die Zeichnung eine ganze Seite. (5 BE)

1.2.4 Der Graph der Funktion f und eine Parallele zur x-Achse im Abstand von 2 LE schließen ein endliches Flächenstück ein. Kennzeichnen Sie dieses Flächenstück in Ihrer Zeichnung (Aufgabe 1.2.3) und berechnen Sie die Maßzahl seines Flächeninhalts auf zwei Nachkommastellen gerundet. (7 BE)

1.3.0 Nun wird die Funktion $g\colon x \mapsto \ln(f(x)) = \ln\left(\frac{x^2+1}{2-x}\right)$ in der maximalen Definitionsmenge $D_g \subset \mathbb{R}$ betrachtet. Verwenden Sie im Folgenden gegebenenfalls die Ergebnisse von Teilaufgabe 1.2.

1.3.1 Bestimmen Sie D_g und untersuchen Sie das Verhalten von g an den Grenzen der Definitionsmenge. (3 BE)

1.3.2 Berechnen Sie die Nullstellen von g. (3 BE)

1.3.3 Weisen Sie nach, dass der Graph von g einen Extrempunkt besitzt, und geben Sie dessen Art und Koordinaten an. (3 BE)

2.0 Bei einer Infusion wird einem Patienten pro Minute eine konstante Menge eines Medikaments zugeführt. Das im Blut angereicherte Medikament wird über die Nieren wieder ausgeschieden. Der Anteil der im Blut vorhandenen Medikamentenmenge, der pro Minute abgebaut wird, wird als Ausscheidungsrate a bezeichnet.
Für die im Blut des Patienten befindliche Menge m des Medikaments in mg (Milligramm) zum Zeitpunkt t (in Minuten) nach Beginn der Infusion ergibt sich eine Funktion der Form:
$m(t) = 100(1 - e^{-at})$, $t \geq 0$ und $a > 0$.
Bei Berechnungen kann auf die Verwendung von Einheiten verzichtet werden. Runden Sie bei der Zeit immer auf Minuten, bei der Menge auf zwei Nachkommastellen.

2.1 Eine Minute nach Beginn der Infusion befinden sich bereits 4,88 mg des Medikaments im Blut des Patienten. Weisen Sie nach, dass für die Ausscheidungsrate $a = 0{,}05\left(\frac{1}{\text{min}}\right)$ gilt. (2 BE)

2.2 Berechnen Sie, welche Menge des Medikaments sich 10 Minuten nach Anlegen der Infusion im Blut befindet und wann die therapeutische Minimalmenge von 70 mg erreicht wird.
Bestimmen Sie die Menge, die bei dauerhafter Infusionstherapie langfristig im Körper des Patienten vorhanden ist. (4 BE)

2.3 Weisen Sie nach, dass für die erste Ableitung von m gilt: $\dot{m}(t) = 5e^{-0{,}05t}$.
Berechnen Sie die Werte $\dot{m}(10)$ und $\dot{m}(30)$ und interpretieren Sie Ihre Ergebnisse im Sachzusammenhang. (4 BE)

2.4.0 Die dem Patienten während der gesamten Infusion zugeführte Medikamentenmenge pro Minute ist von Anfang an konstant.

2.4.1 Ermitteln Sie die pro Minute zugeführte Medikamentenmenge. (2 BE)

2.4.2 In einer Infusionsflasche befinden sich 1 000 mg. Die Infusion wird um 8.00 Uhr erstmals beim Patienten angelegt. Damit werden dem Patienten ab diesem Zeitpunkt konstant 5 mg des Medikaments pro Minute zugeführt. Bestimmen Sie den Zeitpunkt, zu dem die Flasche leer ist.
Ab diesem Zeitpunkt wird das Medikament gemäß der Funktion
$r(t) = 100e^{-0{,}05t}$ mit $t \geq 0$ abgebaut, wobei r(t) die zur Zeit t vorhandene Restmenge angibt. Begründen Sie, warum diese Funktion den Sachverhalt sinnvoll wiedergibt, und bestimmen Sie den Zeitpunkt, zu dem die Pflegekraft die Infusionsflasche ersetzen muss, bevor die therapeutische Minimalmenge von 70 mg im Blut des Patienten unterschritten wird. (6 BE)

(60 BE)

Tipps zur Lösung von Aufgabe A 2

Teilaufgabe 1.1
Zur Bestimmung der Definitionslücken muss der Nennerterm gleich null gesetzt werden.

Teilaufgabe 1.2.1
Formen Sie den Funktionsterm f(x) durch Polynomdivision um.

Teilaufgabe 1.2.2
Bilden Sie die 1. Ableitung mit der Quotientenregel.

Teilaufgabe 1.2.3
Zur Sicherheit kann eine Wertetabelle erstellt werden.

Teilaufgabe 1.2.4
Verwenden Sie für die Integration der Funktion f die Darstellung des Funktionsterms, die sich aus der Polynomdivision von Teilaufgabe 1.2.1 ergeben hat.

Teilaufgabe 1.3.1
Aus dem in Teilaufgabe 1.2.3 gezeichneten Graphen der Funktion f ist das Vorzeichenverhalten von f(x) ersichtlich.

Teilaufgabe 1.3.2
Die ln-Funktion wird null, wenn ihr Argument den Wert 1 annimmt.

Teilaufgabe 1.3.3
Bilden Sie allgemein die 1. Ableitung der Funktion g.

Teilaufgabe 2.1
Setzen Sie das gegebene Wertepaar in m(t) ein.

Teilaufgabe 2.2
Setzen Sie die gegebenen Werte jeweils in die Funktion m(t), mit $a = 0{,}05$, ein.

Teilaufgabe 2.3
Bilden Sie die 1. Ableitung der Funktion m mit der Kettenregel.

Teilaufgabe 2.4.1
Berechnen Sie die zur Zeit $t = 0$ zugeführte Medikamentenmenge pro Minute.

Teilaufgabe 2.4.2
Beachten Sie, dass konstant 5 mg pro Minute des Medikaments zugeführt werden.

Lösung

1.0 h: $x \mapsto \dfrac{(x^2+1)\cdot(1-x)}{x^2-3x+2}$; $D_h \subset \mathbb{R}$

1.1 **Definitionsmenge D_h**

Nenner: $x^2-3x+2=0$

$$x_{1,2}=\frac{3\pm\sqrt{9-4\cdot 1\cdot 2}}{2\cdot 1}=\frac{3\pm 1}{2}$$

$x_1=1$; $x_2=2 \Rightarrow$

$\underline{\underline{D_h=\mathbb{R}\setminus\{1;2\}}}$

Lage und Art der Definitionslücken sowie Nullstellen

Zähler: $(x^2+1)\cdot(1-x)=0$

1. Faktor: $x^2+1=0$; $x^2=-1$ keine Lösung

2. Faktor: $1-x=0$; $x_3=1$

Für gebrochen-rationale Funktionen gilt:
Wenn Zählerterm und Nennerterm bei $x=x_0$ eine einfache Nullstelle besitzen, liegt bei $x=x_0$ eine stetig behebbare Definitionslücke vor.

$x_1=1$ ist eine stetig behebbare Definitionslücke.
$x_2=2$ ist eine Unendlichkeitsstelle oder Polstelle 1. Ordnung (mit Vorzeichenwechsel).
Es gibt keine Nullstellen.

Funktionsgleichung der stetigen Fortsetzung von h

Der Funktionsterm h(x) in vollständig faktorisierter Form lautet:

$$h(x)=\frac{(x^2+1)\cdot(1-x)}{(x-1)\cdot(x-2)}$$ (im Zähler (–1) ausklammern)

$$h(x)=\frac{-(x^2+1)\cdot(x-1)}{(x-1)\cdot(x-2)}$$

Durch Kürzen des Linearfaktors $(x-1)$ erhält man den Funktionsterm der stetigen Fortsetzung $\tilde{h}$ der Funktion h.

$$\tilde{h}(x)=-\frac{x^2+1}{x-2};\ D_{\tilde{h}}=\mathbb{R}\setminus\{2\}$$

Der Faktor (–1) darf aus dem Zähler vor den Bruchstrich gezogen werden. Er darf nun auch als Faktor in den Nenner geschrieben werden.

$$\tilde{h}(x)=\frac{x^2+1}{-(x-2)}$$ (im Nenner ausmultiplizieren)

$$\underline{\underline{\tilde{h}(x)=\frac{x^2+1}{2-x}}}=f(x)$$

Damit ist die in 1.2.0 gegebene Funktion f die stetige Fortsetzung der Funktion h.

1.2.0 f: $x \mapsto \frac{x^2+1}{2-x}$; $D_f = \mathbb{R}\setminus\{2\}$

1.2.1 **Nachweis des alternativen Funktionsterms**

1. Weg: Polynomdivision

$$\begin{array}{l} (x^2+1):(-x+2) = -x-2+\frac{5}{-x+2} \\ \underline{-(x^2-2x)} \\ \quad 2x+1 \\ \quad \underline{-(2x-4)} \\ \qquad 5 \end{array}$$

Also gilt: $f(x) = -x-2+\frac{5}{2-x}$

2. Weg: Erweitern des gegebenen Funktionsterms

$$-x-2+\frac{5}{2-x} = \frac{(-x-2)\cdot(2-x)}{2-x}+\frac{5}{2-x}$$

$$= \frac{-2x+x^2-4+2x+5}{2-x} = \frac{x^2+1}{2-x}$$ (wie in 1.2.0 gegeben)

Gleichungen und Art aller Asymptoten von G_f

Aus der neuen Darstellung des Funktionsterms erkennt man die Gleichung der schiefen Asymptote $\underline{\underline{y=-x-2}}$ sowie die Gleichung der senkrechten Asymptote $\underline{\underline{x=2}}$.

Verhalten von f(x) für x → 2

$$x \xrightarrow{>} 2\colon \frac{\overbrace{x^2+1}^{\to 5}}{\underbrace{2-x}_{\to 0^-}} \to -\infty$$

$$x \xrightarrow{<} 2\colon \frac{\overbrace{x^2+1}^{\to 5}}{\underbrace{2-x}_{\to 0^+}} \to +\infty$$

1.2.2 **Berechnung der 1. Ableitung**

$$f'(x) = \frac{2x\cdot(2-x)-(x^2+1)\cdot(-1)}{(2-x)^2}$$ (Quotientenregel)

$$f'(x) = \frac{4x-2x^2+x^2+1}{(2-x)^2}$$ (Ausmultiplizieren)

$$f'(x) = \frac{-x^2+4x+1}{(2-x)^2}$$ (Zusammenfassen, zur Kontrolle gegeben)

Ermittlung der Stellen mit waagrechter Tangente

$f'(x) = 0;\quad -x^2 + 4x + 1 = 0$

$$x_{1,2} = \frac{-4 \pm \sqrt{16 - 4 \cdot (-1) \cdot 1}}{2 \cdot (-1)} = \frac{-4 \pm \sqrt{20}}{-2} = \frac{4 \mp 2\sqrt{5}}{2}$$

$x_1 = 2 - \sqrt{5} \approx -0{,}24;\quad x_2 = 2 + \sqrt{5} \approx 4{,}24$

Art und Koordinaten der Extrempunkte von G_f

Da die 2. Ableitung der Funktion f im weiteren Verlauf der Aufgabe nicht benötigt wird, ist es sinnvoll, hier eine Vorzeichenuntersuchung für f'(x) durchzuführen.

1. Weg: Mithilfe einer Vorzeichenuntersuchung für f'(x)
Da der Nenner von f'(x) wegen des Quadrats immer positiv ist, wird das Vorzeichen von f'(x) allein durch die quadratische Zählerfunktion $z(x) = -x^2 + 4x + 1$ bestimmt. Diese beschreibt eine nach unten geöffnete Parabel mit den soeben bestimmten Nullstellen $x_1 \approx -0{,}24$ und $x_2 \approx 4{,}24$.

Vorzeichentabelle:

x	$x < x_1$	$x_1 \approx -0{,}24$	$x_1 < x < x_2$	$x_2 \approx 4{,}24$	$x_2 < x$
f'(x)	–	0	+	0	–
f(x)	↘	TIP	↗	HOP	↘

Zur Ermittlung der y-Koordinaten werden $x_1 \approx -0{,}24$ und $x_2 \approx 4{,}24$ in f(x) eingesetzt:

$f(x_1) \approx 0{,}47 \quad \Rightarrow \quad \underline{\underline{\text{TIP}(-0{,}24; 0{,}47)}}$

$f(x_2) \approx -8{,}47 \quad \Rightarrow \quad \underline{\underline{\text{HOP}(4{,}24; -8{,}47)}}$

2. Weg: Mithilfe der 2. Ableitung

$$f''(x) = \frac{(-2x+4) \cdot (2-x)^2 - (-x^2 + 4x + 1) \cdot 2 \cdot (2-x) \cdot (-1)}{(2-x)^4}$$ (Quotienten- und Kettenregel)

$$f''(x) = \frac{(2-x) \cdot \big((-2x+4) \cdot (2-x) + 2 \cdot (-x^2 + 4x + 1)\big)}{(2-x)^4}$$ ((2 – x) ausklammern)

$$f''(x) = \frac{(-4x + 2x^2 + 8 - 4x) + (-2x^2 + 8x + 2)}{(2-x)^3}$$ (Kürzen und im Zähler ausmultiplizieren)

$$f''(x) = \frac{10}{(2-x)^3}$$ (Zähler zusammenfassen)

$f''(x_1) \approx 0{,}89 > 0 \quad \Rightarrow \quad \underline{\underline{\text{TIP}(-0{,}24; 0{,}47)}}$

$f''(x_2) \approx -0{,}89 < 0 \quad \Rightarrow \quad \underline{\underline{\text{HOP}(4{,}24; -8{,}47)}}$

1.2.3 **Zeichnung des Graphen G_f und seiner Asymptoten**

Bisherige Ergebnisse:
Asymptoten: $x = 2$, $y = -x - 2$; keine Nullstellen; TIP(–0,24; 0,47), HOP(4,24; –8,47)

Weitere Funktionswerte:

x	–5	–3	–1	–0,24	0	1	2	3	4,24	6	8
f(x)	3,71	2	0,67	0,47 TIP	0,50	2	n. d.	–10	–8,47 HOP	–9,25	–10,83

Es ist vorteilhaft, zuerst die Asymptoten und dann den Graphen G_f zu zeichnen.

Graph G_f

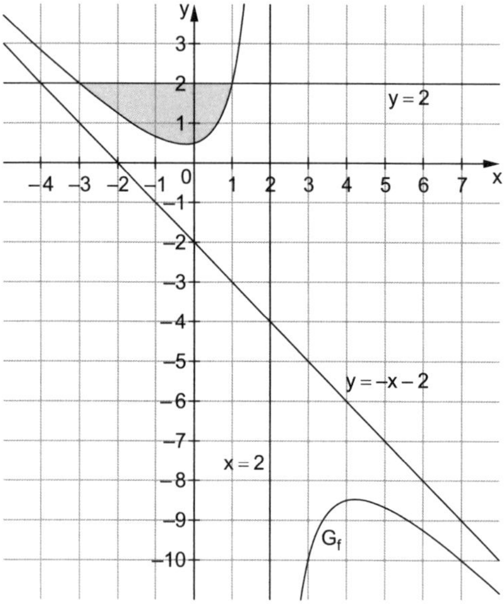

1.2.4 **Berechnung der Flächenmaßzahl**

Das beschriebene Flächenstück ist im Schaubild von Teilaufgabe 1.2.3 gekennzeichnet. Die Parallele zur x-Achse im Abstand 2 LE, die den Graphen G_f schneidet, besitzt die Gleichung $y = 2$. Aus der Wertetabelle von Teilaufgabe 1.2.3 entnimmt man die Schnittpunkte $S_1(-3;\, 2)$ und $S_2(1;\, 2)$. Diese können auch berechnet werden:

$$f(x) = 2$$

$$\frac{x^2+1}{2-x} = 2 \qquad \big|\cdot(2-x)$$

$$x^2+1 = 2\cdot(2-x)$$

$$x^2+1 = 4-2x \qquad \big|+2x-4$$

$$x^2+2x-3 = 0$$

$$x_{1,2} = \frac{-2\pm\sqrt{4-4\cdot 1\cdot(-3)}}{2\cdot 1}$$

$$x_{1,2} = \frac{-2\pm 4}{2}$$

$$x_1 = -3;\; x_2 = 1$$

(Die y-Werte sind durch $y = 2$ gegeben.)

Die nun benötigte Stammfunktion zur Funktion f kann nur mit dem Funktionsterm bestimmt werden, der sich aus der Polynomdivision von Teilaufgabe 1.2.1 ergeben hat.

Somit gilt für die Flächenmaßzahl des Flächenstücks, das sich von $x=-3$ bis $x=1$ erstreckt:

$$A=\int_{-3}^{1}\left(2-\left(-x-2+\frac{5}{2-x}\right)\right)dx=\int_{-3}^{1}\left(x+4-\frac{5}{2-x}\right)dx=\int_{-3}^{1}\left(x+4+5\cdot\frac{-1}{2-x}\right)dx$$

$$=\left[\frac{x^2}{2}+4x+5\cdot\ln|2-x|\right]_{-3}^{1}=\left(\frac{1}{2}+4+5\cdot\ln(1)\right)-\left(\frac{9}{2}-12+5\cdot\ln(5)\right)$$

$$=4{,}5-4{,}5+12-5\cdot\ln(5)=12-5\cdot\ln(5)\approx\underline{\underline{3{,}95}}$$

1.3.0 $g\colon\ x\mapsto\ln(f(x))=\ln\left(\frac{x^2+1}{2-x}\right);\ D_g\subset\mathbb{R}$

1.3.1 **Definitionsmenge D_g**

Wegen $g(x)=\ln(f(x))$ muss gelten: $f(x)>0$

Aus der Darstellung des Graphen der Funktion f in Teilaufgabe 1.2.3 ergibt sich:

$f(x)>0$ genau für $x\in\,]-\infty;2[\ \Rightarrow\ \underline{\underline{D_g=\,]-\infty;2[}}$

Verhalten von g an den Grenzen von D_g

$x\xrightarrow{<}2\colon\ f(x)\to+\infty;\ g(x)\to+\infty$

$x\to-\infty\colon\ f(x)\to+\infty;\ g(x)\to+\infty$

1.3.2 **Nullstellen von g**

$g(x)=0;\ f(x)=1$

$$\frac{x^2+1}{2-x}=1 \qquad |\cdot(2-x)$$

$$x^2+1=2-x \qquad |+x-2$$

$$x^2+x-1=0$$

$$x_{1,2}=\frac{-1\pm\sqrt{1-4\cdot1\cdot(-1)}}{2\cdot1}$$

$$x_{1,2}=\frac{-1\pm\sqrt{5}}{2}$$

$$\underline{\underline{x_1=\frac{-1-\sqrt{5}}{2}}}\approx-1{,}62\in D_g;\quad \underline{\underline{x_2=\frac{-1+\sqrt{5}}{2}}}\approx0{,}62\in D_g$$

Damit sind x_1 und x_2 Nullstellen der Funktion g.

1.3.3 **Art und Koordinaten des Extrempunktes des Graphen von g**

$$g'(x)=\frac{1}{f(x)}\cdot f'(x) \qquad \text{(Kettenregel)}$$

$$g'(x)=\frac{f'(x)}{f(x)}$$

Da $f(x) > 0$ für $x \in D_g$, besitzen $g'(x)$ und $f'(x)$ dasselbe Vorzeichenverhalten und dieselben Nullstellen. Damit sind die x-Koordinate und die Art des Extrempunktes der Graphen von g und f im Intervall $]-\infty; 2[$ gleich.
Somit hat der Graph von g den Tiefpunkt
$\underline{\underline{TIP(-0,24; \ln(0,47))}}$ bzw. $\underline{\underline{TIP(-0,24; -0,76)}}$.

2.0 Menge m in mg (Milligramm) eines Medikaments im Blut zum Zeitpunkt t (in Minuten):
$m(t) = 100 \cdot (1 - e^{-a \cdot t}),\ t \geq 0$ und $a \geq 0$

2.1 **Berechnung der Ausscheidungsrate a**
Zur Zeit $t_1 = 1$ (Minute) ist $m(1) = 4{,}88$ (mg). Durch Einsetzen in m(t) erhält man:

$$
\begin{aligned}
100 \cdot (1 - e^{-a \cdot 1}) &= 4{,}88 && |:100 \\
1 - e^{-a} &= 0{,}0488 && |-1 \\
-e^{-a} &= -0{,}9512 && |\cdot(-1) \\
e^{-a} &= 0{,}9512 \\
-a &= \ln(0{,}9512) \\
a &= -\ln(0{,}9512) \\
\underline{\underline{a}} &\underline{\underline{\approx 0{,}05 \left(\frac{1}{\text{min}}\right)}}
\end{aligned}
$$

(zur Kontrolle gegeben)

Da im Exponenten der e-Funktion eine Zahl ohne Benennung stehen muss und da die Zeit hier in der Einheit Minuten gemessen wird, muss die Konstante a die Einheit $\frac{1}{\text{min}}$ besitzen.

2.2 **Berechnung der Menge m(t) nach 10 Minuten**

$m(10) = 100 \cdot (1 - e^{-0{,}05 \cdot 10})$

$\underline{\underline{m(10) \approx 39{,}35 \text{ (mg)}}}$

Berechnung des Zeitpunktes t_2 mit $m(t_2) = 70$ mg

$$
\begin{aligned}
100 \cdot (1 - e^{-0{,}05 \cdot t_2}) &= 70 && |:100 \\
1 - e^{-0{,}05 \cdot t_2} &= 0{,}7 && |-1 \\
-e^{-0{,}05 \cdot t_2} &= -0{,}3 && |\cdot(-1) \\
e^{-0{,}05 \cdot t_2} &= 0{,}3 \\
-0{,}05 \cdot t_2 &= \ln(0{,}3) && |:(-0{,}05) \\
t_2 &= -20 \cdot \ln(0{,}3) \\
\underline{\underline{t_2}} &\underline{\underline{\approx 24 \text{ (Minuten)}}}
\end{aligned}
$$

Verhalten von m(t) für $t \to +\infty$

$t \to +\infty$: $100 \cdot (1 - \underbrace{e^{-0{,}05 \cdot t}}_{\to 0}) \to 100$

Langfristig befinden sich 100 mg des Medikaments im Blut des Patienten.

2.3 **Berechnung der 1. Ableitungsfunktion $\dot{m}(t)$**

$\dot{m}(t) = 100 \cdot (-e^{-0,05 \cdot t}) \cdot (-0,05)$ (Kettenregel)

$\dot{m}(t) = 100 \cdot 0,05 \cdot e^{-0,05 \cdot t}$

$\dot{m}(t) = 5 \cdot e^{-0,05 \cdot t}$

Berechnung und Interpretation der Werte $\dot{m}(10)$ und $\dot{m}(30)$

$\dot{m}(10) = 5 \cdot e^{-0,05 \cdot 10}$

$\underline{\underline{\dot{m}(10) \approx 3,03}}$

$\dot{m}(30) = 5 \cdot e^{-0,05 \cdot 30}$

$\underline{\underline{\dot{m}(30) \approx 1,12}}$

Nach 10 Minuten nimmt der Gehalt des Medikaments im Körper des Patienten um etwa 3 mg pro Minute zu, nach 30 Minuten um etwa 1,1 mg pro Minute. Die Zuwachsrate sinkt also mit der Dauer der Infusion.

2.4.1 **Berechnung der pro Minute zugeführten Medikamentenmenge**

Da die während der gesamten Infusion zugeführte Medikamentenmenge pro Minute konstant ist, genügt es, die zu Beginn ($t = 0$) pro Minute zugeführte Medikamentenmenge zu berechnen.

$\dot{m}(0) = 5 \cdot e^{-0,05 \cdot 0}$; $\underline{\underline{\dot{m}(0) = 5}}$

Dem Patienten werden pro Minute 5 mg des Medikaments zugeführt.

2.4.2 **Berechnung des Zeitpunktes t_3, zu dem die Flasche leer ist**

Da pro Minute 5 mg des Medikaments zugeführt werden, gilt:

$$t_3 = 1\,000\,(\text{mg}) : 5\left(\frac{\text{mg}}{\text{min}}\right) = 200\,(\text{min})$$

Die Flasche ist nach 200 Minuten, also um 11:20 Uhr, leer.

Begründung für den Funktionsterm r(t)

Zu dem Zeitpunkt $t_3 = 200$ (Minuten) befinden sich $m(200) \approx 100$ (mg) des Medikaments im Blut des Patienten. Die Ausscheidungsrate beträgt $a = -0,05\,\frac{1}{\text{min}}$.

Der Abbau des Medikaments erfolgt also ab diesem Zeitpunkt nach der Funktion $r(t) = 100 \cdot e^{-0,05 \cdot t}$.

Berechnung des Zeitpunktes t_4 mit $r(t_4) = 70$

$$
\begin{aligned}
100 \cdot e^{-0,05 \cdot t_4} &= 70 && \big|:100 \\
e^{-0,05 \cdot t_4} &= 0,7 \\
-0,05 \cdot t_4 &= \ln(0,7) && \big|:(-0,05) \\
t_4 &= -20 \cdot \ln(0,7) \\
\underline{\underline{t_4}} &\underline{\underline{\approx 7,13\,(\text{Minuten})}}
\end{aligned}
$$

Die Pflegekraft muss die Flasche etwa 7 Minuten nach dem Zeitpunkt t_3, also um 11:27 Uhr, wechseln.

Bayern – FOS · BOS 13 – Abiturprüfung 2015
Mathematik (Nichttechnische Ausbildungsrichtungen) – Aufgabengruppe B 1

1.0 Im $\mathbb{R}^3$ sind die Gerade g: $\vec{x} = \begin{pmatrix} -1 \\ 1 \\ 1 \end{pmatrix} + r \cdot \begin{pmatrix} -5 \\ 2 \\ 4 \end{pmatrix}$ sowie die Ebenen

E: $\vec{x} = k \cdot \begin{pmatrix} 5 \\ -1 \\ -3 \end{pmatrix} + m \cdot \begin{pmatrix} -7 \\ 0 \\ 3 \end{pmatrix}$ und F: $3x_1 - 2x_2 + 5x_3 - 2 = 0$ mit $k, m, r \in \mathbb{R}$ gegeben.

1.1 Berechnen Sie eine Gleichung von E in Koordinatenform und beschreiben Sie die besondere Lage von E im Koordinatensystem.
(Mögliches Teilergebnis: E: $3x_1 - 6x_2 + 7x_3 = 0$) (4 BE)

1.2 Bestimmen Sie eine Gleichung der Schnittgeraden s von E und F.
(mögliches Ergebnis: s: $\vec{x} = \begin{pmatrix} 1 \\ 0,5 \\ 0 \end{pmatrix} + t \cdot \begin{pmatrix} -8 \\ 3 \\ 6 \end{pmatrix}$; $t \in \mathbb{R}$) (4 BE)

1.3 Berechnen Sie die Koordinaten des Punktes S, den E, F und g gemeinsam haben. (5 BE)

1.4 Überprüfen Sie, ob der Aufpunkt von g auf einer der beiden Ebenen E oder F liegt, und fertigen Sie eine Skizze an, aus der man die gegenseitige Lage von E, F, s, g und S ersehen kann. (6 BE)

2.0 Die drei Fertigungsbereiche K, L und M eines Unternehmens sind untereinander und mit dem Markt nach dem Leontief-Modell verflochten. Die Gesamtproduktion beträgt im Bereich K 200 ME (Mengeneinheiten), im Bereich L 150 ME und im Bereich M 140 ME. Die Inputmatrix der Verflechtung ist gegeben durch:

$$A = \begin{pmatrix} 0,05 & 0,1 & 0,05 \\ 0,15 & 0,2 & 0 \\ 0,55 & 0 & 0,1 \end{pmatrix}$$

2.1 Erläutern Sie die Bedeutung der Werte 0 in der Inputmatrix, berechnen Sie die Marktabgaben der Bereiche K, L und M und zeichnen Sie das zugehörige Verflechtungsdiagramm (Gozintograph). (7 BE)

2.2.0 In der nächsten Produktionsperiode führt eine Änderung im Fertigungssystem zur neuen Inputmatrix $A_{neu} = \begin{pmatrix} 0,05 & 0,1 & 0,05 \\ 0,15 & 0,2 & 0 \\ a & 0 & 0,05 \end{pmatrix}$ mit $a \in \mathbb{R}_0^+$.

2.2.1 Interpretieren Sie die Veränderungen der Inputmatrix. (2 BE)

2.2.2 In dieser Periode sollen folgende Rahmenbedingungen gelten:
- Es wird erwartet, dass die Marktnachfrage nach den Produkten des Bereiches L auf 114 ME, die nach den Produkten des Bereichs M auf 33 ME steigt.
- Die Produktionsmenge im Bereich L soll gesteigert werden, während die Produktionsmengen der Bereiche K und M unverändert bleiben.

Bestimmen Sie die Produktionsmenge von Bereich L und die Nachfrage an Produkten aus dem Bereich K. Berechnen Sie außerdem den Wert a der neuen Inputmatrix A_{neu}. (6 BE)

2.2.3 Sei nun $a = 0{,}5$. In einem zukünftigen Produktionszeitraum soll die Produktion im Bereich K verringert und im Bereich M im gleichen Maße gesteigert werden. Der neue Produktionsvektor lässt sich in Abhängigkeit des Parameters $u \in \mathbb{R}^+$ darstellen durch $\vec{x} = \begin{pmatrix} 200 - u \\ 180 \\ 140 + u \end{pmatrix}$. Die Marktabgabe von Bereich L soll auf mindestens 129 Mengeneinheiten erhöht werden.
Bestimmen Sie das größtmögliche Intervall der Werte, die u annehmen kann. (6 BE)

(40 BE)

Tipps zur Lösung von Aufgabe B 1

Teilaufgabe 1.1
Die gegebene Gleichung der Ebene E kann zum Beispiel mithilfe des Gauß-Algorithmus in Koordinatenform umgewandelt werden.

Teilaufgabe 1.2
Setzen Sie die Parameterform der Ebenengleichung der Ebene E in die Koordinatenform von F ein.

Teilaufgabe 1.3
S ist der Schnittpunkt der Geraden s und g.

Teilaufgabe 1.4
Setzen Sie den Aufpunkt der Geraden g in die Koordinatengleichungen der Ebenen E und F ein.

Teilaufgabe 2.1
Zur Berechnung der Marktabgaben verwenden Sie die Grundgleichung des Leontief-Modells.

Teilaufgabe 2.2.1
Es haben sich nur zwei Koeffizienten in der letzten Zeile geändert.

Teilaufgabe 2.2.2
Stellen Sie zuerst den neuen Marktvektor und den neuen Produktionsvektor mit geeigneten Variablen auf.

Teilaufgabe 2.2.3
Berechnen Sie den neuen Marktvektor in Abhängigkeit von u.

Lösung

1.0 Gerade g: $\vec{x}=\begin{pmatrix}-1\\1\\1\end{pmatrix}+r\cdot\begin{pmatrix}-5\\2\\4\end{pmatrix};\ r\in\mathbb{R}$

Ebenen E: $\vec{x}=k\cdot\begin{pmatrix}5\\-1\\-3\end{pmatrix}+m\cdot\begin{pmatrix}-7\\0\\3\end{pmatrix};\ k,m\in\mathbb{R}$ und F: $3x_1-2x_2+5x_3-2=0$

1.1 **Umwandlung der Ebenengleichung von E in Koordinatenform**

1. Weg: Mithilfe des Gauß-Algorithmus

$$\text{E:}\ \begin{aligned}x_1&=5k-7m\\x_2&=-k\\x_3&=-3k+3m\end{aligned}\quad\Leftrightarrow\quad\begin{aligned}5k-7m&=x_1\\-k\qquad&=x_2\\-3k+3m&=x_3\end{aligned}$$

Gauß-Algorithmus:

$$\left(\begin{array}{cc|c}5&-7&x_1\\-1&0&x_2\\-3&3&x_3\end{array}\right)\xrightarrow[5\cdot\text{III}+3\cdot\text{I}]{5\cdot\text{II}+\text{I}}\left(\begin{array}{cc|c}5&-7&x_1\\0&-7&5x_2+x_1\\0&-6&5x_3+3x_1\end{array}\right)$$

$$\xrightarrow{7\cdot\text{III}-6\cdot\text{II}}\left(\begin{array}{cc|c}5&-7&x_1\\0&-7&5x_2+x_1\\0&0&35x_3+21x_1-30x_2-6x_1\end{array}\right)$$

$\Rightarrow$ E: $15x_1-30x_2+35x_3=0$ oder

E: $3x_1-6x_2+7x_3=0$ (zur Kontrolle gegeben)

2. Weg: Durch Eliminieren der Parameter

I $x_1=5k-7m$
II $x_2=-k$ aus II: $k=-x_2$ in I und III
III $x_3=-3k+3m$

I' $x_1=-5x_2-7m$
III' $x_3=3x_2+3m$ aus III': $3m=x_3-3x_2$; $m=\frac{1}{3}x_3-x_2$ in I'

I'': $x_1=-5x_2-7\cdot\left(\frac{1}{3}x_3-x_2\right)$

$$x_1=-5x_2-\frac{7}{3}x_3+7x_2$$

$$x_1=2x_2-\frac{7}{3}x_3$$

$\Rightarrow$ E: $x_1-2x_2+\frac{7}{3}x_3=0$ oder

E: $3x_1-6x_2+7x_3=0$ (zur Kontrolle gegeben)

Die Koordinatengleichung einer Ebene darf mit einer beliebigen reellen Zahl ungleich null multipliziert bzw. dividiert werden.

Besondere Lage von E im Koordinatensystem

Bereits an der Parameterform der Ebenengleichung sieht man, dass der Koordinatenursprung O(0; 0; 0) als Aufpunkt gewählt wurde.
In der Koordinatenform $Ax_1 + Bx_2 + Cx_3 + D = 0$ gilt hier $D = 0$. Auch das zeigt, dass E den Koordinatenursprung enthält.

Die Ebene E verläuft durch den Ursprung.

1.2 **Gleichung der Schnittgeraden s von E und F**

1.Weg: Einsetzen der Ebene E in Parameterform in die Koordinatengleichung von F

$$E: \begin{pmatrix} x_1 \\ x_2 \\ x_3 \end{pmatrix} = k \cdot \begin{pmatrix} 5 \\ -1 \\ -3 \end{pmatrix} + m \cdot \begin{pmatrix} -7 \\ 0 \\ 3 \end{pmatrix} \text{ in F}$$

$$3 \cdot (5k - 7m) - 2 \cdot (-k) + 5 \cdot (-3k + 3m) - 2 = 0$$
$$15k - 21m + 2k - 15k + 15m - 2 = 0$$
$$2k - 6m - 2 = 0$$
$$2k = 6m + 2$$
$$k = 3m + 1 \quad \text{in E}$$

$$\Rightarrow \quad s: \vec{x} = (3m+1) \cdot \begin{pmatrix} 5 \\ -1 \\ -3 \end{pmatrix} + m \cdot \begin{pmatrix} -7 \\ 0 \\ 3 \end{pmatrix}$$

$$s: \vec{x} = 1 \cdot \begin{pmatrix} 5 \\ -1 \\ -3 \end{pmatrix} + m \cdot \left(3 \cdot \begin{pmatrix} 5 \\ -1 \\ -3 \end{pmatrix} + 1 \cdot \begin{pmatrix} -7 \\ 0 \\ 3 \end{pmatrix} \right)$$

$$s: \vec{x} = \begin{pmatrix} 5 \\ -1 \\ -3 \end{pmatrix} + m \cdot \begin{pmatrix} 8 \\ -3 \\ -6 \end{pmatrix}; \; m \in \mathbb{R}$$

2.Weg: Mithilfe der Koordinatengleichungen von E und F

$$\begin{array}{ll} E: & 3x_1 - 6x_2 + 7x_3 = 0 \\ F: & 3x_1 - 2x_2 + 5x_3 - 2 = 0 \\ \hline E - F: & -4x_2 + 2x_3 + 2 = 0 \end{array}$$

$$-4x_2 = -2x_3 - 2 \quad |:(-4)$$
$$x_2 = \frac{1}{2}x_3 + \frac{1}{2}$$

Eine Koordinate darf nun frei gewählt werden, z. B. $x_3 = t$. Damit gilt:

$x_2 = \frac{1}{2}t + \frac{1}{2}$, einsetzen in E:

$$3x_1 - 6 \cdot \left(\frac{1}{2}t + \frac{1}{2}\right) + 7 \cdot t = 0$$

$$3x_1 - 3t - 3 + 7t = 0$$

$$3x_1 + 4t - 3 = 0$$

$$3x_1 = -4t + 3$$

$$x_1 = -\frac{4}{3}t + 1$$

Damit gilt:

$$\left.\begin{array}{l} x_1 = 1 - \frac{4}{3}t \\ x_2 = \frac{1}{2} + \frac{1}{2}t \\ x_3 = t \end{array}\right\} \quad s\colon \vec{x} = \begin{pmatrix} 1 \\ 0{,}5 \\ 0 \end{pmatrix} + t \cdot \begin{pmatrix} -\frac{4}{3} \\ \frac{1}{2} \\ 1 \end{pmatrix} \text{ oder}$$

$$s\colon \vec{x} = \begin{pmatrix} 1 \\ 0{,}5 \\ 0 \end{pmatrix} + t \cdot \begin{pmatrix} -8 \\ 3 \\ 6 \end{pmatrix};\ t \in \mathbb{R}$$

(zur Kontrolle gegeben)

Die hier ermittelten Gleichungen für s und das zur Kontrolle gegebene Ergebnis beschreiben dieselbe Gerade mit teilweise unterschiedlichen Aufpunkten und verschiedenen, aber kollinearen Richtungsvektoren.

1.3 Koordinaten des Punktes S

Die soeben bestimmte Schnittgerade s enthält alle gemeinsamen Punkte der Ebenen E und F. Somit ist der gesuchte Punkt S der Schnittpunkt der Geraden s und g.

$$\{S\} = g \cap s\colon \begin{pmatrix} -1 \\ 1 \\ 1 \end{pmatrix} + r \cdot \begin{pmatrix} -5 \\ 2 \\ 4 \end{pmatrix} = \begin{pmatrix} 1 \\ 0{,}5 \\ 0 \end{pmatrix} + t \cdot \begin{pmatrix} -8 \\ 3 \\ 6 \end{pmatrix}$$

$$\begin{array}{llcl} \text{I} & -1 - 5r = 1 - 8t & & -5r + 8t = 2 \\ \text{II} & 1 + 2r = 0{,}5 + 3t & \Rightarrow & 2r - 3t = -0{,}5 \\ \text{III} & 1 + 4r = 6t & & 4r - 6t = -1 \end{array}$$

Gauß-Algorithmus:

$$\left(\begin{array}{cc|c} -5 & 8 & 2 \\ 2 & -3 & -0{,}5 \\ 4 & -6 & -1 \end{array}\right) \xrightarrow[5 \cdot \text{III} + 4 \cdot \text{I}]{5 \cdot \text{II} + 2 \cdot \text{I}} \left(\begin{array}{cc|c} -5 & 8 & 2 \\ 0 & 1 & 1{,}5 \\ 0 & 2 & 3 \end{array}\right)$$

$$\xrightarrow{\text{III} - 2 \cdot \text{II}} \left(\begin{array}{cc|c} -5 & 8 & 2 \\ 0 & 1 & 1{,}5 \\ 0 & 0 & 0 \end{array}\right)$$

$$\Rightarrow\ t = 1{,}5\colon\ \overrightarrow{OS} = \begin{pmatrix} 1 \\ 0{,}5 \\ 0 \end{pmatrix} + 1{,}5 \cdot \begin{pmatrix} -8 \\ 3 \\ 6 \end{pmatrix} = \begin{pmatrix} -11 \\ 5 \\ 9 \end{pmatrix} \Rightarrow \underline{\underline{S(-11; 5; 9)}}$$

1.4 **Überprüfung, ob der Aufpunkt von g auf E oder F liegt**

Aufpunkt von g: A(–1; 1; 1)

in E: $-3-6+7=0$; $-2=0$ Widerspruch $\Rightarrow$ $A \notin E$

in F: $-3-2+5-2=0$; $-2=0$ Widerspruch $\Rightarrow$ $A \notin F$

Skizze der gegenseitigen Lage von E, F, s, g und S

Die Gerade s ist die Schnittgerade der Ebenen E und F. Die Gerade g schneidet s im Punkt S. Da der Aufpunkt der Geraden g weder in E noch in F liegt, liegt die Gerade g weder in E noch in F. Damit ergibt sich folgendes Bild:

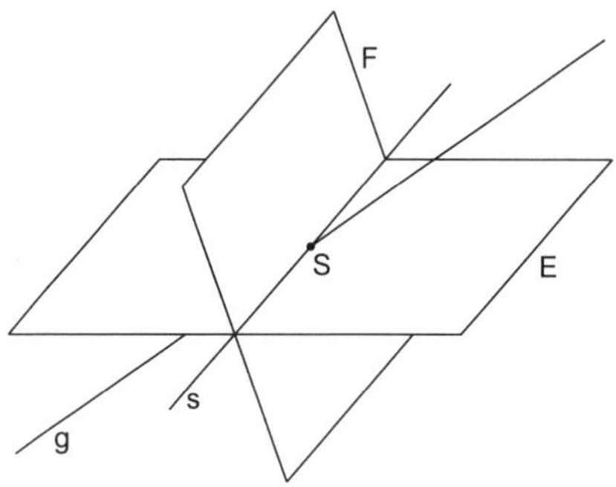

2.0 Leontief-Modell für die Fertigungsbereiche K, L und M mit Inputmatrix:

$$A = \begin{pmatrix} 0{,}05 & 0{,}1 & 0{,}05 \\ 0{,}15 & 0{,}2 & 0 \\ 0{,}55 & 0 & 0{,}1 \end{pmatrix}$$

Die Gesamtproduktion beträgt im Bereich K 200 ME, im Bereich L 150 ME und im Bereich M 140 ME.

2.1 **Bedeutung der Werte 0 in der Inputmatrix**

$a_{23}=0$ bedeutet, dass von Bereich L nichts an Bereich M geliefert wird.
$a_{32}=0$ bedeutet, dass von Bereich M auch nichts an Bereich L geliefert wird.
Insgesamt produzieren die beiden Bereiche L und M also unabhängig voneinander.

Berechnung der Marktabgaben

Der Marktvektor $\vec{y}$ wird mithilfe der Grundgleichung des Leontief-Modells berechnet:

$$\vec{y} = (E-A)\cdot\vec{x} = \begin{pmatrix} 0{,}95 & -0{,}1 & -0{,}05 \\ -0{,}15 & 0{,}8 & 0 \\ -0{,}55 & 0 & 0{,}9 \end{pmatrix} \cdot \begin{pmatrix} 200 \\ 150 \\ 140 \end{pmatrix} = \begin{pmatrix} 168 \\ 90 \\ 16 \end{pmatrix}$$

Bereich K gibt 168 ME an den Markt ab, Bereich L 90 ME und Bereich M 16 ME.

Zeichnung des Verflechtungsdiagramms

Es ist sinnvoll, zuerst aus den gegebenen und berechneten Werten eine Input-Output-Tabelle zu erstellen. Dazu müssen die Koeffizienten der Inputmatrix mit den Koordinaten des Produktionsvektors multipliziert werden:

	K	L	M	Markt	Produktion
K	10	15	7	168	200
L	30	30	0	90	150
M	110	0	14	16	140

Damit ergibt sich folgendes Verflechtungsdiagramm (auch Gozintograph genannt).

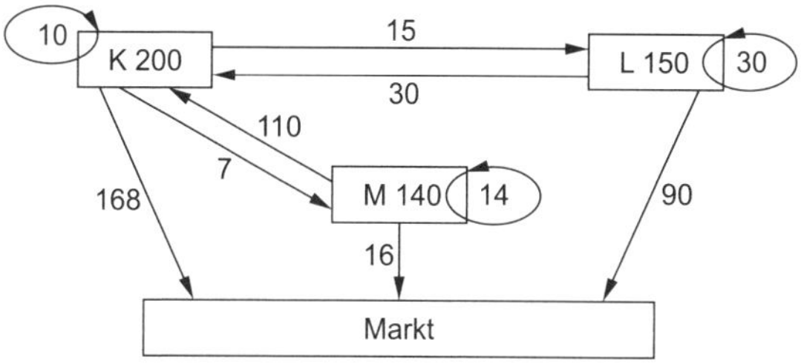

2.2.0 Neue Inputmatrix:

$$A_{neu} = \begin{pmatrix} 0{,}05 & 0{,}1 & 0{,}05 \\ 0{,}15 & 0{,}2 & 0 \\ a & 0 & 0{,}05 \end{pmatrix} \text{ mit } a \in \mathbb{R}_0^+$$

2.2.1 **Interpretation der Veränderungen**

Da sich der Koeffizient a_{33} von 0,1 auf 0,05 halbiert hat, benötigt M nun nur noch die Hälfte an ME für den Eigenbedarf. Die Lieferung von M an K ist variabel (Parameter a).

2.2.2 **Umsetzung der Angaben**

Neuer Marktvektor $\vec{y} = \begin{pmatrix} y_1 \\ 114 \\ 33 \end{pmatrix}$; neuer Produktionsvektor $\vec{x} = \begin{pmatrix} 200 \\ x_2 \\ 140 \end{pmatrix}$

Berechnung der Werte von x_2, y_1 und a

Mit der Grundgleichung des Leontief-Modells erhält man:

$$\vec{y} = (E - A) \cdot \vec{x}$$

$$\begin{pmatrix} y_1 \\ 114 \\ 33 \end{pmatrix} = \begin{pmatrix} 0{,}95 & -0{,}1 & -0{,}05 \\ -0{,}15 & 0{,}8 & 0 \\ -a & 0 & 0{,}95 \end{pmatrix} \cdot \begin{pmatrix} 200 \\ x_2 \\ 140 \end{pmatrix} \Rightarrow$$

I $\quad y_1 = 183 - 0{,}1x_2$

II $\quad 114 = -30 + 0{,}8x_2 \quad \Rightarrow \quad 144 = 0{,}8x_2; \quad \underline{\underline{x_2 = 180}}$ in I

III $\quad 33 = -200a + 133 \quad \Rightarrow \quad -100 = -200a; \quad \underline{\underline{a = 0{,}5}}$

I $\quad y_1 = 183 - 0{,}1 \cdot 180; \quad \underline{\underline{y_1 = 165}}$

Im Bereich L werden nun 180 ME produziert, die Nachfrage an Produkten aus dem Bereich K beträgt 165 ME und a besitzt den Wert 0,5.

2.2.3 **Berechnung des neuen Marktvektors**

Aus dem gegebenen Produktionsvektor ergibt sich mit der Grundgleichung des Leontief-Modells:

$$\vec{y} = (E - A) \cdot \vec{x} = \begin{pmatrix} 0{,}95 & -0{,}1 & -0{,}05 \\ -0{,}15 & 0{,}8 & 0 \\ -0{,}5 & 0 & 0{,}95 \end{pmatrix} \cdot \begin{pmatrix} 200-u \\ 180 \\ 140+u \end{pmatrix}$$

$$= \begin{pmatrix} 0{,}95 \cdot (200-u) & -0{,}1 \cdot 180 - 0{,}05 \cdot (140+u) \\ -0{,}15 \cdot (200-u) + 0{,}8 \cdot 180 & \\ -0{,}5 \cdot (200-u) & +0{,}95 \cdot (140+u) \end{pmatrix}$$

$$= \begin{pmatrix} 190 - 0{,}95u - 18 - 7 - 0{,}05u \\ -30 + 0{,}15u + 144 \\ -100 + 0{,}5u + 133 + 0{,}95u \end{pmatrix} = \begin{pmatrix} 165-u \\ 114+0{,}15u \\ 33+1{,}45u \end{pmatrix}$$

Berechnung des Intervalls für u

Aus der Mindestabgabe von Bereich L und der Voraussetzung, dass die Koeffizienten des Marktvektors nicht negativ sein können, ergibt sich

I $\quad 165-u \geq 0; \quad u \leq 165$

II $\quad 114+0{,}15u \geq 129; \quad 0{,}15u \geq 15; \quad u \geq 100$

III $\quad 33+1{,}45u \geq 0; \quad 1{,}45u \geq -33$

sowie aus der ersten Koordinate des Produktionsvektors:

IV $\quad 200-u \geq 0; \quad u \leq 200$

Damit muss gelten: $\underline{\underline{u \in [100; 165]}}$

Bayern – FOS · BOS 13 – Abiturprüfung 2015
Mathematik (Nichttechnische Ausbildungsrichtungen) – Aufgabengruppe B 2

1.0 Im $\mathbb{R}^3$ sind die Vektoren $\vec{a} = \begin{pmatrix} -1 \\ 3 \\ -2 \end{pmatrix}$, $\vec{b} = \begin{pmatrix} -2 \\ 2 \\ 0 \end{pmatrix}$, $\vec{c}_k = \begin{pmatrix} k+1 \\ -6k-7 \\ 5k \end{pmatrix}$ und $\vec{d} = \begin{pmatrix} 0 \\ -3 \\ 9 \end{pmatrix}$ mit $k \in \mathbb{R}$ gegeben.

1.1 Zeigen Sie, dass die Vektoren $\vec{a}$, $\vec{b}$ und $\vec{c}_k$ unabhängig von k eine Basis des $\mathbb{R}^3$ bilden. (4 BE)

1.2 Stellen Sie für $k = -1$ den Vektor $\vec{d}$ als Linearkombination von $\vec{a}$, $\vec{b}$ und $\vec{c}_{-1}$ dar. (4 BE)

1.3 Der Punkt $D(0\,|-3\,|\,9)$ und die Vektoren $\vec{a}$ und $\vec{b}$ spannen die Ebene E auf. Geben Sie eine Gleichung von E in Parameterform an und bestimmen Sie die zugehörige Koordinatenform.
(Mögliches Teilergebnis: E: $x_1 + x_2 + x_3 - 6 = 0$) (4 BE)

1.4 Ermitteln Sie die Koordinaten der Schnittpunkte von E mit den Koordinatenachsen und zeichnen Sie E in ein Koordinatensystem. (4 BE)

1.5 Die Ortsvektoren $\vec{c}_k = \overrightarrow{OC_k}$ legen die Punkte C_k einer Geraden g fest. Geben Sie eine Gleichung dieser Geraden an und untersuchen Sie die gegenseitige Lage von E und g. (3 BE)

2.0 Die Unternehmen K, L und M sind untereinander und mit dem Markt nach dem Leontief-Modell verflochten. Die Inputmatrix der Verflechtung ist

$$A = \begin{pmatrix} 0{,}2 & 0{,}1 & 0{,}3 \\ 0{,}1 & 0{,}2 & 0{,}1 \\ 0{,}2 & 0{,}2 & 0{,}2 \end{pmatrix}.$$

Der Eigenverbrauch von K beträgt 8 ME, K beliefert L mit 2 ME und M mit 9 ME.

2.1 Erläutern Sie, welche Gemeinsamkeit für den jeweiligen Eigenverbrauch der drei Unternehmen festgestellt werden kann, und erstellen Sie eine vollständige Input-Output-Tabelle der Verflechtung. (6 BE)

2.2 In der nächsten Produktionsperiode ist geplant, dass die Produktion in K doppelt so hoch ist wie in L. Das Unternehmen M soll 30 ME produzieren. Bestimmen Sie, in welchen Grenzen die Produktion in L möglich ist und für welche Produktion in L die Summe der Marktabgaben maximal wird. (7 BE)

2.3 In der Zukunft soll die Marktabgabe $\vec{y} = \begin{pmatrix} t^2 \\ 8 \\ 3-t \end{pmatrix}$ mit $t \in \mathbb{R}$ und $t \leq 3$ betragen.

Berechnen Sie die Produktion des <u>Unternehmens M</u> in Abhängigkeit von t und ermitteln Sie, für welchen Wert von t die Produktion in M minimal wird. (8 BE)

(40 BE)

Tipps zur Lösung von Aufgabe B 2

Teilaufgabe 1.1

Damit die drei Vektoren eine Basis des $\mathbb{R}^3$ bilden, müssen sie linear unabhängig sein.

Teilaufgabe 1.2

Lösen Sie das Gleichungssystem $\mu_1 \cdot \vec{a} + \mu_2 \cdot \vec{b} + \mu_3 \cdot \vec{c}_{-1} = \vec{d}$.

Teilaufgabe 1.3

Für die Gleichung von E in Parameterform sind der Aufpunkt D und die Richtungsvektoren $\vec{a}$ und $\vec{b}$ gegeben.

Teilaufgabe 1.4

Bringen Sie die Gleichung der Ebene E auf Achsenabschnittsform.

Teilaufgabe 1.5

Setzen Sie zwei Werte für k in $\vec{c}_k$ ein und bestimmen Sie die Gleichung der Geraden g durch diese zwei Punkte.

Teilaufgabe 2.1

Der Eigenverbrauch der drei Unternehmen wird durch die Koeffizienten in der Hauptdiagonalen der Inputmatrix beschrieben.

Teilaufgabe 2.2

Stellen Sie den neuen Produktionsvektor mit einer geeigneten Variablen auf.

Teilaufgabe 2.3

Mit der Grundgleichung des Leontief-Modells kann die x_3-Koordinate des neuen Produktionsvektors in Abhängigkeit von t berechnet werden.

Lösung

1.0 Vektoren $\vec{a}=\begin{pmatrix}-1\\3\\-2\end{pmatrix}$, $\vec{b}=\begin{pmatrix}-2\\2\\0\end{pmatrix}$; $\vec{c}_k=\begin{pmatrix}k+1\\-6k-7\\5k\end{pmatrix}$ und $\vec{d}=\begin{pmatrix}0\\-3\\9\end{pmatrix}$ mit $k\in\mathbb{R}$

1.1 Nachweis, dass $\{\vec{a},\vec{b},\vec{c}_k\}$ immer Basis des $\mathbb{R}^3$ ist

Drei Vektoren sind genau dann eine Basis des $\mathbb{R}^3$, wenn sie linear unabhängig sind.

1. Weg: Das Gleichungssystem $r\cdot\vec{a}+s\cdot\vec{b}+t\cdot\vec{c}_k=\vec{0}$ darf nur die Lösung $r=s=t=0$ besitzen.

$$r\cdot\begin{pmatrix}-1\\3\\-2\end{pmatrix}+s\cdot\begin{pmatrix}-2\\2\\0\end{pmatrix}+t\cdot\begin{pmatrix}k+1\\-6k-7\\5k\end{pmatrix}=\vec{0}$$

Gauß-Algorithmus:

$$\left(\begin{array}{ccc|c}-1&-2&k+1&0\\3&2&-6k-7&0\\-2&0&5k&0\end{array}\right)\xrightarrow[\text{III}-2\cdot\text{I}]{\text{II}+3\cdot\text{I}}\left(\begin{array}{ccc|c}-1&-2&k+1&0\\0&-4&-3k-4&0\\0&4&3k-2&0\end{array}\right)$$

$$\xrightarrow{\text{III}+\text{II}}\left(\begin{array}{ccc|c}-1&-2&k+1&0\\0&-4&-3k-4&0\\0&0&-6&0\end{array}\right)\Rightarrow \text{Widerspruch}$$

Damit gibt es für dieses homogene lineare Gleichungssystem außer der trivialen Lösung $r=s=t=0$ keine weitere Lösung und die Vektoren $\vec{a}$, $\vec{b}$ und $\vec{c}_k$ bilden unabhängig von $k\in\mathbb{R}$ eine Basis des $\mathbb{R}^3$.

2. Weg: Keiner der Vektoren $\vec{a},\vec{b},\vec{c}_k$ darf als Linearkombination der anderen beiden darstellbar sein, d. h., das Gleichungssystem $\vec{c}_k=\lambda\cdot\vec{a}+\mu\cdot\vec{b}$ darf keine Lösung besitzen.

$$\lambda\cdot\begin{pmatrix}-1\\3\\-2\end{pmatrix}+\mu\cdot\begin{pmatrix}-2\\2\\0\end{pmatrix}=\begin{pmatrix}k+1\\-6k-7\\5k\end{pmatrix}$$

Gauß-Algorithmus:

$$\left(\begin{array}{cc|c}-1&-2&k+1\\3&2&-6k-7\\-2&0&5k\end{array}\right)\xrightarrow[\text{III}-2\cdot\text{I}]{\text{II}+3\cdot\text{I}}\left(\begin{array}{cc|c}-1&-2&k+1\\0&-4&-3k-4\\0&4&3k-2\end{array}\right)$$

$$\xrightarrow{\text{III}+\text{II}}\left(\begin{array}{cc|c}-1&-2&k+1\\0&-4&-3k-4\\0&0&-6\end{array}\right)\Rightarrow \text{Widerspruch}$$

Damit bilden die Vektoren $\vec{a},\vec{b}$ und $\vec{c}_k$ unabhängig von k eine Basis des $\mathbb{R}^3$.

1.2 **$\vec{d}$ als Linearkombination von $\vec{a}, \vec{b}$ und $\vec{c}_{-1}$**

$\mu_1 \cdot \vec{a} + \mu_2 \cdot \vec{b} + \mu_3 \cdot \vec{c}_{-1} = \vec{d}$

$$\mu_1 \cdot \begin{pmatrix} -1 \\ 3 \\ -2 \end{pmatrix} + \mu_2 \cdot \begin{pmatrix} -2 \\ 2 \\ 0 \end{pmatrix} + \mu_3 \cdot \begin{pmatrix} 0 \\ -1 \\ -5 \end{pmatrix} = \begin{pmatrix} 0 \\ -3 \\ 9 \end{pmatrix}$$

Gauß-Algorithmus:

$$\left(\begin{array}{ccc|c} -1 & -2 & 0 & 0 \\ 3 & 2 & -1 & -3 \\ -2 & 0 & -5 & 9 \end{array}\right) \xrightarrow[\text{III} - 2 \cdot \text{I}]{\text{II} + 3 \cdot \text{I}} \left(\begin{array}{ccc|c} -1 & -2 & 0 & 0 \\ 0 & -4 & -1 & -3 \\ 0 & 4 & -5 & 9 \end{array}\right)$$

$$\xrightarrow{\text{III} + \text{II}} \left(\begin{array}{ccc|c} -1 & -2 & 0 & 0 \\ 0 & -4 & -1 & -3 \\ 0 & 0 & -6 & 6 \end{array}\right)$$

Aus III: $\mu_3 = -1$ in II: $-4\mu_2 - 1 \cdot (-1) = -3$

$$-4\mu_2 = -4$$

$$\mu_2 = 1 \quad \text{in I}$$

$\Rightarrow \quad -1 \cdot \mu_1 - 2 \cdot 1 = 0; \ -\mu_1 = 2; \ \mu_1 = -2$

Damit gilt: $\underline{\underline{\vec{d} = -2\vec{a} + \vec{b} - \vec{c}_{-1}}}$

1.3 **Gleichung der Ebene E in Parameterform**

Mit dem Aufpunkt D(0; –3; 9) und den Richtungsvektoren $\vec{a}$ und $\vec{b}$ erhält man:

E: $\vec{x} = \overrightarrow{OD} + r \cdot \vec{a} + s \cdot \vec{b}$

$$\underline{\underline{E: \ \vec{x} = \begin{pmatrix} 0 \\ -3 \\ 9 \end{pmatrix} + r \cdot \begin{pmatrix} -1 \\ 3 \\ -2 \end{pmatrix} + s \cdot \begin{pmatrix} -2 \\ 2 \\ 0 \end{pmatrix}; \ r, s \in \mathbb{R}}}$$

Umwandlung in Koordinatenform

1. Weg: Mithilfe des Gauß-Algorithmus

$$E: \begin{array}{l} x_1 = \quad\ -r - 2s \\ x_2 = -3 + 3r + 2s \\ x_3 = \ 9 - 2r \end{array} \quad \Leftrightarrow \quad \begin{array}{l} -r - 2s = x_1 \\ 3r + 2s = x_2 + 3 \\ -2r \qquad = x_3 - 9 \end{array}$$

Gauß-Algorithmus:

$$\left(\begin{array}{cc|c} -1 & -2 & x_1 \\ 3 & 2 & x_2+3 \\ -2 & 0 & x_3-9 \end{array}\right) \xrightarrow[\text{III} - 2 \cdot \text{I}]{\text{II} + 3 \cdot \text{I}} \left(\begin{array}{cc|c} -1 & -2 & x_1 \\ 0 & -4 & x_2+3+3x_1 \\ 0 & 4 & x_3-9-2x_1 \end{array}\right)$$

$$\xrightarrow{\text{III} + \text{II}} \left(\begin{array}{cc|c} -1 & -2 & x_1 \\ 0 & -4 & x_2+3+3x_1 \\ 0 & 0 & x_1+x_2+x_3-6 \end{array}\right)$$

$\Rightarrow \quad \underline{\underline{E: \ x_1 + x_2 + x_3 - 6 = 0}}$ (zur Kontrolle gegeben)

2. Weg: Durch Eliminieren der Parameter

$$\begin{array}{lll} \text{I} & x_1 = & -r-2s \\ \text{II} & x_2 = & -3+3r+2s \\ \text{III} & x_3 = & 9-2r \end{array}$$

aus III: $2r = 9 - x_3$; $r = \frac{9}{2} - \frac{1}{2}x_3$ in I und II

$$\begin{array}{lll} \text{I'} & x_1 = & -\left(\frac{9}{2} - \frac{1}{2}x_3\right) - 2s \\ \text{II'} & x_2 = & -3 + 3\left(\frac{9}{2} - \frac{1}{2}x_3\right) + 2s \end{array}$$

$$\begin{array}{lll} \text{I'} & x_1 = & -\frac{9}{2} + \frac{1}{2}x_3 - 2s \\ \text{II'} & x_2 = & \frac{21}{2} - \frac{3}{2}x_3 + 2s \end{array}$$

Bei Addition dieser beiden Gleichungen fällt der Parameter s heraus.

I'+ II': $x_1 + x_2 = 6 - x_3$

$\Rightarrow$ $\underline{\underline{E: x_1 + x_2 + x_3 - 6 = 0}}$ (zur Kontrolle gegeben)

1.4 **Gleichung der Ebene E in Achsenabschnittsform**

Die Gleichung einer Ebene E in Achsenabschnittsform lautet allgemein:

$$E: \frac{x_1}{a} + \frac{x_2}{b} + \frac{x_3}{c} = 1$$

Sie wird aus der Koordinatenform durch geeignete Umformung gewonnen. Die Koeffizienten a, b und c geben die Schnittpunkte der Ebene mit den drei Koordinatenachsen an.

$$\begin{array}{lll} E: & x_1 + x_2 + x_3 - 6 = 0 & |+6 \\ E: & x_1 + x_2 + x_3 = 6 & |:6 \\ E: & \frac{x_1}{6} + \frac{x_2}{6} + \frac{x_3}{6} = 1 & \text{Achsenabschnittsform} \end{array}$$

Schnittpunkte mit den Koordinatenachsen

Direkt ablesbar sind nun die Schnittpunkte mit der x_1-Achse $\underline{\underline{S_1(6; 0; 0)}}$, mit der x_2-Achse $\underline{\underline{S_2(0; 6; 0)}}$ und mit der x_3-Achse $\underline{\underline{S_3(0; 0; 6)}}$.

Zeichnung von E im Koordinatensystem

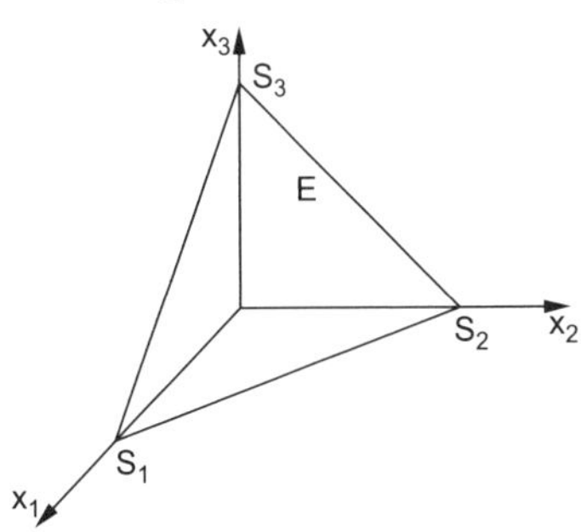

1.5 **Gleichung der Geraden g**

Eine Gleichung der Geraden g kann direkt aus dem Vektor $\vec{c}_k = \overrightarrow{OC_k}$ gewonnen werden, wenn man die Variable k als Parameter interpretiert.

$$\overrightarrow{OC_k} = \begin{pmatrix} k+1 \\ -6k-7 \\ 5k \end{pmatrix} = \begin{pmatrix} 1+k \\ -7-6k \\ 0+5k \end{pmatrix} = \begin{pmatrix} 1 \\ -7 \\ 0 \end{pmatrix} + k \cdot \begin{pmatrix} 1 \\ -6 \\ 5 \end{pmatrix}$$

und damit: $\underline{\underline{g\colon\ \vec{x} = \begin{pmatrix} 1 \\ -7 \\ 0 \end{pmatrix} + k \cdot \begin{pmatrix} 1 \\ -6 \\ 5 \end{pmatrix};\ k \in \mathbb{R}}}$

Als *Alternative* dazu kann man für k zwei Werte in $\vec{c}_k = \overrightarrow{OC_k}$ einsetzen und die Gerade g durch diese zwei Punkte aufstellen:

$k = -1$: $C_{-1}(0; -1; -5)$ (vgl. Teilaufgabe 1.2)

$k = 0$: $C_0(1; -7; 0)$

$$g\colon\ \vec{x} = \overrightarrow{OC_0} + \lambda \cdot \overrightarrow{C_0C_{-1}}$$

$$g\colon\ \vec{x} = \begin{pmatrix} 1 \\ -7 \\ 0 \end{pmatrix} + \lambda \cdot \begin{pmatrix} 0-1 \\ -1+7 \\ -5-0 \end{pmatrix}$$

$$\underline{\underline{g\colon\ \vec{x} = \begin{pmatrix} 1 \\ -7 \\ 0 \end{pmatrix} + \lambda \cdot \begin{pmatrix} -1 \\ 6 \\ -5 \end{pmatrix};\ \lambda \in \mathbb{R}}}$$

Für eine Gerade können sich bei verschiedenen Rechenwegen unterschiedliche Aufpunkte und andere, aber kollineare Richtungsvektoren ergeben.

Gegenseitige Lage von E und g

$$g\colon\ \begin{aligned} x_1 &= 1 - \lambda \\ x_2 &= -7 + 6\lambda \\ x_3 &= -5\lambda \end{aligned} \quad \text{eingesetzt in die Koordinatengleichung von E}$$

$$\Rightarrow\ (1-\lambda) + (-7+6\lambda) + (-5\lambda) - 6 = 0$$

$$1 - \lambda - 7 + 6\lambda - 5\lambda - 6 = 0$$

$$-12 = 0 \quad \text{Widerspruch}$$

Damit sind g und E echt parallel.

2.0 Leontief-Modell für die Unternehmen K, L und M mit Inputmatrix:

$$A = \begin{pmatrix} 0{,}2 & 0{,}1 & 0{,}3 \\ 0{,}1 & 0{,}2 & 0{,}1 \\ 0{,}2 & 0{,}2 & 0{,}2 \end{pmatrix}$$

Der Eigenverbrauch von K beträgt 8 ME, K beliefert L mit 2 ME und M mit 9 ME.

2.1 **Gemeinsamkeiten des jeweiligen Eigenverbrauchs**

Die drei Koeffizienten in der Hauptdiagonalen der Inputmatrix sind gleich:

$a_{11} = a_{22} = a_{33} = 0{,}2$

Damit verbrauchen die Unternehmen jeweils 20 % ihrer Produktion selbst.

Bestimmung der Input-Output-Tabelle

Aus den drei gegebenen Werten des Outputs des Unternehmens K kann mithilfe der entsprechenden Koeffizienten der Inputmatrix der Produktionsvektor berechnet werden:

$$\frac{8}{x_1} = 0{,}2 \;\Rightarrow\; x_1 = 40; \quad \frac{2}{x_2} = 0{,}1 \;\Rightarrow\; x_2 = 20; \quad \frac{9}{x_3} = 0{,}3 \;\Rightarrow\; x_3 = 30$$

$$\Rightarrow \text{ Produktionsvektor } \vec{x} = \begin{pmatrix} 40 \\ 20 \\ 30 \end{pmatrix}$$

Durch geeignete Multiplikation der Koeffizienten der Inputmatrix mit dem Produktionsvektor ergibt sich nun folgende Input-Output-Tabelle:

	K	L	M	Markt	Produktion
K	8	2	9	21	40
L	4	4	3	9	20
M	8	4	6	12	30

2.2 **Neuer Produktionsvektor**

Es ist sinnvoll, im neuen Produktionsvektor die Produktion von L als Variable x_2 zu wählen. Dann gilt:

$$\vec{x}_{neu} = \begin{pmatrix} 2x_2 \\ x_2 \\ 30 \end{pmatrix}$$

Berechnung des Intervalls für x_2

Mit der Grundgleichung des Leontief-Modells ergibt sich:

$$\vec{y} = (E - A) \cdot \vec{x} = \begin{pmatrix} 0{,}8 & -0{,}1 & -0{,}3 \\ -0{,}1 & 0{,}8 & -0{,}1 \\ -0{,}2 & -0{,}2 & 0{,}8 \end{pmatrix} \cdot \begin{pmatrix} 2x_2 \\ x_2 \\ 30 \end{pmatrix} = \begin{pmatrix} 1{,}6x_2 - 0{,}1x_2 - 9 \\ -0{,}2x_2 + 0{,}8x_2 - 3 \\ -0{,}4x_2 - 0{,}2x_2 + 24 \end{pmatrix} = \begin{pmatrix} 1{,}5x_2 - 9 \\ 0{,}6x_2 - 3 \\ -0{,}6x_2 + 24 \end{pmatrix}$$

Mit der Voraussetzung, dass die Koeffizienten des Produktionsvektors nicht negativ sein können, ergibt sich:

$$\begin{aligned} 1{,}5x_2 - 9 \geq 0; &\quad 1{,}5x_2 \geq 9; &\quad x_2 \geq 6 \\ 0{,}6x_2 - 3 \geq 0; &\quad 0{,}6x_2 \geq 3; &\quad x_2 \geq 5 \\ -0{,}6x_2 + 24 \geq 0; &\quad -0{,}6x_2 \geq -24; &\quad x_2 \leq 40 \end{aligned}$$

Damit muss gelten: $\underline{\underline{6 \leq x_2 \leq 40}}$

Die Produktion von L muss also mindestens 6 ME und darf höchstens 40 ME betragen.

Berechnung von x_2 so, dass die Summe der Marktabgaben maximal wird

Für die Summe s der Marktabgaben sind die Koeffizienten des Marktvektors zu addieren. Man erhält:

$s(x_2) = 1{,}5x_2 - 9 + 0{,}6x_2 - 3 - 0{,}6x_2 + 24$

$s(x_2) = 1{,}5x_2 + 12 \;\text{ mit } x_2 \in [6; 40]$

$s(x_2)$ beschreibt eine steigende Gerade. Somit wird der größte Wert am rechten Rand des Intervalls erreicht. Die Summe der Marktabgaben ist also für $\underline{\underline{x_2 = 40}}$ maximal.

2.3 **Berechnung der Produktion von M in Abhängigkeit von t**

Mit dem neuen, von t abhängigen Marktvektor und der Grundgleichung des Leontief-Modells erhält man:

$$(E-A)\cdot\vec{x}=\vec{y}$$

$$\begin{pmatrix} 0{,}8 & -0{,}1 & -0{,}3 \\ -0{,}1 & 0{,}8 & -0{,}1 \\ -0{,}2 & -0{,}2 & 0{,}8 \end{pmatrix}\cdot\begin{pmatrix} x_1 \\ x_2 \\ x_3 \end{pmatrix}=\begin{pmatrix} t^2 \\ 8 \\ 3-t \end{pmatrix}$$

Gauß-Algorithmus:

$$\left(\begin{array}{ccc|c} 0{,}8 & -0{,}1 & -0{,}3 & t^2 \\ -0{,}1 & 0{,}8 & -0{,}1 & 8 \\ -0{,}2 & -0{,}2 & 0{,}8 & 3-t \end{array}\right)\xrightarrow[4\cdot\text{III}+\text{I}]{8\cdot\text{II}+\text{I}}\left(\begin{array}{ccc|c} 0{,}8 & -0{,}1 & -0{,}3 & t^2 \\ 0 & 6{,}3 & -1{,}1 & 64+t^2 \\ 0 & -0{,}9 & 2{,}9 & 12-4t+t^2 \end{array}\right)$$

$$\xrightarrow{7\cdot\text{III}+\text{II}}\left(\begin{array}{ccc|c} 0{,}8 & -0{,}1 & -0{,}3 & t^2 \\ 0 & 6{,}3 & -1{,}1 & 64+t^2 \\ 0 & 0 & 19{,}2 & 84-28t+7t^2+64+t^2 \end{array}\right)$$

Aus III: $19{,}2x_3=8t^2-28t+148 \quad |:4$

$$4{,}8x_3=2t^2-7t+37 \quad |:4{,}8$$

$$\underline{\underline{x_3(t)=\frac{1}{4{,}8}\cdot(2t^2-7t+37)}}$$

Berechnung von t so, dass die Produktion in M minimal wird

Die Funktion x_3 beschreibt eine nach oben offene Parabel. Berechnung der Minimalstelle:

$$x_3'(t)=\frac{1}{4{,}8}\cdot(4t-7);\ x_3'(t)=0 \ \Rightarrow\ \underline{\underline{t=1{,}75}}$$

Die Produktion in M wird für $t=1{,}75$ minimal.

Abi in der Tasche – und dann?

In den **STARK** Ratgebern findest du alle Informationen für einen erfolgreichen Start in die berufliche Zukunft.

Alle Titel zu Beruf & Karriere
www.berufundkarriere.de

25-V_Abi

Bestellungen bitte direkt an

STARK Verlagsgesellschaft mbH & Co. KG · Postfach 1852 · 85318 Freising
Tel. 0180 3 179000* · Fax 0180 3 179001* · www.stark-verlag.de · info@stark-verlag.de

Lernen • Wissen • Zukunft
STARK

*9 Cent pro Min. aus dem deutschen Festnetz, Mobilfunk bis 42 Cent pro Min. Aus dem Mobilfunknetz wählen Sie die Festnetznummer: **08167 9573-0**